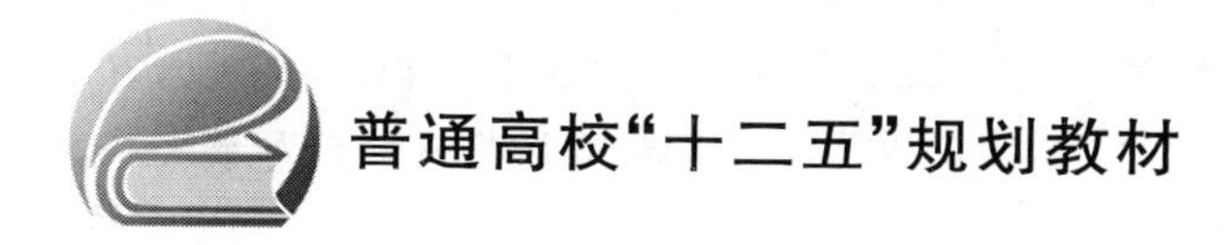

金工实训

（第2版）

主编　罗玉福　史玉河

副主编　巫恒兵　何宝芹

北京航空航天大学出版社

内容简介

本教材根据机械类及工科类相关专业的培养计划，结合当前高等教育的办学实际编写而成。全书共11章，内容包括：概论，实训基础知识，铸造，锻压，焊接，热处理，钳工，车削加工，铣削、刨削及磨削加工，数控加工与特种加工，塑料成型加工等。各章前面都有知识导读，后面均附有复习题。

本教材可供机械类、近机类及工科类相关专业金工实训(实习)课程教学使用，也可作为相关技术工人和管理人员的参考用书。

图书在版编目(CIP)数据

金工实训 / 罗玉福，史玉河主编. --2版. --北京：北京航空航天大学出版社，2011.9

ISBN 978-7-5124-0446-5

Ⅰ. ①金… Ⅱ. ①罗…②史… Ⅲ. ①金属加工—实习—教材 Ⅳ. ①TG-45

中国版本图书馆CIP数据核字(2011)第088042号

金工实训(第2版)

主　编　罗玉福　史玉河

副主编　巫恒兵　何宝芹

责任编辑　蔡　喆

*

北京航空航天大学出版社出版发行

北京市海淀区学院路37号(邮编100191)　http://www.buaapress.com.cn

发行部电话：(010)82317024　传真：(010)82328026

读者信箱：goodtextbook@126.com　邮购电话：(010)82316936

北京时代华都印刷有限公司印装　各地书店经销

*

开本：787 mm×1092 mm　1/16　印张：12　字数：307千字

2011年9月第2版　2011年9月第1次印刷　印数：4 000册

ISBN 978-7-5124-0446-5　定价：24.00元

第2版前言

本教材是在第1版的基础上，按照机械类及近机类专业人才培养目标的要求，结合当前教育教学改革的经验，根据各校对金工实训(实习)教学的基本要求及广大读者对前版教材的使用意见修订而成的。

本教材在修订过程中力求突出如下特色：

1. 在满足教学基本要求的前提下，以“必需、够用”为度，注重强化学生创新意识与能力的培养。对传统的教学内容进行适当的浓缩调整，“喜新不厌旧”，适度反映现代科技成果与信息。教材篇幅适中、难易适度，保持本教材简明、实用的风格和特点。

2. 修订时根据以工作过程为导向，强调教、学、做一体化培养学生工程实践能力的特点，突出以应用为主旨，采取直接切入主题的方法，讲清基本概念及基本方法。采用图文并茂的形式，提高学生的学习兴趣，降低学生学习的难度，以便更好地适应教学需求。

3. 妥善处理了本课程内容与后续其他专业课程的分工与衔接关系。

4. 采用最新国家标准和有关技术规范。

5. 更正并改进了原教材插图、文字中的一些疏漏和错误。

6. 更新了部分例题及复习题，尽量使所选的题目体现出企业生产的真实要求，同时兼顾教学的可行性。

由于各学校、各专业的教学安排不同，在进行教学时，教师可依据实际情况，选择教材内容并调整顺序。

本教材由大连海洋大学职业技术学院罗玉福、中国海洋大学青岛学院史玉河任主编，江苏农林职业技术学院巫恒兵、大连海洋大学职业技术学院何宝芹任副主编，江苏农林职业技术学院丁龙保、沈阳市装备制造工程学校罗恺参编。具体编写分工如下：罗玉福编写第1、8章；丁龙保编写第2、10章、何宝芹编写第3、4、5章；史玉河编写第6章、巫恒兵编写第7章；罗恺编写第9、11章。全书由罗玉福、史玉河负责统稿。

本教材可供机械类、机电类、近机类及工科类相关专业金工实训(实习)课程教学使用，也可作为相关技术工人和管理人员的参考用书。

尽管我们在教材的特色建设方面做出了很多的努力，但由于编者水平所限，书中难免仍有误漏和不当之处，敬请使用本书的教师和读者多提宝贵的意见和建议。

编　者

2011年5月

目 录

第1章　概　论

本章知识导读

1. 主要内容

本课程的任务、特点及学习方法。金工实训的安全知识。金工实训的内容及有关规定。

2. 重点、难点提示

本课程的任务、特点、学习方法及安全知识。

1.1　课程的任务、特点及学习方法

“金工实训”是传授机械制造的基本知识并以实践训练为主要教学方式的一门技术基础课程。本课程是机械类各专业学生学习机械工程系列课程必不可少的先期必修课，也是非机械类有关专业教学计划中重要的实践教学环节之一。

1.1.1　课程的任务

金工实训对学生工程素质和工程能力的培养起着综合训练的作用，既要求学生学习各工种的基本工艺知识，了解设备原理和工作过程，又要求实际动手能力的训练，还要求学生具备运用所学知识分析解决简单工艺问题的能力，达到在金工实训教学中提高学生的综合素质，培养创新意识和加强工程实践能力的培养目标。

本课程的主要任务是：

(1) 学习机械制造的基本知识。使学生了解、掌握机械制造基本知识，为学习相关后续课程奠定基础。

(2) 培养实践能力。通过各工种的生产实践，使学生得到基本的操作技能训练，提高学生分析问题和解决问题的能力。

(3) 训练良好的作风。培养学生的质量和经济观念，树立理论联系实际，热爱劳动，一丝不苟的科学作风，培养和锻炼学生，使其具有工程技术人员应有的基本素质。

1.1.2　课程特点

金工实训课程与其他以课堂教学为主的课程相比有很大的差别，它强调以实践教学为主，对学生进行基本操作技能的训练和考核。主要表现在以下几个方面：

(1) 在教学方式上，金工实训除了有少量必要的理论课程在课堂上讲解以外，大部分时间都是在现场动手操作实践、学习，通过实训课将理论知识与实践密切联系起来。

(2) 学生需要对本课程的教学方式及时地适应和转变。学生在从小学到大学的相当长的学习时间内，几乎都是在课堂上度过的，社会实践和劳动实践活动较少，与工程实践接触的机

会就更少了。通过本实训课程可以弥补学生知识能力的不足。

(3) 实训中涉及的工种多,内容繁杂且时间短。

(4) 学生可以学到许多课堂以外的知识。在工厂实训,学生有机会接触实训指导教师、实训管理人员等,这就要求学生不但要有学习能力,而且要有协调及沟通能力,为学生以后工作打下一定的基础。

1.1.3 课程的学习方法

(1) 遵守车间各项规章制度及安全操作规程,确保实训安全。

(2) 注重平时的学习,专心听讲,认真记好笔记。要想学到丰富的专业知识,培养扎实的实践能力,就要时刻注意指导教师的每一句讲解和每一步演示。如果只看热闹,而不认真思考,就无法透彻地理解实践知识以及较好地掌握考核内容。

(3) 注重课后的复习。实训内容比理论课简单;但每天所讲的内容很多,课后多看书,复习一天的内容很有效果,特别是在实训的后半段时间,所学的知识多而杂,需要更多地总结和复习。

(4) 学习态度端正,在思想上要足够的重视。很多同学认为实训课很好通过,平时马马虎虎,不认真学习,这样很难获得好的实训效果。

1.2 金工实训的安全知识

金工实训是通过制作各种制品,完成有关工种的基本训练。在实训中,操作者必定要与机械、电、高速运动的物体、热的物体、弧光辐射等接触。这就包含许多不安全因素,若违反操作规程或缺乏一定的安全知识,就有可能发生机械伤害、触电、烫伤或爆炸等工伤事故。各个车间、工种、设备均有各自的安全技术和操作规范。为了确保参加实训人员的安全和健康,实训前必须进行相应的安全知识学习,经考试合格后方可上岗操作。下面仅介绍一般的安全知识,在实训中务必严格遵守。

(1) 入厂前要认真学习《金工实训学生守则》。在各工种实训前应认真学习相应工种的安全技术规范,并严格遵守。

(2) 实训时应穿戴好劳动防护用品。不准穿拖鞋、高跟鞋、短裤、风衣或裙子进入实训场所。上衣的扣子必须扣好,袖口不得敞开,衬衫要扎入裤内。长发学生必须戴好工作帽,并将头发纳入帽内。

(3) 严格遵守作息时间,按时上下课,不迟到、不早退,有事必须请假。

(4) 严格遵守厂规厂纪,服从指导人员的指挥,不做与实训无关的事情,文明实训。

(5) 尊重实训指导教师,认真听取老师的讲解,细心观察老师的示范,注意领会操作要领和技巧。

(6) 实训时应做到思想集中,在注意自己安全的同时,也要注意其他同学的安全。

(7) 实训应在指定设备进行,严禁动用车间内外任何非实训设备。

(8) 机床操作时,严禁带手套,尤其是线手套。

(9) 清除铁屑必须用专门的工具,严禁用手擦除或用嘴吹除铁屑。

(10) 工作时要爱护设备及工、卡、量具。工作结束后应认真清理所用的设备,将工、夹、刀、量具等,整齐有序地摆入工具箱中,以防损坏或丢失。

1.3 金工实训的内容及有关规定

1.3.1 金工实训的主要教学内容

本课程的主要教学内容包括如下几个部分。

(1) 入厂教育、机械生产过程与工程材料基本知识、实训安全技术及注意事项、常用量具使用。

(2) 铸造、锻压、焊接、热处理加工。

(3) 钳工。

(4) 车削加工。

(5) 铣削、刨削、磨削加工。

(6) 数控加工与特种加工。

(7) 塑料成型加工等教学内容。

各院校及专业根据教学计划(培养方案)要求的不同,所安排的实训时间也不相同。各院校可在满足专业教学基本要求的情况下,对实训教学内容及顺序作适当调整,并逐步增加新技术和新工艺的实训内容。

1.3.2 金工实训的有关规定

(1) 实训期间不得看与课程无关的书刊,不得戴耳机听音乐,不得迟到、早退、串岗等。

(2) 实训要进行考核。考核的内容包括应知应会的内容,书上的内容,平时老师讲课的内容以及加工实训的相关知识。

(3) 实训结束时应写出实训报告。

(4) 实训总成绩由各工种的实践考试,理论考试,实训报告,平时个人表现等部分组成。但有一个部分不合格,总成绩即不合格。

(5) 实训过程中弄虚作假,一经发现,即以作弊处理。

(6) 实训成绩不及格,须重修并参加重修考试。

1.3.3 金工实训的其他注意事项

(1) 实训分组。实训一般以组为单位,由指导教师或班长负责指定每组的组长,协助指导教师进行日常的实训管理。

(2) 实训前应认真预习实训教材,并在实训中完成规定的内容。

(3) 上课时必须携带实训教材、笔记本,实训中应认真作好实训笔记,及时完成实训报告及老师布置的作业。

(4) 工作休息时,不得在实训厂区闲逛、打闹。

复习题

1. 本课程的性质、目的是什么?
2. 本课程的主要任务是什么?
3. 本课程的主要教学内容有哪些?
4. 实训中一般的安全知识有哪些?
5. 你对安全生产如何认识?怎样才能做到安全实训?
6. 安全知识考试(题目由实训部门制定)。

第 2 章　实训基础知识

本章知识导读

1. 主要内容

机械产品制造过程、常用金属材料的基本知识、常用量具的功用和使用方法。

2. 重点、难点提示

机械工程中的常用金属材料。机械加工过程中常用量具的功用和使用方法。

2.1　机械制造过程

2.1.1　机械制造业的现状

在国民经济发展过程中机械制造业是经济发展的基础和支柱。机械制造业为国民经济各条战线提供大量的机械、机床、工具等装备，国民经济各部门生产技术的进步和经济效益的高低在很大程度上取决于所采用装备的质量和性能的好坏。所以说机械制造业的发展水平是衡量一个国家经济实力和科学技术发展水平的重要标志之一。

机械制造业是一个历史悠久的产业，经历了漫长的发展过程。有关统计数据表明，机械制造业创造了 60%的社会财富，完成了 45%的国民经济收入。

建国 60 多年来，我国机械制造业得到了长足的发展，特别是在改革开放的强大推动下，通过自主研发、引进消化和吸收，引导企业走科技兴企的道路，使科研水平、制造技术、产品质量性能及企业的经济效益都有了显著的提高。中国正在成为世界制造大国，这已经是不争的事实，目前正向世界制造强国迈进。

2.1.2　机械制造过程

任何一台机械产品都是由各种零件组成的；而这些零件又是由各种不同材料制成毛坯，通过机械加工及热处理达到图纸的设计要求，最后装配成满足一定功能要求的产品。这就是机械制造过程。如图 2-1 所示，机械制造过程是一个系统工程，一般可分为决策、设计与研究、制造三个阶段。

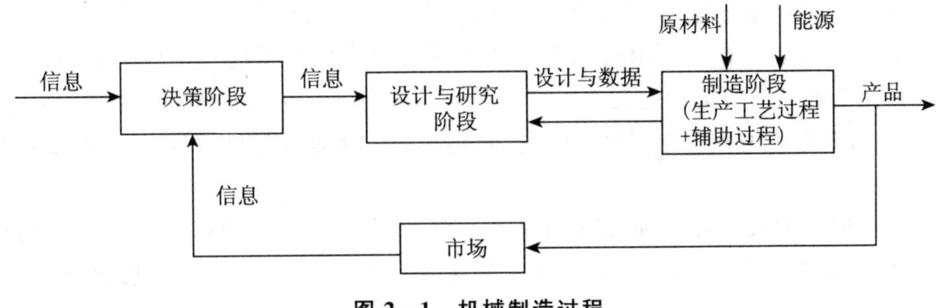

图 2-1　机械制造过程

1. 决策阶段

产品决策阶段是通过对所开发产品的市场需求、技术发展等调查研究,结合本企业、本部门的人力资源、设备、工艺水平、生产能力、资金能力等具体情况进行技术上的经济分析,并提出可行性报告。

2. 设计与研究阶段

主要是通过设计并确定总体方案,设计计算,必要的试验和设计评审完成整个产品的设计图样和工艺文件的整个过程。一般分为:总体方案设计、研究试验、设计计算、技术经济分析、技术评审、总体方案修改、样图文件的设计、工艺规程及工装的设计等步骤。

3. 制造阶段

制造阶段是指从原材料变成产品的整个过程。它包括原材料的采购和保管,生产前的准备工作,毛坯的制造,零件的机械加工及热处理,产品的装配、调试、包装、发运等工作。

新产品的制造不是一开始就进行批量生产的。一般开始是试制阶段,先通过样机(品)试制和小批试制,再通过用户试用验证产品图样、设计文件和工艺文件、工装图样的正确性、可靠性。试制阶段结束后才进入定型投产阶段。它的主要目的是进一步完善产品工艺文件,改进、完善并定型工艺装备,配置必要的生产和试验设备,确保达到正式生产的条件和具备持续稳定生产合格产品的批量生产能力。同时在保证质量和性能的前提下不断降低生产成本,提高市场竞争力。

2.2 金属材料基础知识

2.2.1 金属材料的性能

金属材料的性能分为使用性能和工艺性能。使用性能是指机械零件在使用条件下,金属材料所反映出来的特性。它包括力学性能、物理性能和化学性能等。工艺性能是指材料在机械加工过程中反映出来的特性。包括铸造性能、锻造性能、焊接性能、机械加工性能、热处理工艺性能等。

1. 金属材料的力学性能

金属材料的力学性能是指金属在外加载荷时抵抗变形和断裂的能力。常用的力学性能包括强度、塑性、硬度和冲击韧性等指标。材料力学性能是选材、零件设计的重要依据。

(1) 强　度

金属材料在外力作用下,抵抗断裂的能力称为强度。强度的特性指标主要有屈服强度和抗拉强度两方面。一般用单位面积所承受的载荷(应力)来表示,符号为 σ,单位 MPa。

屈服强度指材料在受外力作用时刚开始产生塑性变形时所需的最小应力值,用 σ_s 表示;抗拉强度指材料在受破坏前所能承受的最大应力值,用 σ_b 表示。材料的强度可以通过抗拉试验来测出,其中抗拉强度数值是评定金属材料强度的重要指标,也是在零件设计选材时的主要依据。

(2) 硬　度

硬度是指材料表面抵抗硬物体压入的能力。它表示材料的坚硬程度,在一定程度上反映了材料的耐磨性,是零件和工具的一项重要机械性能指标。工程上常用布氏硬度和洛氏硬度两种指标来表示。

布氏硬度测试法是用一定的载荷 F，将直径为 D 的淬火钢球或硬质合金球压入被测金属表面（如图 2-2 所示），保持一段时间后卸去载荷，以载荷与压痕表面积的比值作为布氏硬度值。比值愈大，材料愈硬。当压头为淬火钢球时，布氏硬度用 HBS 表示，适用于测定布氏硬度值 450 以下的材料。硬度值数字写在字母前面，如 150 HBS 等。

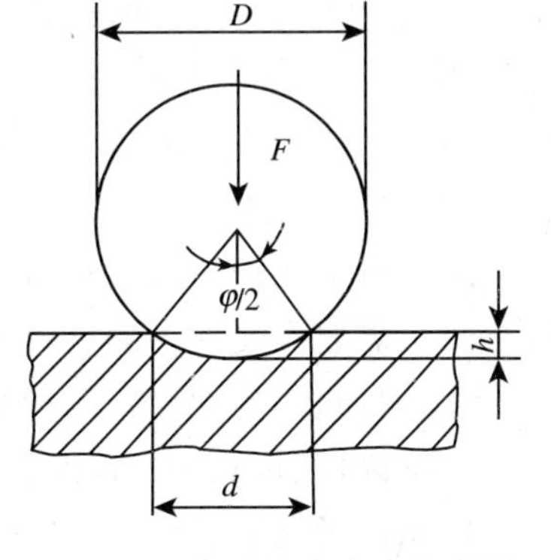

图 2-2　布氏硬度试验原理图

洛氏硬度测试法是用一定的载荷 F，将顶角为 120°金刚石锥体或直径为 1.59 mm/3.18 mm 的淬火钢球压入被测金属表面，然后根据压入的深度来确定硬度的值。测试原理如图 2-3 所示。先试加初始试验力 F_1，再加主试验力 F_2，其总试验力为 $F=F_1+F_2$，图 2-3 中 1 是压头受到初始力 F_1 时压入材料的位置，2 是压头受到总试验力 F 时压入材料的位置，这时保持一段规定的时间，卸去主试验力 F_2，继续保留初始力 F_1，材料这时弹性变形恢复使压头升到 3 的位置。可以看出压头在主试验力 F_2 的作用下压入材料的深度为 h，也就是 1 至 3 的位置。这时洛氏硬度的值可直接从硬度计的读数盘上读出。

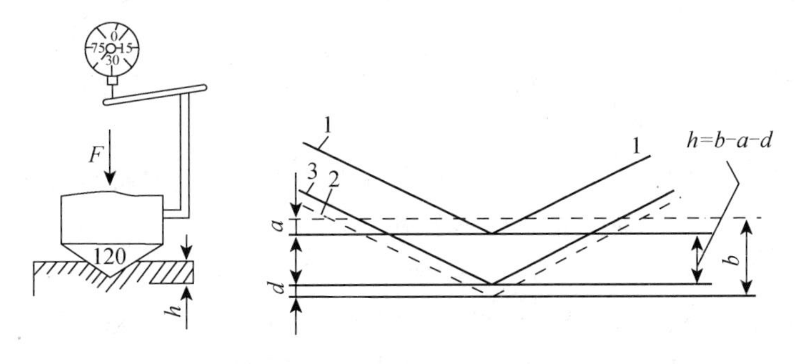

图 2-3　洛氏硬度试验原理图

常用的洛氏硬度标度有 HRA、HRB、HRC 三种，其中机械工程上最常用的是 HRC。硬度值数字写在字母前面，如 60 HRC 等。

（3）塑　性

金属材料在外力作用下，产生永久变形而不致于引起破坏的性能称为塑性。塑性不仅与材料的性质有关，而且与变形的方式和条件有关。所以，材料的塑性不是固定不变的，不同的材料在同一变形条件下呈现出不同的塑性，同一种材料在不同的变形条件下也呈现出不同的塑性。延伸率 ζ、断面收缩率 ψ 是拉伸条件下衡量金属材料塑性变形能力的性能指标，其数值愈高材料的塑性愈好。

（4）冲击韧性

金属材料在冲击载荷的作用下抵抗断裂破坏的能力称为冲击韧性。冲击载荷又是指以较高速度施到零件上的载荷。工程上常用一次摆锤冲击试验来测定材料的冲击韧性。在受冲击时，单位横截面上消耗能量的数值称为冲击韧度，其单位用 J/cm^2 表示其大小。

许多机械设备是利用冲击力来工作的，如剪板机、冲床、空气锤等。这些设备上零件在工作时都会受到一定的冲击力，因此在设计这些零件时就必须考虑所用材料的冲击韧性。一般把冲击吸收功值低的材料称脆性材料，高的称韧性材料。

2. 金属材料的物理、化学性能

金属材料的物理性能是指在重力、电磁场、热力等物理因素的作用下,材料所能表现出来的性能,它是金属材料自身的一种固有属性。它主要包括密度、熔点、导电性、导热性和热膨胀性等内容。由于零件的功用不同,对其物理性能的要求也就不同。一般的机械零件是由金属材料制成的,通常希望在满足强度、硬度和刚度等力学性能的前提下,其自身的质量越轻越好,特别是飞机上使用的金属材料。在电气产品中许多材料需要有较好的导电性和导磁性,也有许多情况需要导电性差的材料来制作半导体和电阻。

金属材料的化学性能是指金属与其他物质引起化学反应的特性。在实际应用中主要考虑金属的抗蚀性、抗氧化性以及不同金属之间、金属与非金属之间形成的化合物对机械性能的影响等。海洋设备和船舶所用的材料,需要耐海水和海洋大气的腐蚀;储存和运输酸类的容器、管道等材料,则应具有较高的耐酸性;工业用的锅炉、加热设备、汽轮机、喷气发动机、火箭和导弹等,常常在高温下工作,要求具有良好的抗氧化性。

3. 工艺性能

金属材料的工艺性能是指在不同的制造工艺条件下所表现出来的承受加工的能力。主要有以下四个方面内容。

(1) 切削加工性能

是指金属材料在进行切削加工时(例如车削、铣削、刨削、磨削等)的难易程度。

(2) 可锻性

反映金属材料在压力加工过程中成形的难易程度。它与金属材料的塑性和变形抗力有关,塑性越好,变形抗力越小,那么锻造性能越好。

(3) 可铸性

反映金属材料熔化浇铸成为铸件时的难易程度,表现为熔化状态时的流动性、吸气性、氧化性、熔点、铸件显微组织的均匀性、致密性以及冷缩率等。

(4) 可焊性

反映金属材料在局部快速加热时,使结合部位迅速熔化或半熔化(需加压),并牢固地结合在一起而成为整体的难易程度。

2.2.2 常用金属材料种类及应用

金属材料是目前机械制造业上应用最广泛的材料,种类丰富。但总的来说可分为黑色金属和有色金属两大类。黑色金属材料是指以铁与碳为主元素的合金,也就是通常所说的钢和铸铁。有色金属材料是指除黑色金属以外的金属材料,又可分为轻金属(如镁、铝、钛等)、重金属以及稀有金属。

1. 碳素钢

碳素钢是指碳含量低于2.11%,并有少量硅、锰、磷、硫等杂质的铁碳合金。工业上应用的碳素钢含碳量一般不超过1.4%。这是因为含碳量超过此量后,钢表现出很大的硬脆性,并且加工困难,失去生产和使用价值。碳素钢按其用途分为碳素结构钢和碳素工具钢;碳素钢按其质量不同又可分为普通碳素结构钢和优质碳素结构钢;按含碳量高低又分为低碳钢、中碳钢和高碳钢。

(1) 碳素结构钢

碳素结构钢的牌号表示方法是由代表屈服点的字母(Q)、屈服点数值、质量等级符号(A、B、C、D)以及脱氧方法符号(F、b、Z、TZ)四部分按顺序组成。质量等级反映了有害元素含量(A 至 D 变小);F、b 表示沸腾钢和半镇静钢;Z、TZ 表示镇静钢和特殊镇静钢。如牌号为 Q235-BF,表示屈服点为 235MPa、质量为 B 级的沸腾钢。

(2) 优质碳素结构钢

优质碳素结构钢的表示方法是用二位数字。用含碳量的万分之几表示,如 45 号钢表示含碳量为 0.45%左右的优质碳素结构钢。钢中含锰量(0.70%～1.00%)较高时,在数字后面加锰的元素符号"Mn"。

(3) 碳素工具钢

碳素工具钢的表示方法是 T+数字。其中 T 表示碳,后面的数字代表含碳量的千分之几,如 T8、T10 分别表示含碳量为 0.8%和 1%的碳素工具钢。如果含锰量较高则在后面加 Mn 元素符号,如 T10Mn。若含有害元素硫、磷小于 0.03%的高级优质碳素工具钢,则在后面加字母 A 来表示,如 T7A,T10A 等。

常用碳素钢牌号及应用见表 2-1。

表 2-1　常用碳素钢牌号及应用

种　类	牌　号	性　能	应　用
碳素结构钢	Q215A、Q215B	塑性好,强度差	板材、型材、铆钉等
	Q235A、Q235B、Q235C	强度高	拉杆、推杆、焊接件等
	Q255A、Q255B、Q275	强度更高	制动件、不需进行热处理的机械零件
优质碳素结构钢	15、20、25	含碳量低,塑性好,可焊接性能较好	冲压件、焊接结构件、螺母、垫片等
	30、35、40、45	含碳量中,强度高,加工工艺性能好	常用的机械零件用料,如轴套、齿轮丝杆等
	60、70	含碳量高,韧性、弹性好	弹簧、钢丝、轧辊等
碳素工具钢	T7、T8	硬度中等、韧性好	冲头、冷冲模等
	T10、T11	硬度高、韧性差	钻头、丝攻、冷冲模等
	T12、T13	硬度高、韧性更差	量具、刃具等

2. 合金钢

为了提高钢材的机械性能、工艺性能或物理化学性能,在冶炼时有目的地加入一些合金元素(如 Cr、Mn、Si、Ni、Mo、W、V、Ti 等),这种钢称为合金钢。合金钢常按其用途分为三类:合金结构钢、合金工具钢和特殊性能钢。

(1) 合金结构钢

合金结构钢是由"数字+化学元素+数字"表示。前面的数字表示含碳量的万分之几,后面数字表示合金元素的百分之几。合金元素含量若小于 1.5%时不必标出,如 40Cr。合金结构钢一般可分为普通低碳合金钢、渗碳钢、调质钢、弹簧钢、滚动轴承钢和易切钢。

(2) 合金工具钢

用于制造刀具、模具、量具等要具的钢称为合金工具钢。它的表示方式与合金结构钢类似,不同之处是若含碳量在 1%以下,则在钢号前用一位数字表示,如 9CrSi,表示含碳量 0.9%;若含碳量在 1%以上则钢号前面不用数字表示,如 W18Cr4V。合金工具钢一般分为刃具钢、模具钢、量具钢三类。

(3) 特殊性能钢

特殊性能钢一般指不锈钢、耐热钢、耐磨钢等一些具有特殊的化学和物埋性能的钢。不锈钢主要是具有抗酸、碱腐蚀能力的合金钢,如1Cr17可制作化工上的容器和装置;3Cr13可制作医疗器具、量具等。耐热钢是具有在高温下保持一定的强度和化学稳定性的一类合金钢,如3Cr18Mn12Si2N可制作各种热处理使用的炉构件等;耐磨钢主要是指在冲击载荷作用下发生冲击硬化的高锰钢,如ZGMn13。

3. 铸 铁

含碳量大于2.11%的铁碳合金称为铸铁。由于铸铁含的杂质较多,所以强度、塑性和韧性较差,但它具有良好的可铸性、减振性、耐磨性,在工业上得到广泛的使用。根据铸铁中碳的存在形式的不同,分为白口铸铁、灰口铸铁、可锻铸铁、球墨铸铁等。

(1) 灰口铸铁

铸铁中的碳大部或全部以自由状态片状石墨存在,断口呈灰色。它具有良好铸造性能,切削加工性好,减振性、耐磨性好。加上它熔化配料简单,成本低,广泛用于制造结构复杂铸件和耐磨件。

灰口铸铁牌号用“HT+数字”表示。其中HT是汉语拼音字母代表灰铁含义;数字代表最低抗拉强度值。如HT150、HT200、HT250等。

(2) 可锻铸铁

可锻铸铁是用碳、硅含量较低的铁碳合金铸成白口铸铁坯件,再经过长时间高温退火处理,使渗碳体分解出团絮状石墨而形成。即可锻铸铁是一种经过石墨化处理的白口铸铁。可锻铸铁按热处理后显微组织的不同分为两类:黑心可锻铸铁和珠光可锻铸铁。

可锻铸铁牌号用KTH(黑心可锻铸铁)或KTZ(珠光可锻铸铁)和后面的两组数字表示。如KTH300-06中KT表示可锻铸铁;H表示黑心可锻铸铁;300表示最低抗拉强度300 MPa;06表示最低延升率6%。

(3) 球墨铸铁

在铁水(球墨生铁)浇注前加一定量的球化剂(常用的有硅、铁、镁等)使铸铁中的石墨球化。由于碳(石墨)以球状存在于铸铁基体中,改善了其对基体的割裂作用,所以其抗拉强度、屈服强度、塑性、冲击韧性大大提高。

球墨铸铁牌号用“QT+数字+数字”表示。如QT450-10中,QT是汉语拼音字母代表球铁含义;450表示最低抗拉强度450 MPa;10表示最低延升率10%。常用铸铁牌号及应用见表2-2。

表2-2 常用铸铁牌号及应用

种 类	牌 号	性 能	应 用
灰口铸铁	HT150 HT200 HT250	组织疏松,机械性能不太高,吸振性好,生产工艺简单,价格低廉	形状复杂,受力不是太大和承受压应力为主的铸件如机床床身、轴承座、支架等
可锻铸铁	KTH300-06 KTH370-12 KTZ450-06 KTZ650-02	强度、韧性、塑性(特别是冲击韧性)等机械性能比灰口铸铁高。但生产工艺冗长,成本高	形状复杂的薄壁件和工作时产生一定震动的零件如三通、弯头、汽车轮壳等

续表 2-2

种　类	牌　号	性　能	应　用
球墨铸铁	QT400—18 QT450—10 QT600—3	强度、耐磨性较好又具有一定的韧性，生产工艺远比可锻铸铁简单	形状复杂、所受载荷较大的箱体类、曲轴类、缸体等零件

4. 有色金属及其合金

(1) 铝及其合金

铝及其合金是工业上用得最多的有色金属，工业纯铝的特点是比重轻、导电性、导热性较好、塑性好、抗大气腐蚀能力强，但强度较低。

在铝中加入硅、铜、镁、锰等元素组成铝合金，大大地提高了其机械强度，能用于制造承受一定载荷的机械零件。由于铝合金的比重轻、强度高，所以广泛使用在航空工业上。

工业纯铝分铸造纯铝和变形铝两种。铸铝牌号用“Z＋元素符号＋数字”来表示，如 ZAl99 中拼音字母 Z 表示铸造；Al 代表铝的化学符号；99 表示纯度为 99％ 。变形铝牌号用“数字＋字母＋数字”来表示，如 3A21 表示以铜为主要合金元素的防锈铝，前面数字是以合金元素 Cu、Mn、Si、Mg、Zn 等代表变形铝的组别；字母 A 表示原始纯铝；后面数字代表同一组别中的不同铝合金。

(2) 铜及其合金

紫铜就是指工业纯铜，它具有玫瑰红色，表面形成氧化膜后呈紫色，故称为紫铜。

纯铜的突出优点是导电、导热性能好，其导电性能在各金属元素中仅次于银而居第二，因此纯铜常用来制作电工导体。

工业纯铜牌号用 T＋数字来表示。拼音 T 表示铜；后面的数字代表纯度高低，数字越大纯度越低。如 T1、T2、T3 等。

由于纯铜强度低，不宜用于制作机械零件，所以常常用合金化的方法来获取强度较高的铜合金。铜合金按其加入元素的不同分为黄铜和青铜。黄铜是以锌为主加元素的铜合金。黄铜牌号用 H＋数字来表示。拼音字母 H 表示黄铜；数字表示铜的含量百分数。如 H62、H68 等。凡主加元素不是锌而是锡、铅、锰等的铜合金统称为青铜。如锡青铜 ZCuSnZn5Pb5、ZCuSn10P1T 等。

2.3 常用量具

2.3.1 游标卡尺

游标卡尺是工程上使用频率最高，应用最为广泛，使用最为方便的一种量具。同时，游标卡尺也是一种价格便宜，结构简单，比较精密的量具。其结构如图 2-4 所示，它主要是由主尺和副尺组成。主尺与右边固定卡脚做成垂直的一体，主尺上带有以毫米为精度等级的主刻度尺。副尺和活动卡脚做成一体并能在主尺上滑动。游标卡尺根据精度等级不同分 0.02 mm、0.05 mm、0.1 mm 三种精度的卡尺，常用的是 0.02 mm 精度等级的游标卡尺。

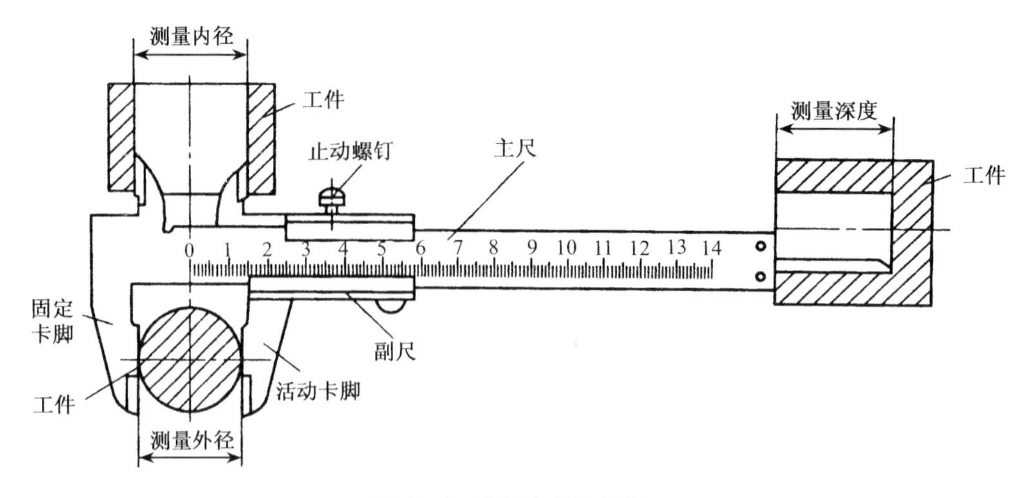

图 2-4　游标卡尺的结构

游标卡尺的功用：游标卡尺主要可用来测量外径、内径、深度、长度和两孔或两面间的距离等(如图 2-5 所示)。

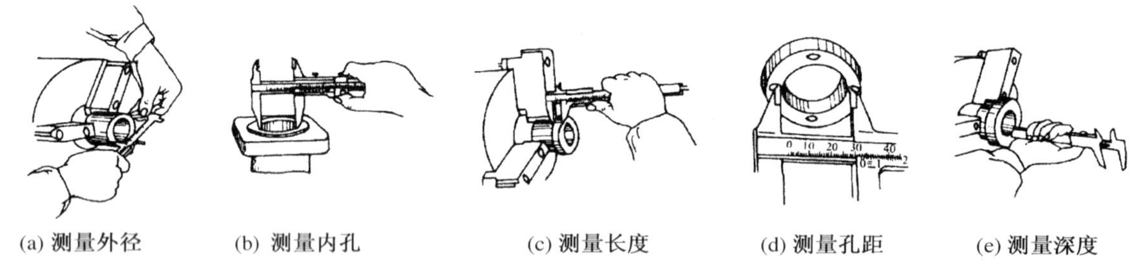

(a) 测量外径　(b) 测量内孔　(c) 测量长度　(d) 测量孔距　(e) 测量深度

图 2-5　游标卡尺的功用

游标卡尺使用时注意事项：

(1) 游标卡尺是比较精密的测量工具，要轻拿轻放。不用时应置于干燥的地方防止锈蚀。

(2) 测量时，应先拧松止动螺钉，移动游标不能用力过猛。卡爪与工件接触不宜过紧。

(3) 读数时，视线应与尺面垂直。如需固定读数，可拧紧止动螺钉。

(4) 用完后，用棉纱擦拭干净。两量爪合拢并拧紧紧固螺钉，放入卡尺盒内。

游标卡尺的读数法为：

(1) 使用前先并拢两爪卡，查看游标和主尺零刻度线是否对齐。如果对齐就可以进行测量，如果没有对齐则要记取零误差，游标的零刻度线在主刻度线右侧的叫正零误差，左侧的叫负零误差(这样的规定方法与数轴的规定一致，原点以右边为正，左边为负)。

(2) 读整数，即读副尺(游标)零线与主尺对应的整毫米数。以如图 2-6(a)精度为 0.02 mm 游标卡尺所示，整毫米数为 23 mm。

(3) 读小数，看游标上第几条刻度线与主尺上的刻度线对齐，如图 2-6(b)游标第 15 条刻度线与主尺刻度线对齐，则小数部分即为 15×0.02 mm。如有零误差，则一律用上述结果减去零误差(零误差为负，相当于加上相同大小的零误差)，读数结果为：

L＝整数部分＋小数部分－零误差＝23 mm＋15×0.02 mm－0(无零误差)＝23.30 mm

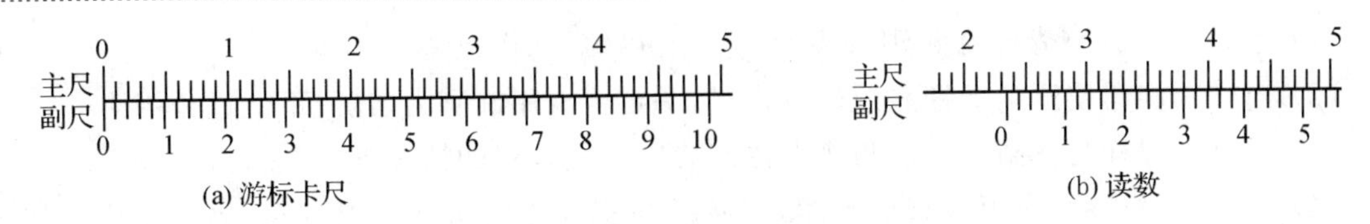

(a) 游标卡尺　(b) 读数

图 2-6　0.02 mm 精度的游标卡尺尺寸读法

除以上介绍使用最多、最广的普通游标卡尺外，还有一些其他功用的游标卡尺如图 2-7 所示，图(a)是测量高度的高度游标卡尺，它除了用来测量高度外还常常用来精确划线和测量各面之间的相对距离等；图(b)是专门用来测量深度的深度游标卡尺。它们的尺寸读法与上面介绍的普通游标卡尺没什么区别。

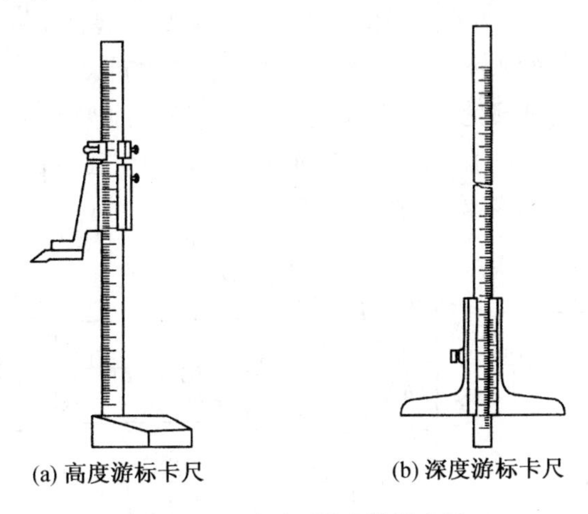

(a) 高度游标卡尺　(b) 深度游标卡尺

图 2-7　高度、深度游标卡尺

2.3.2　千分尺

千分尺是工程上常用的重要的量具之一，是一种精密测量量具。其测量精度比游标卡尺高达到 0.01 mm，并且灵敏度较高。尺寸精度要求较高的工件，都用它来测量。外径千分尺结构如图 2-8 所示，该图是测量范围 0～25 mm，精度值为 0.01 mm 外径千分尺。

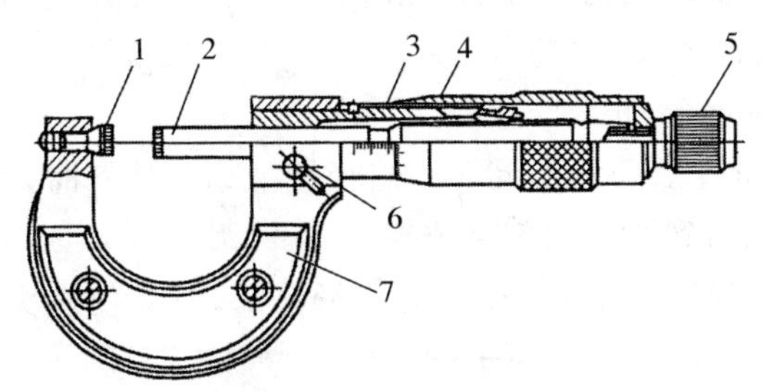

1—测砧；2—测微螺杆；3—固定套筒；4—活动套筒；5—测力装置；6—止动器；7—尺架

图 2-8　千分尺

千分尺的种类较多，有外径千分尺、内径千分尺、深度千分尺、螺纹千分尺、公法线千分尺等。其中外径千分尺使用最为普遍。

使用千分尺时注意事项：

(1) 千分尺是一种精密的量具,使用时应小心谨慎,动作轻缓。

(2) 当转动旋钮使测微螺杆靠近待测物时,一定要改用旋测力装置,不能过分用力。

(3) 当测微螺杆与测砧已将待测物卡住或旋紧锁紧装置的情况下,不能强行转动旋钮。

(4) 千分尺用毕后,应用纱布擦干净,在测砧与螺杆之间留出一点空隙,放入盒中。如长期不用可抹上黄油或机油,放置在干燥的地方。注意不要让它接触腐蚀性的物质。

千分尺的读数方法:

根据螺旋运动原理,当活动筒(又称可动刻度筒)旋转一周时,测微螺杆前进或后退一个螺距(0.5 mm)。这样,当活动筒旋转一个分格后,这时螺杆沿轴线移动了1/50×0.5 mm=0.01 mm(活动套筒一周有50分格)。因此,使用千分尺可以准确读出0.01 mm的数值。

读数时,先以活动筒的端面为准线,读出固定套筒上刻度线的分度值(只读出以毫米为单位的整数),再以固定套筒上的水平横线作为读数准线,读出可动刻度上的分度值。如果活动筒的端面与固定刻度的上刻度线之间无下刻度线,测量结果即为下刻度线的数值加可动刻度的值;如活动筒端面与固定刻度的上刻度线之间有一条下刻度线,测量结果应为上刻度线的数值加上0.5 mm,再加上可动刻度的值,如图2-9(a)、(b)的读数分别为6.05 mm和35.62 mm。

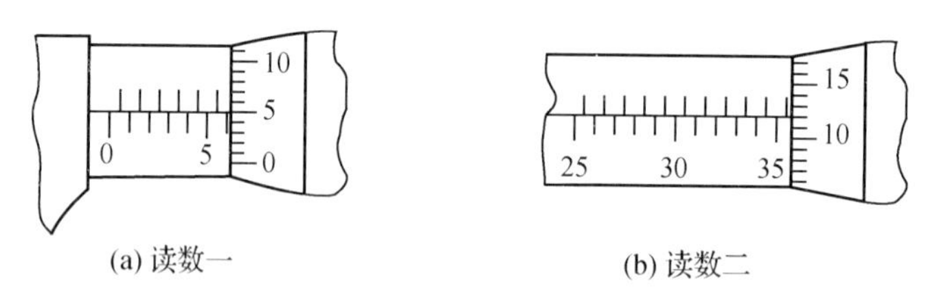

(a) 读数一　　(b) 读数二

图2-9　千分尺的读数

2.3.3 百分表

百分表是一种精度较高的常用量具,其读数精确度为0.01 mm。它只能测出相对数值,不能测出绝对数值。常用来检查工件的形位误差,如平面度、圆度、平行度、垂直度、跳动、同轴度等,也常用来进行机床、设备的校正,以及装配时的校准和工件的装夹找正等工作。百分表的结构如图2-10所示。

百分表的使用方法及注意事项:

(1) 测量前,应检查测量杆活动是否灵活。当轻轻推动测量杆时,测量杆在套筒内要移动自如,每次手松开后,指针能回到原来的刻度位置。

(2) 测量时,不要使测量杆的行程超过它的测量范围,不要使表头突然撞到工件上,也不要用百分表测量表面粗糙或有明显凹凸不平的工件。

(3) 测量时,为了方便读数,在测量前一般都将大指针调整到刻度盘的零位。

(4) 测量平面时,百分表的测量杆要与平面垂直,测量圆柱形工件时,测量杆要与工件的中心线垂直,否则,将使测量杆活动不灵或测量结果不准确。

(5) 百分表不用时,应使测量杆处于自由状态,以免使表内弹簧失效。

百分表的读数:

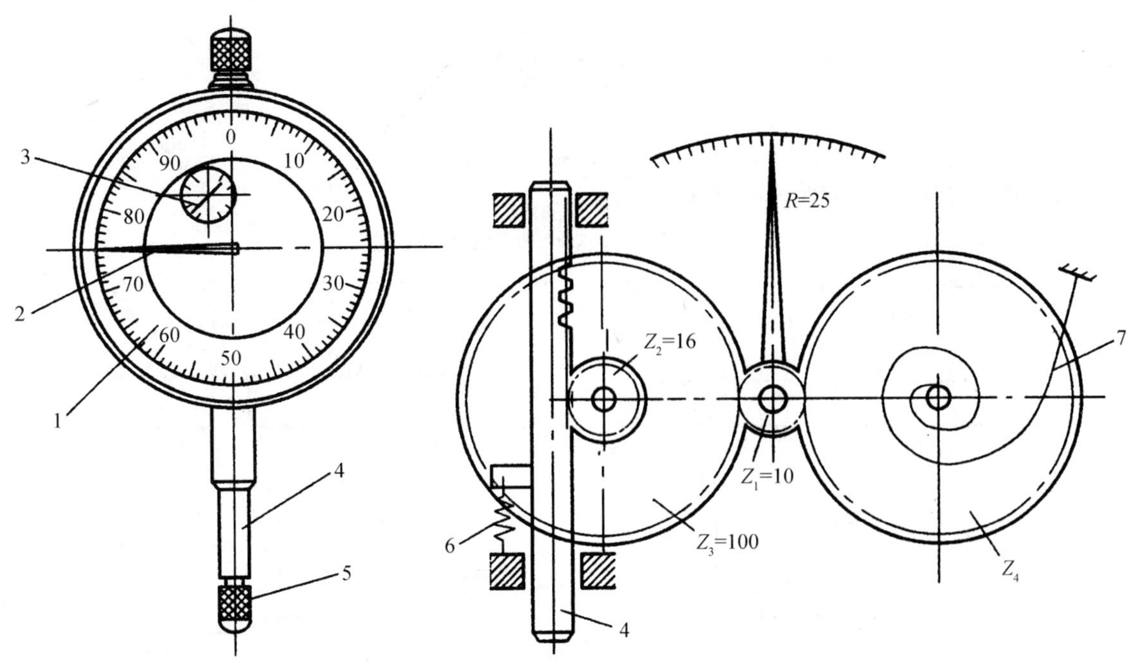

1—表盘；2—大指针；3—小指针；4—测量杆；5—测量头；6—弹簧；7—游丝

图 2-10　百分表的结构与工作原理

如图 2-10 百分表结构原理图所示。当测量杆 4 向上或向下移动 1 mm 时，通过齿轮传动系统带动大指针 2 转一圈，小指针 3 转一格。刻度盘在圆周上有 100 个等分格，每格的读数值为 0.01 mm。小指针每格读数为 1 mm。测量时指针读数的变动量即为尺寸变化量。百分表读数时，先读小指针转过的刻度线(即毫米整数)，再读大指针转过的刻度(即小数部分)，并乘以 0.01，然后两者相加，即得到所测量的数值。

百分表的应用：

百分表可用来精确测量零件圆度、圆跳动、平面度、平行度和直线度等形位误差，也可用来找正工件，如图 2-11 所示。

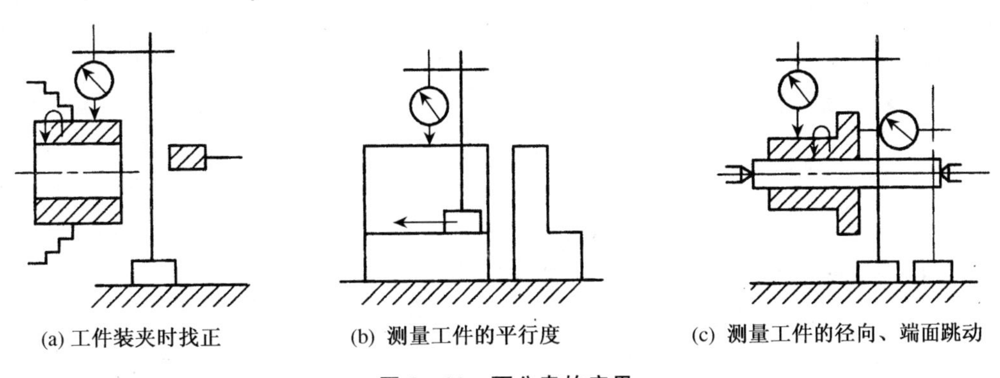

(a) 工件装夹时找正　　(b) 测量工件的平行度　　(c) 测量工件的径向、端面跳动

图 2-11　百分表的应用

复习题

1. 简述机械制造过程的含义。
2. 解释下列材料力学性能指标 σ_b、σ_s 的含义。
3. 正确读出图2-12中游标卡尺和千分尺分别表示的读数。

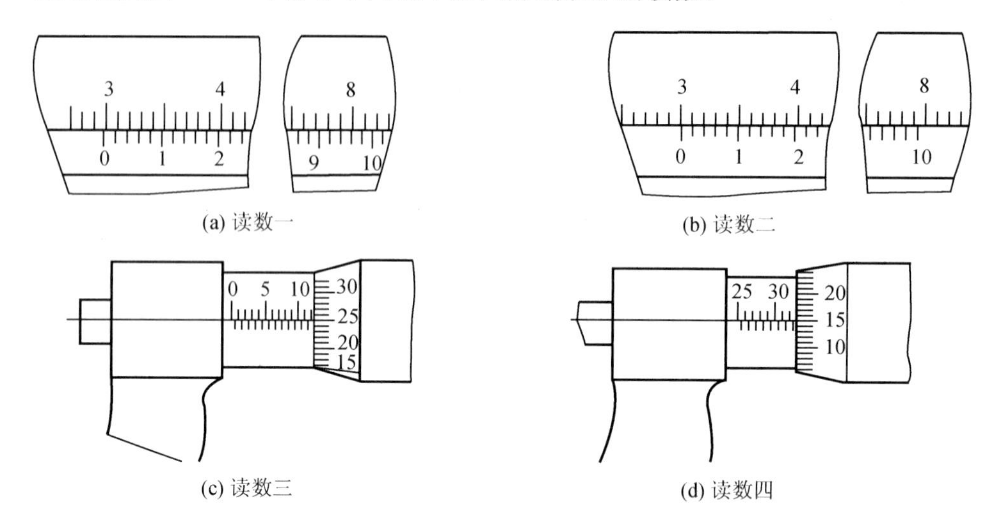

(a) 读数一
(b) 读数二
(c) 读数三
(d) 读数四

图2-12

4. 解释下列材料牌号的含义:

Q235A、45、40Cr、T8、HT200、QT400-18、KTH300-06。

5. 试说明百分表在工程上有哪些常见的应用。

第3章 铸 造

本章知识导读

1. 主要内容

铸造生产的工艺过程、特点和应用。砂型铸造的生产过程、手工造型、浇注系统。冲天炉的构造,铸铁的熔炼,铸件的浇注、落砂和清理方法。特种铸造。

2. 重点难点提示

手工砂型铸造的造型方法及铸件的浇注、落砂和清理方法。难点是形状复杂零件的手工造型操作,分型面的选择和浇注系统的开设。

3.1 概 述

铸造是指熔炼金属,制造铸型并将熔融金属浇入铸型,凝固后获得一定形状和性能的铸件的成形方法。用铸造方法生产的零件或毛坯统称为铸件。铸造是制造机械零件或毛坯的一种重要的工艺方法,应用范围十分广泛。

3.1.1 铸造的分类

根据铸造所用铸型的材料及设备不同,铸造可分为砂型铸造和特种铸造两大类。

1. 砂型铸造

砂型铸造是指用型砂制造铸型并生产铸件的铸造方法,是目前应用最广的一种铸造方法。砂型铸造可分为手工砂型铸造和机器砂型铸造两种。手工砂型铸造主要适用于单件、小批量生产以及形状复杂的和大型铸件的生产,机器砂型铸造主要适用于成批大量生产。如图3-1所示为齿轮毛坯的砂型铸造简图。

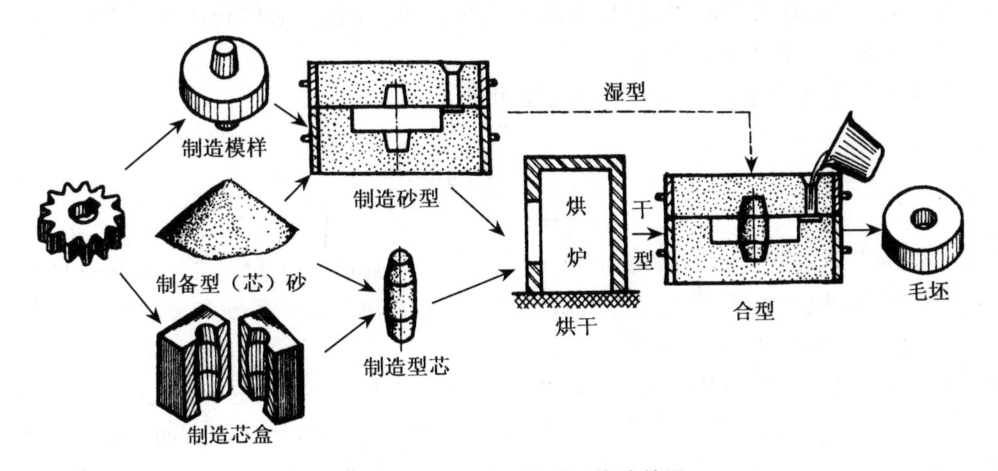

图3-1 齿轮毛坯的砂型铸造简图

2. 特种铸造

除了砂型铸造以外所有的铸造方法统称为特种铸造。特种铸造主要包括金属型铸造、压力铸造、离心铸造、熔模铸造和低压铸造等。由于特种铸造的生产率高,铸件的表面质量好,可实现少切削或无切削,所以其应用日趋广泛。

3.1.2 铸造的特点

(1) 铸件的尺寸、形状和质量几乎不受限制。铸件的轮廓尺寸可小至几毫米,大至几十米;质量可从几克至数百吨。

(2) 适用材料的范围广。大多数金属材料都可以进行铸造,尤其是一些不适宜锻压、焊接等其他方法加工的合金件,如青铜、铸铁件、高锰钢等,铸造是一种较好的成形方法。

(3) 铸造生产成本较低,原材料来源广泛,价格低廉,并可回收使用,还可利用金属废料和废机件。铸造生产周期较短。

(4) 铸造生产的主要缺点是:砂型铸造生产工序较多,有些工艺过程难以控制,铸件质量不够稳定;力学性能不如同类材料的锻件高;工人的劳动条件差。

3.1.3 铸造实训的安全技术

铸造生产工序多,铸造车间是高温和多粉尘的地方,如果不严格遵守安全生产规程,就可能发生烫伤等安全事故。因此,实训时除应穿戴好防护用品外,在实际操作时还应注意如下安全事项。

(1) 配制型砂时要防止铁块、铁钉等杂物混入砂中,以免造成砂处理设备损坏。

(2) 造型时,砂箱堆放要平稳,搬动砂箱时要轻放,以防砸伤手脚;不能用嘴吹沙子,以防止粉尘进入眼睛。

(3) 在熔炼金属时,必须先把冲天炉烘干;加料时要注意各种金属料的最大尺寸不得超过炉膛直径的三分之一,以防止卡死在炉膛中,也不可过小,以免影响炉气畅通。回炉料和废钢在入炉前必须清除粘砂、铁锈以及其他污物。

(4) 浇注前,熔炉前的工作场地及浇注时行走的通道应清理干净,以免绊倒而发生危险,更不能有积水;否则,遇到高温的金属液将引起飞溅造成烫伤。

(5) 浇注时,应戴好防护眼镜,以免金属液飞溅伤眼;浇包内装的金属以不超过浇包容积的80%为宜,以防止金属液外溢伤人。

(6) 不能用手触摸尚未冷透的铸件和浇注用具。

3.2 砂型铸造

砂型铸造的工艺过程主要由以下生产工序组成:① 制造模样和芯盒;② 制备型砂和芯砂;③ 制造砂型和型芯;④ 砂型及型芯的烘干;⑤ 合箱并浇注;⑥ 落砂和清理;⑦ 检验。(砂型铸造的工艺过程)如图3-2所示。

但需要注意的是,有时对某个具体的铸造工艺过程来说并不一定包括上述全部内容,如铸件无内壁时无需制芯;大多数灰铸铁件的湿型铸造时,砂型不需要烘干等。而砂型铸造的造型工艺是指铸型的制作方法和过程,它包括制造砂型(简称造型)、制造型芯(简称制芯),以及浇注系统、冒口、排气口的制作和合箱。它们是工艺过程中最重要的组成部分。

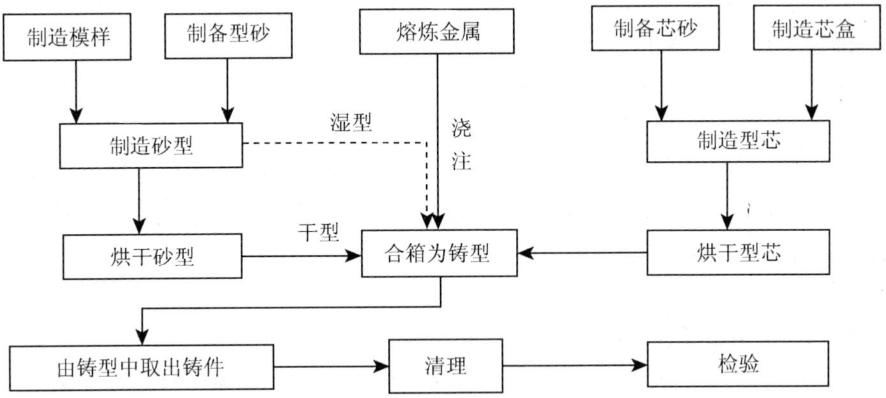

制造模样　制备型砂　熔炼金属　制备芯砂　制造芯盒
制造砂型　湿型　浇注　制造型芯
烘干砂型　干型　合箱为铸型　烘干型芯
由铸型中取出铸件　清理　检验

图 3－2　砂型铸造的工艺过程

3.2.1　型砂和芯砂

型砂和芯砂是用来制造砂型和型芯的主要材料，它们对铸件的质量、造型工艺操作和铸件生产成本等都有很大影响。因此铸造生产中必须正确配制型砂和芯砂。

1. 对型砂和芯砂的性能要求

（1）耐火性

在高温液态金属的作用下，型（芯）砂是否易于软化、熔化乃至与铸件粘结的性能，称为耐火性。耐火性差，型（芯）砂将粘结在铸件表面，使机械加工非常困难，甚至无法进行。耐火性的高低主要取决于型砂的化学成分，型砂中二氧化硅的含量越高，则型砂的耐火性就越好。

（2）透气性

型砂和芯砂允许气体通过的能力称为透气性。高温金属液浇入铸型后，水分的蒸发和有机物的燃烧会产生大量的气体，金属在冷却凝固时也会析出气体，如果型砂和芯砂的透气性不良好，将会在铸件中形成气孔，导致铸件的力学性能降低，甚至使铸件报废。透气性的好坏主要取决于型砂中黏土的含量、砂粒的大小、型砂的紧实程度等，型砂中黏土的含量越多，砂粒越细小，型砂的紧实程度越大，则透气性越差。

（3）退让性

在铸件冷却凝固时，型砂和芯砂不阻碍铸件收缩的性能称为退让性。退让性差，会导致铸件产生较大的变形，甚至出现开裂。退让性主要取决于型砂中黏结剂的种类和砂粒间空隙的大小。

（4）强　度

紧实后的型砂能抵抗外力而不被破坏的能力称为型砂的强度。为了使砂型和型芯在制造、合型、搬运和浇注过程中不损坏，型砂和芯砂必须具有足够的强度。否则，铸件容易产生冲砂、夹杂和砂眼等缺陷。型砂的强度与其组成、砂粒的大小和均匀性、紧实程度等因素有关，型砂中黏土含量越高，砂粒越细小，混砂越均匀，紧实程度越大，则型砂的强度就越高。

2. 型砂和芯砂的组成及结构

型砂和芯砂是由原砂、黏结剂、旧砂、水和附加物组成。

(1) 原　砂

原砂的主要成分是石英(SiO_2),石英的颗粒坚硬,耐火度高达1 710 ℃,砂中SiO_2含量越高其耐火度越好。铸造用砂的SiO_2含量(质量分数)一般为85%~97%。砂粒以球形、大小均匀为佳,一般采自山地、沙漠、河滩和海滨。

(2) 黏结剂

它的作用是使砂粒相互粘结,便于造型,使砂型具有一定的强度和可塑性。常用的黏结剂有陶土(高岭土)、膨润土、水玻璃、黏土、植物油(桐油和亚麻仁油)以及合脂(制皂工业的副产品)等。黏土是配制型砂和芯砂的主要黏结剂。

(3) 旧　砂

将经过适当处理后的旧砂掺在型砂中,可以降低铸造的生产成本。对于一般的手工生产的小型铸造车间,则往往只将旧砂筛过一下以除去铁块、铁钉、砂团、木片等杂物即可。

(4) 辅助材料

常用的辅助材料有煤粉、锯木屑、石墨粉和水等。煤粉燃烧后产生气体,使铸件与型砂不直接接触,以防止铸件表面粘砂。木屑燃烧后在芯砂中留下许多空隙,可以改善型砂的透气性和退让性。水使黏土和原砂混成一体,并且具有一定的强度和透气性。为了提高铸型的耐火性,通常还要在砂型和型芯表面刷上一层涂料,铸铁件用石墨粉浆,铸钢件用石英粉浆。

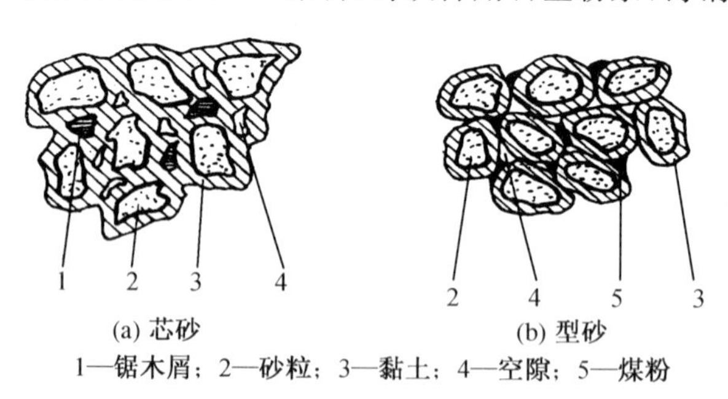

图3-3　型砂和芯砂的结构

3. 型砂和芯砂的制备

在铸造时,要根据合金的种类、铸件的大小和形状等不同,选择不同配比的型砂与芯砂,以保证它们具有一定的性能。如:铸钢件浇注温度高,要求耐火度高,应选用颗粒较大的SiO_2含量较高的石英砂;而铸造铝合金和铜合金时,可以选用颗粒较细的普通原砂。对于芯砂,为了保证它具有足够的强度和透气性,其黏土、新砂的加入量要比型砂高。

型砂的制配一般是在混砂机中进行的。型砂的制配过程是:先将新砂、旧砂、黏土、煤粉等造型材料干混均匀,再加入水和液体黏结剂,湿混均匀。经检验合格后,可用其造型。

3.2.2　模样与芯盒

模样是用来形成砂型型腔的,形状和尺寸与铸件的尺寸和形状十分相近(有时完全相同),并具有足够的强度和刚度以及与铸件相适应的表面粗糙度和尺寸精度。按组合方式的不同,模样可分为整体模和分开模。模样可由木材、金属或其他材料制造而成。木模样应用广泛,常用于单件、小批量生产。金属模样具有尺寸精确,使用寿命长等优点;但制造成本较高,常用于机器造型和大批量生产。常见的模样种类如图3-4所示。

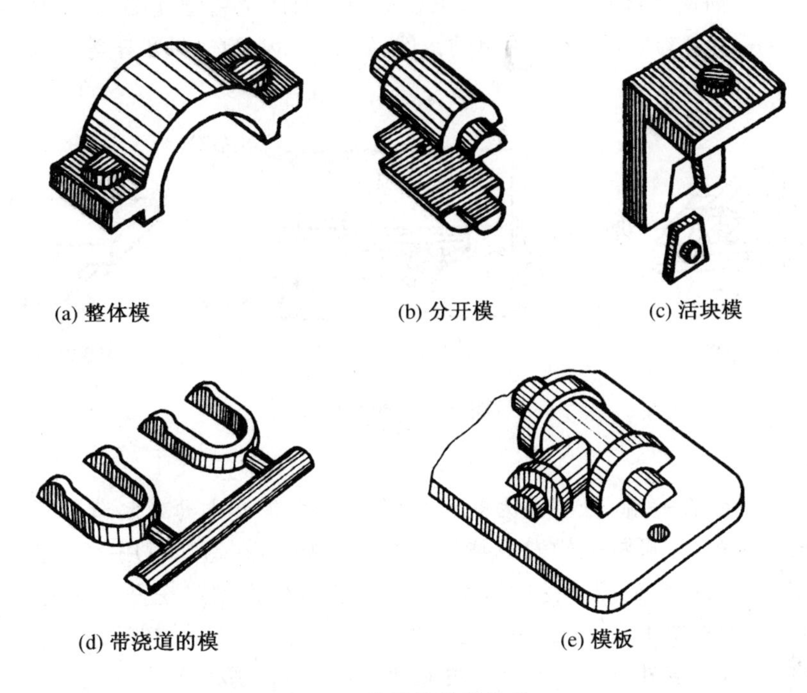

图 3-4 常见模样的种类

芯盒是用来制作型芯的。如图 3-5 所示为常见的芯盒种类。图(a)为整体式芯盒,主要用于制作形状简单的中、小型型芯;图(b)为分开式芯盒,主要用于制作圆柱、圆锥等回转体以及形状对称的较小型芯;图(c)为可拆式芯盒,主要用于制作形状复杂的大、中型型芯。

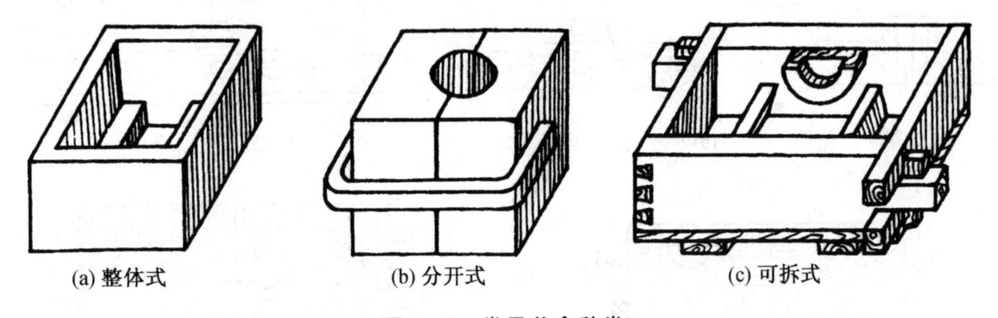

图 3-5 常见芯盒种类

3.2.3 造型方法及手工造芯

造型是指用型砂及模样等工艺装备制造铸型的过程,可分为手工造型和机器造型两种。

1. 手工造型

手工造型是指全部用手工或手动工具完成的造型工序。由于手工造型操作灵活,工艺装备简单,但生产率低,劳动强度大,所以只适用于单件、小批量生产。常用的造型方法有整模造型、挖砂造型、假箱造型、分模造型、三箱造型、刮板造型和活块造型等。

(1) 整模造型

整模造型所用的模样为一个整体,其分型面是一个平面,整个铸型的型腔全部在一个砂箱内。整模造型操作简便,铸件不会由于上、下砂型错位而产生错型缺陷,其尺寸、形状较准确,适用于最大截面在一端且为平面,形状简单的铸件,如压盖、齿轮坯、轴承座等。如图3-6所示。

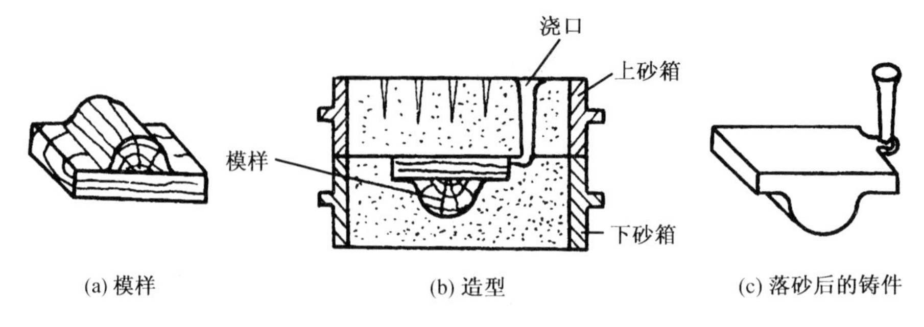

(a) 模样　(b) 造型　(c) 落砂后的铸件

图3-6　整模造型

(2) 挖砂造型

对于最大截面不在一端,分型面为曲面的铸件,由于模样太薄或制造分开模耗费工时而不能把模样分成两半模时,可将模样做成整体。为取出模样,在造型时用手工挖去阻碍起模的型砂。这种造型方法叫挖砂造型。挖砂造型时,每制造一个铸型需挖砂一次,操作麻烦,生产率低,对工人的技术水平要求高;往往因为挖砂时不易准确地挖出模样的最大截面,致使铸件在分型面处产生毛刺,影响外形的美观和尺寸精度。因此,仅适用于形状较复杂铸件的单件、小批量生产。

图3-7所示为手轮的挖砂造型过程。

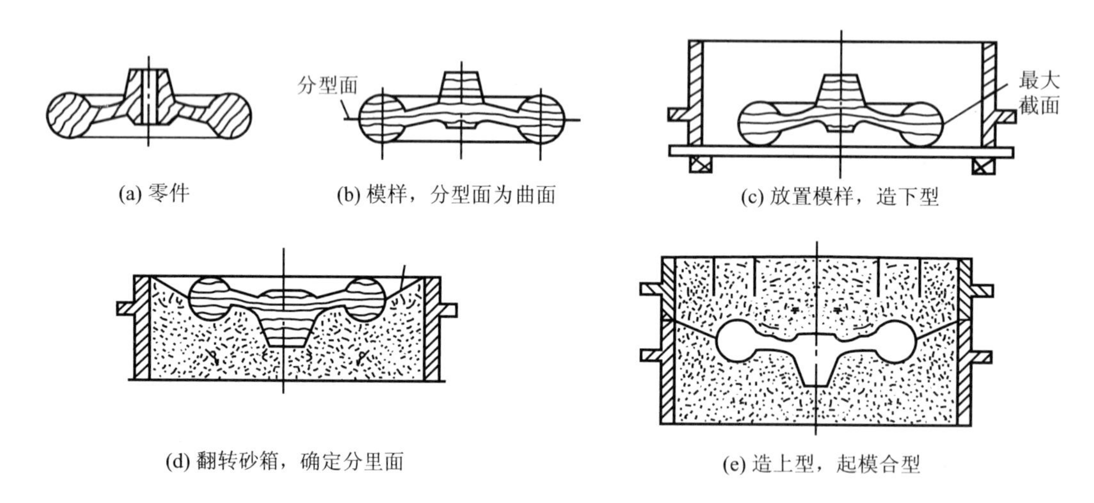

(a) 零件　(b) 模样,分型面为曲面　(c) 放置模样,造下型

(d) 翻转砂箱,确定分里面　(e) 造上型,起模合型

图3-7　挖砂造型

(3) 假箱造型

假箱造型(如图3-8所示)是指利用预先用黏土含量多、强度高的型砂制成的半个铸型,以简化造型操作的过程。由于该半个铸型只在造型时使用,并不用来构成砂型,所以称为假箱。假箱一般是用强度较高的型砂制成,舂得比型砂要硬。如果铸件的生产批量较大时,可用木材制成的成形底板来代替假箱。在造型时,先预制好一个半型(即假箱或成形底版),再将模样放在假箱或成形底版上造下型,然后翻转下型造上型。用这种方法造型,可以使模样的最大

截面露出，所以不必挖砂就可将模样取出。

假箱造型比挖砂造型操作简便，生产率高，分型面整齐，适用于成批生产的需要挖砂的铸件。

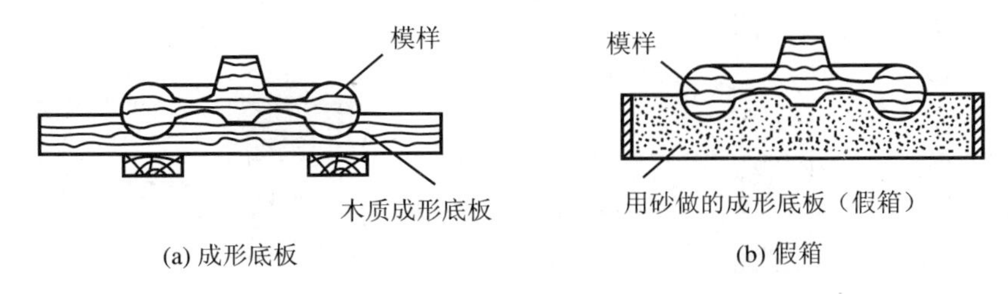

图 3－8　假箱造型

(4) 分模造型(如图 3－9 所示)

当铸件的最大截面不是在铸件的一端而是在铸件的中间，用整模造型不能取出模样时常采用分模造型。所谓分模造型就是将模样沿外形的最大截面处分为两部分，即上半模和下半模，并且在上半模和下半模的分模面上分别加工出定位销和定位孔，使上、下半模在合型时能准确定位。图 3－9 所示为套筒的分模造型过程。

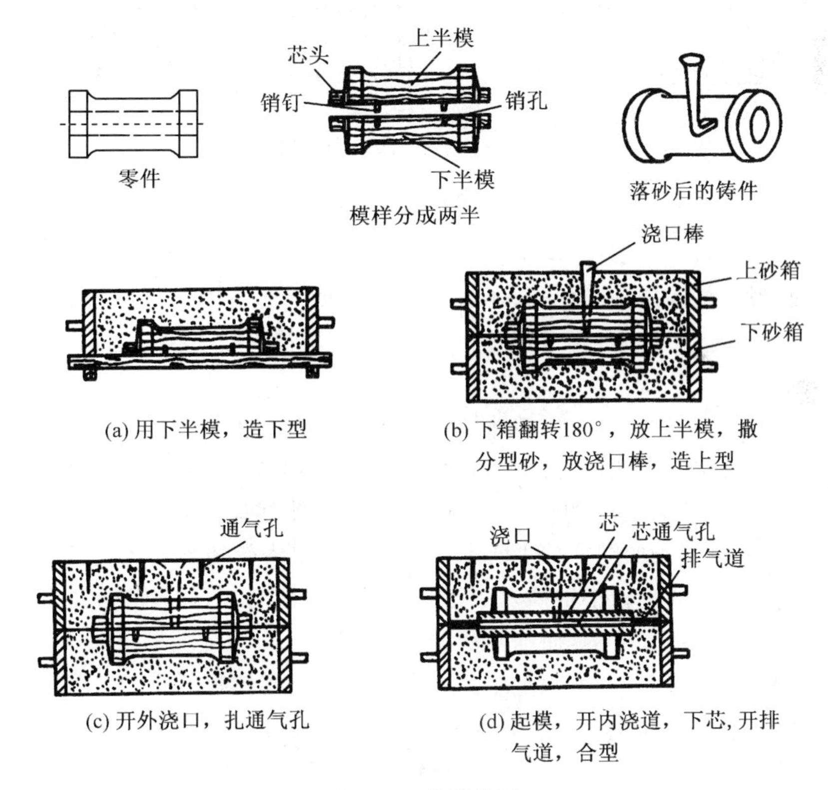

图 3－9　分模造型

采用分模造型时，由于型腔分别位于上、下两个砂箱内，使起模和修型都很方便；但在合型时要注意使上、下铸型能够准确定位以避免发生错型现象。主要适用于生产形状比较复杂、带孔的、最大截面在中部的铸件，如套筒、阀体、管子、立柱等。

(5)三箱造型

当铸件两端的截面大、中间截面小,用一个分型面无法顺利地取出模样时,需要将模样从中部小截面处分开,形成上、中、下三部分,采用两个分型面,三个砂箱进行造型,即三箱造型。如图3-10所示为带轮的三箱造型过程。

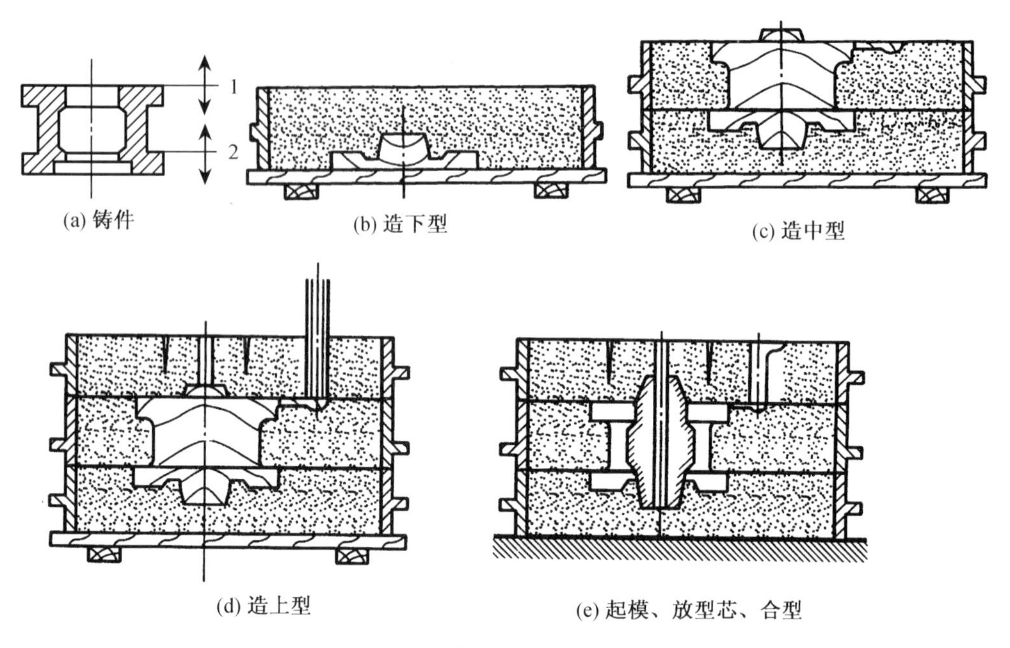

图3-10　带轮的三箱造型过程

三箱造型操作复杂,生产率低,由于分型面增加,砂箱的数目增加,在合型时产生错型的可能性增加,且不能采用机器造型。此外,还要求中箱的高度要适中,所以只适用于单件小批量生产。在大批量生产时,可采用带外型芯的整模或分模两箱造型来代替三箱造型。

(6)刮板造型

制造具有等截面形状的大中型回转体铸件时,如皮带轮、大齿轮、飞轮、弯管等,若生产的批量较小,在造型时可用一个与铸件截面形状完全相同的木板(称为刮板)代替模样。然后,根据砂型型腔和型芯的表面形状,引导刮板作旋转、直线或曲线运动,以形成所需铸型型腔。这种造型方法称为刮板造型。如图3-11所示为圆形端盖皮带轮的刮板造型过程。先将型砂填入下箱,再将装在刮板上的旋转小轴插入下箱底面上事先已安装好的轴芯中,刮板上部的另一小轴,用同样方法插入刮板支架上,使刮板能绕小轴旋转。旋转刮板即可将下型刮出;将刮板翻转180°,同样的方法可刮制上箱。刮板造型用刮板代替实体模样造型,可以减少制造模样所需的工时和费用,节省大量的木材缩短了生产周期。但生产率低,对操作工人的技术水平要求高,只适用于等截面的或回转体的大、中型铸件的单件、小批量生产。

(7)活块造型

对于带有凸台或肋条等突出部分的铸件,因凸台或肋条妨碍起模,所以在制作模样时,可将该部分作成活动的模块 ,即活块。活块通过销钉或燕尾连接在模样的主体上。采用这种带有活动模块进行造型的造型方法,称为活块造型。如图3-12所示为活块造型。采用活块造型时,将带有活块的模样作为一个整体进行造型,起模时,先将模样的主体取出,然后再从侧面取出活块。

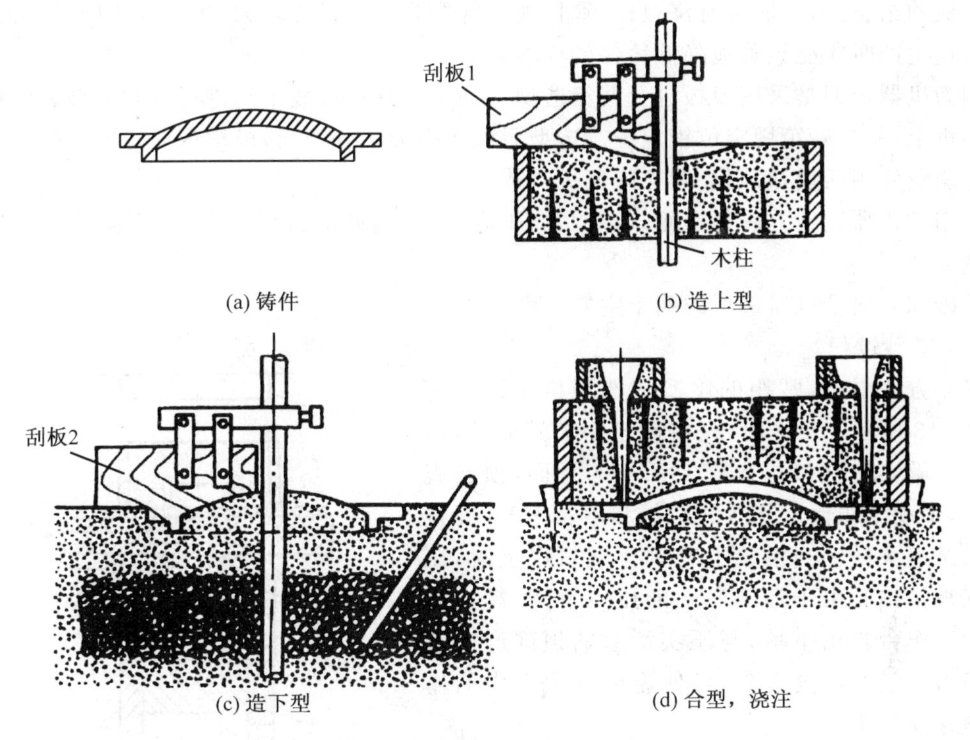

(a) 铸件　(b) 造上型
(c) 造下型　(d) 合型，浇注

图 3－11　圆形端盖的刮板造型

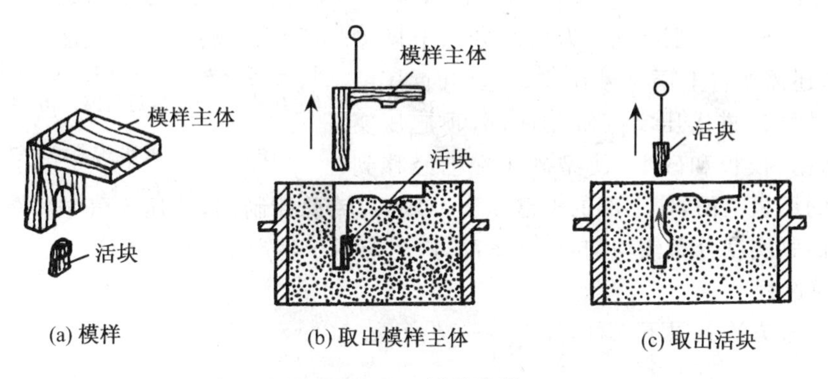

(a) 模样　(b) 取出模样主体　(c) 取出活块

图 3－12　活块造型

活块造型的造型过程比较复杂，舂砂时如果稍有不慎就会造成活块的损坏或使其位置发生移动而错位，活块部分的砂型损坏后修补较麻烦，取出模样也需要花费大量的工时，所以生产率低，对工人的技术水平高，适用于单件、小批量生产带有突出部分难以起模的铸件。

手工造型的方法多，适应性强，操作灵活，生产周期短，成本较低，但劳动强度大，劳动条件差，铸件的质量差，所以一般适用于单件、小批量生产。

2. 机器造型简介

机器造型是指用机器全部完成或至少完成紧砂操作的一种造型方法，机器造型是现代铸造生产的基本方法。与手工造型相比，机器造型不仅可以提高劳动生产率、铸件的尺寸精度和表面质量，而且铸件的切削加工余量小，节省了大量的金属材料和工时，改善了工人的劳动条件,对工人的技术水平要求不高,易于掌握。但机器造型需要专用设备、专用砂箱和模板(模样和模底板的组合体,一般带有浇口模、冒口模和定位装置),投资较大,生产准备的时间长,只有在大批量生产时才能显著地降低铸件的成本。

因为机器造型是采用模板进行两箱造型,不能紧实中箱,故不能进行三箱造型。模板固定在造型机上,并与砂箱用定位销定位。造型后模底板形成分型面,模样形成铸型型腔。模板上要注意避免使用活块,否则会明显降低机器造型的生产率。

常用的机器造型方法有震压式造型、高压造型、空气冲击造型等方法,下面只介绍震压式机器造型。

紧砂和起模是机器造型的两个主要工序。

(1) 紧砂过程

紧砂方法很多,常用的震实式造型机工作原理如图3-13所示。工作时,先将砂箱中填满型砂,压缩空气沿震实进气口进入震实活塞的下面,顶起震实活塞,带动工作台及其上的模板和砂箱上升,并将进气口过道关闭。当活塞上升到排气口以上时,压缩空气被排出。由于活塞底部的压力下降,震实活塞带动工作台自由下落,与压实活塞的顶部产生了一次撞击。如此反复多次,可使型砂在惯性力的作用下被逐渐紧实。

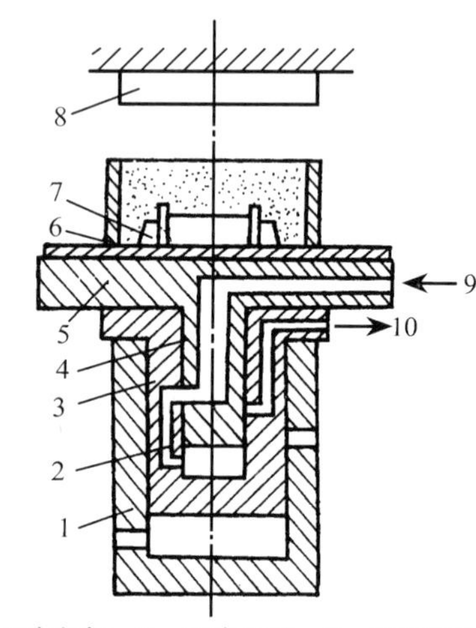

1—压实气缸;2—震实气路;3—压实活塞;4—震实活塞;5—工作台;6—砂箱;7—模板;8—压头;9—震实进气路;10—震实排气路

图3-13 震实式造型机工作原理

(2) 压实过程

由于紧砂后砂型下紧上松,为提高砂箱上层型砂的紧实度,还需要将上层型砂压实。压实时,压缩空气从压实进气口进入压实气缸的底部,顶起压实活塞、震实活塞、模板和砂型,使型砂压在已经移到造型机上方的压板上面,使上部的型砂压实。最后,转动控制阀,使压实气缸排气,砂箱下降。震压紧实法的紧实度分布较均匀,生产率高,广泛应用于生产中、小型铸件。

(3) 起模过程

常用的起模方法有以下三种,如图3-14所示。

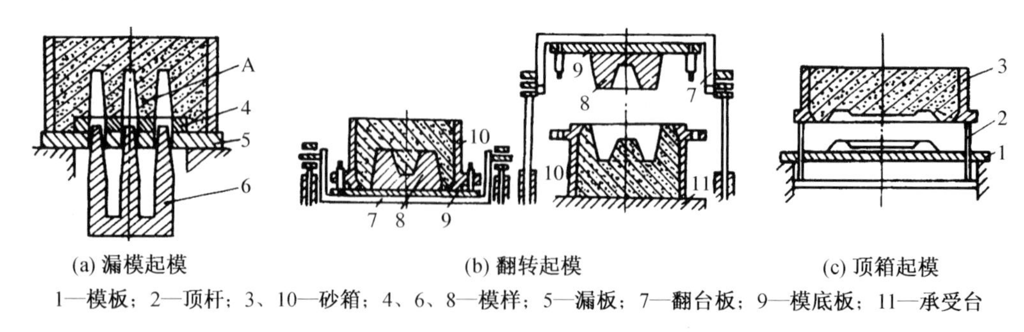

(a) 漏模起模　(b) 翻转起模　(c) 顶箱起模

1—模板;2—顶杆;3、10—砂箱;4、6、8—模样;5—漏板;7—翻台板;9—模底板;11—承受台

图3-14 起模方法

① 漏模起模:

如图3-14(a)所示,在模样4上有难以起模的部分,单独制成可漏下的模样6。起模时,

漏板 5 托住 A 处的型砂,以防掉砂,砂箱不动,模样 6 由砂箱下部抽出。漏模起模适用于模样形状复杂,高度较大和难以起模的铸型,在半机械化生产中应用较多。

② 翻转起模:

如图 3－14(b)所示,在型砂紧实后,在翻转气缸的推动下,砂箱 10、模底板 9、模样 8 和翻转台 7 一起翻转 180°。然后再使砂箱随承受台 11 下降,起出模板。翻转起模不易掉砂,一般用于下型型腔较深,模样形状复杂的铸型。

③ 顶箱起模:

如图 3－14(c)所示,在型砂紧实后,开动顶箱机构使分布在砂箱四个角的顶杆 2 穿过模板 1 上的孔将砂箱 3 顶起,模板仍然在工作台上。顶箱起模结构简单,但起模时容易掉砂,适用于模样形状简单,高度不大的铸型,常用于造上型。

3. 手工造芯

芯(型芯)是指为了获得铸件内孔或局部的不规则外形,用芯砂或其他材料制成,是安放在型腔内部的铸型组元。由于芯在浇注的过程中受到高温金属液的冲击,浇注后大部分(或全部)被金属液包围,因此要求型芯必须具有高的强度、耐火性、透气性和退让性,并便于清理。型芯一般用芯盒制成,形状复杂的型芯可分块制成,然后粘合成形。

(1) 造芯方法:型芯的制造方法按操作方法不同,可分为手工造芯和机器造芯;按模样结构不同,可分为芯盒造芯和刮板造芯;按芯盒结构不同,芯盒造芯可分为整体式芯盒造芯和分开式芯盒造芯等。

(2) 造芯过程(如图 3－15 所示)。

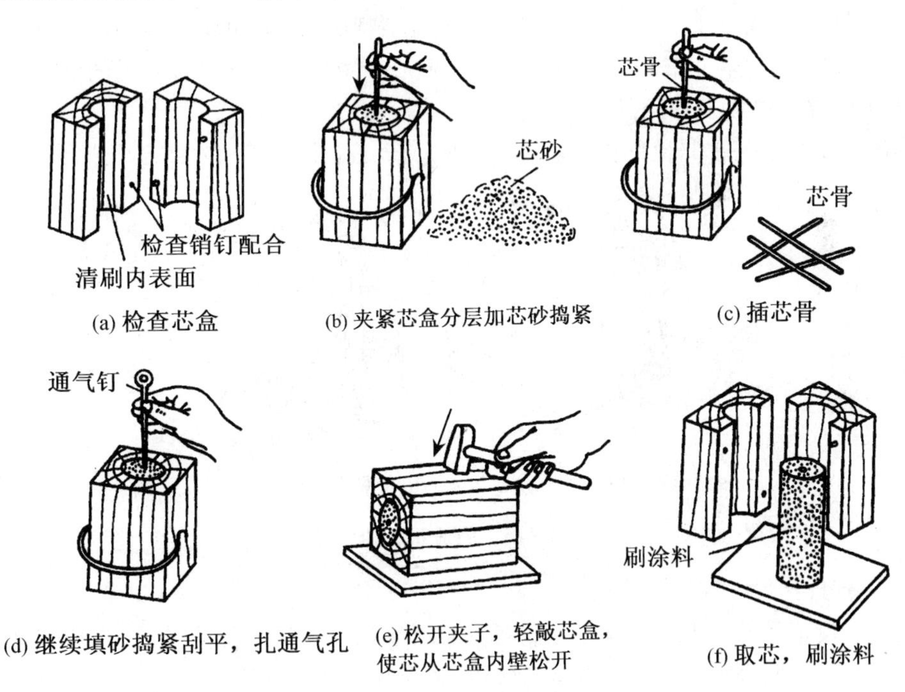

图 3－15 用芯盒造芯过程

(3) 为了提高型芯的性能,生产中常采用以下措施:

① 安放芯骨:

为了提高型芯的强度,型芯中需安放芯骨。小型芯的芯骨可用铁丝或铁钉制成,大型型芯的芯骨可采用铸铁浇注成骨架。为了吊运型芯方便,在大型芯骨上做出吊环。

② 开设通气孔:

为了增加型芯的透气性,常常在型芯中开设排气孔道。一般来讲,形状简单的小型芯可用通气针扎出排气孔;对于细长的型芯,可在造芯时将一根比型芯稍长的粗铁丝埋于砂芯中,待舂紧实后抽出铁丝,就在型芯中形成了排气孔;对于形状复杂的型芯,造芯时可在砂芯中放入蜡线,在烘芯时蜡线被烧掉便可形成通气孔;对于大型型芯可在型芯的内部放入焦碳或煤渣,由于焦碳(煤渣)颗粒之间的间隙较大,型芯中的气体易于排出。

③ 刷涂料:

为了避免铸件的粘砂,需要在型芯的表面刷上一层耐火涂料,铸铁件多用石墨粉作为涂料,铸钢件多用硅粉作涂料。

④ 烘　干:

为了进一步提高型芯的强度和透气性,减少型芯的发气量,型芯要在干燥炉内进行烘干。烘干的温度和型芯的材料有关,一般黏土型芯的烘干温度为250～350 ℃,油砂型芯的烘干温度为180～240 ℃。

3.2.4　浇注系统

浇注系统是指为使液态的金属填充铸型的型腔和冒口而在铸型中开设的一系列通道。其作用是:保证金属液能够平稳、均匀、连续地流入铸型型腔,避免冲坏铸型和型芯;防止熔渣、砂粒和其他杂质进入型腔;调节铸件的凝固顺序;补充铸件在凝固收缩时所需的液态金属。

1. 浇注系统的组成及作用

浇注系统通常由外浇口(也称浇口盆或浇口杯)、直浇道、横浇道和内浇道组成,如图3-16所示。

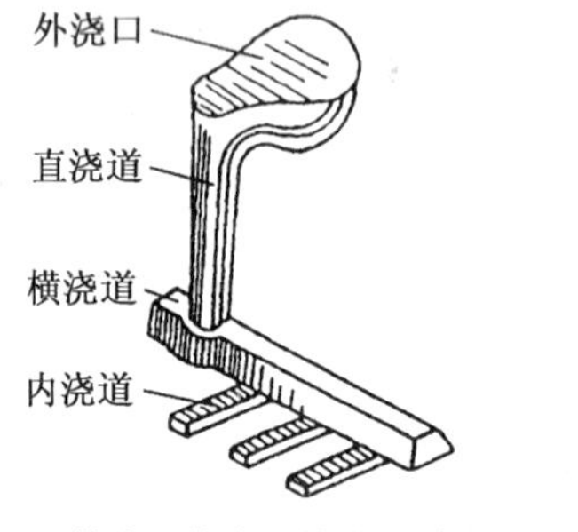

(a) 带盆形外浇口的浇注系统

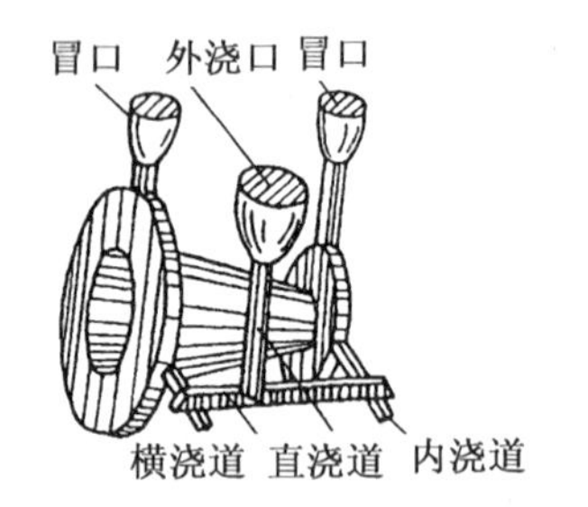

(b) 带漏斗形外浇口的浇注系统

图3-16　浇注系统的组成

(1) 外浇口

外浇口开设成盆形称为浇口盆,与直浇道的顶端相连用于大型铸件;开设成漏斗形称为浇口杯,可单独制造或直接在铸型内形成,成为直浇道顶部的扩大部分,用于中、小型铸件。外浇口的作用是承接并导入熔融金属,减轻金属液对铸型的冲击和阻挡熔渣流入铸型的型腔。

(2) 直浇道

直浇道是浇注系统中的垂直通道,截面多为圆形,一般带有锥度,其作用是利用其高度产生静压力，使金属液迅速充满铸型的型腔。直浇道的高度越高，产生的填充力也就越大，一般直浇道要高出型腔最高处 100～200 mm。

（3）横浇道

横浇道是浇注系统中的水平通道，截面形状多为梯形，一般开设在内浇道的上面（简单的小型铸件有时可省去），其作用是使熔渣聚集在横浇道的顶部和端部，以阻挡熔渣进入铸型的型腔和分配金属液流入内浇道。为了挡渣，横浇道的末端应超出内浇道。

（4）内浇道

内浇道是使金属液直接流入铸型的型腔的通道，其截面形状多为扁梯形或三角形（有时也可为半圆形），它与铸型的型腔直接相连，其作用是控制金属液流入型腔的速度和方向。内浇道的位置应使金属液顺着型壁进入型腔，以避免直接冲击型腔和型芯；内浇道的位置和形状应使落砂和清理方便，在与型腔的接合处应有缩颈；为使铸件各部分冷却均匀，对于壁厚相差不大的铸件，内浇道多开设在铸件的薄壁处；对于尺寸较大、形状复杂、壁厚差别大的铸件，应在多处开设内浇道；内浇道一般不应开设在铸件的重要加工面、定位基准面等重要部位。

2. 浇注系统的分类

浇注系统按内浇道的位置不同分为以下几种：

（1）顶注式浇注系统

顶注式浇注系统是指将熔融金属从铸型的顶部引入铸型型腔的浇注系统。其优点是补缩作用好，金属液的消耗少。其缺点是金属液对铸型的冲击力较大，充型速度不平稳，容易使铸件产生砂眼、飞溅、冷豆等缺陷。主要适用于高度不大、形状简单、薄壁或中等壁厚的铸件。

（2）底注式浇注系统

底注式浇注系统是指将熔融金属从铸型的底部引入铸型型腔的浇注系统。其优点是金属液对铸型型腔的冲击力较小，充型速度平稳；铸型型腔中的气体、杂质易从出气口或冒口排出，金属的氧化少。其缺点是补缩作用比较差，对于薄壁铸件容易产生浇不足或冷隔等缺陷。适用于形状复杂、高度不大、壁厚较厚的大、中型铸件以及一些易氧化的镁合金、铝合金等有色金属的铸件。

（3）开放式浇注系统

开放式浇注系统是指横浇道的截面积大于直浇道的出口截面积，而小于或等于全部内浇道截面积总和的浇注系统。其特点是能使金属液较快地充满型腔，并且降低对型腔的冲击力。一般用于薄壁及尺寸较大的铸件。

（4）封闭式浇注系统

封闭式浇注系统是指横浇道的截面积小于直浇道的出口截面积，而大于全部内浇道截面积总和的浇注系统。其特点是能保证金属液较快地充满铸型的型腔，使熔渣上浮并聚集在横浇道的上部，起到挡渣的作用，但金属液对型腔的冲击力较大。一般用于灰铸铁件。

（5）阶梯式浇注系统

阶梯式浇注系统是指在铸型的高度方向上的不同位置开设若干内浇道，使熔融金属从底部逐层从不同高度引入型腔的浇注系统。它兼有顶注式和底注式的优点，其缺点是结构复杂，增加了造型及铸件的清理工作量。适用于高度较大、形状较复杂、收缩较大或质量要求较高的铸件。

3.2.5 冒 口

金属液在冷却凝固时，由于体积收缩，又得不到液态金属的补充，在最后凝固的地方（一般是铸件的厚实部分和上部）极易形成形状不规则，孔壁粗糙并带有枝状晶的孔洞，即形成缩孔。为防止在铸件中形成缩孔，常在这些部位附近上方的型砂中预制出与这些直接相通的较大的用来储存供补缩铸件用的熔融金属的空间，该空间称为冒口。

1. 冒口的作用

（1）排　气

在铸型的型腔中存在大量气体，这些气体主要来源于以下几个方面：液态金属冷却凝固的过程中析出大量气体；金属液浇入铸型中，砂型和型芯中所含的水分蒸发变成蒸汽；有机物及附加物被燃烧产生大量气体等，这些气体如不能排出，将在铸件中形成气孔。尽管大多数的气体由排气口排出，但仍有一部分气体滞留在型腔内，冒口可以排出型腔内的这些气体，使金属液迅速充满型腔，当冒口尺寸小时又称为出气口，小的铸铁件一般不设出气口。

（2）补　缩

由于冒口可储存大量的金属液（储存的金属量有时可占铸件重量的一半左右），而且冒口中的金属液是最后凝固的，补充了由于液态金属的冷却凝固而造成的体积收缩，因而原应产生在铸件中的缩孔"转移"到冒口中去，从而有效地防止了在铸件中产生缩孔。冒口要在清理时切除。

（3）集　渣

由于金属在熔炼和浇注的过程中极易被氧化而形成大量金属氧化物；焦碳的燃烧产生大量的灰分；炉壁的脱落物及杂质等在熔剂的作用下均能形成熔渣。尽管在浇注之前进行了除渣处理，但仍有一部分熔渣滞留在金属液中，这些熔渣如不能排除将在铸件中产生渣眼、夹渣、结疤、非金属夹杂等缺陷。在铸型中开设冒口即可排出这些熔渣。

冒口除了具有排气、补缩、集渣作用外，还可以通过冒口观察金属液是否充满型腔。

2. 冒口的开设位置

为了充分发挥冒口的补缩作用，冒口中的金属液应是最后凝固的。因此其位置一般设在铸件的最高或最厚处，或距内浇道较远处；尽可能不阻碍铸件的收缩；最好布置在铸件需要机械加工的表面上，以减少精整加工的工时。

3.2.6　合　型

合型是指铸型的各个组元，如上型、下型、型芯、浇注系统等组合成一个完整的铸型的操作过程。在合型之前应对大尺寸、重要的和质量要求较高的铸型进行烘干，以确保铸型的强度、透气性和减少发气量；合型时要检查型腔、型芯是否完好、洁净，型芯安放是否准确、牢固，上箱和下箱是否错位（定位销或定位线是否对准）；合型后应卡紧上、下型或用压铁压紧，以防止金属液抬起上型而流出铸型外。

3.3　铸铁的熔炼、浇注与铸件的落砂清理

3.3.1　铸铁的熔炼

铸铁的熔炼是获得高质量铸件的一个重要环节，熔炼铸铁不仅仅是将铸铁简单地熔化，而是要得到成分和温度均符合要求的铁液。熔炼铸铁的设备有冲天炉、反射炉、电弧炉和感应炉

等。目前常用的是冲天炉,冲天炉结构简单、操作方便、成本低,而且能连续生产。

1. 冲天炉的结构

冲天炉有多种形式,目前广泛使用的是直筒形三排大风口冷风冲天炉和曲线炉膛多排小风口热风冲天炉。如图 3－17 所示为曲线炉膛多排小风口热风冲天炉。由于这种冲天炉具有焦耗小(即铁焦比高)、铁水温度高和熔化速度(又称融化率)高等优点,所以本书只介绍曲线炉膛多排小风口热风冲天炉。此冲天炉主要由以下几部分组成:

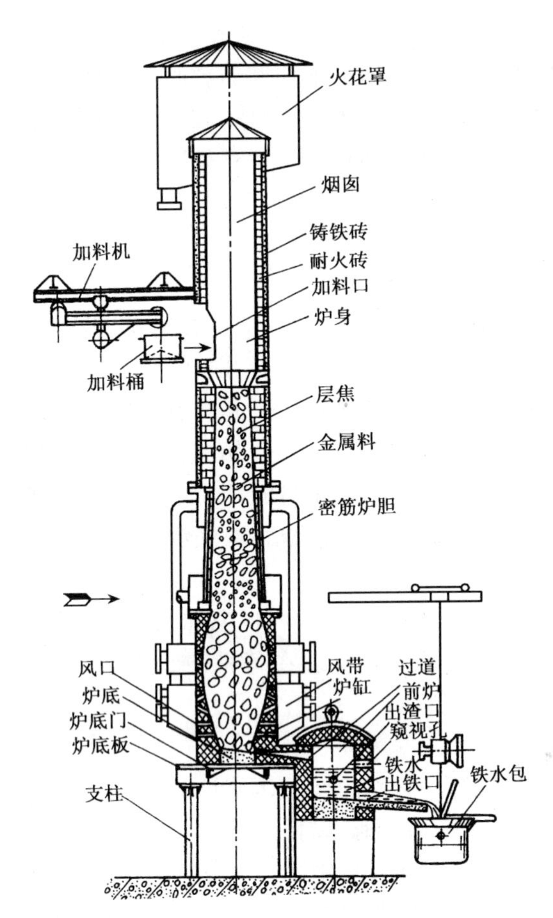

图 3－17　曲线炉膛多排小风口热风冲天炉

(1) 炉　底

整个冲天炉安装在炉底板上,炉底板用四根支柱支撑,炉底板上装有两扇可以开闭的炉底门。炉底门是供修炉及熔炼结束后清除残余炉料用。

(2) 密筋炉胆

密筋炉胆是曲线炉膛多排小风口热风冲天炉的重要组成部分。它是一个具有双层筒形结构的热交换器,内层是炉壁的一部分,在内、外层之间布置了很密的固定于内层上的纵向筋片,当冷风进入密筋炉胆时,便沿着密筋之间的空隙上升,由于密筋吸收了炉内的余热,于是冷风变成热风,风温一般可达 150～300 ℃,热风再经热风管下降而进入风箱,最后沿多排小风口进入炉膛下部。由于进入炉膛的是热风,从而显著地减少了焦碳的消耗,提高了铁水的温度和熔化速度。

(3) 炉　体

炉体包括炉身和炉缸两部分。炉体的外壳由钢板焊接而成,内部由耐火砖砌成。

(4) 前　炉

前炉通过过道与炉缸相连,前炉开有窥视孔、出渣口、出铁口和出铁槽。前炉的作用是储存较多的铁水,便于浇注大型铸件,同时可使铁水的化学成分和温度更加均匀,可以避免铁水存储于炉缸之中而从炉缸中吸入过多的碳和硫,导致铁水的性能下降。

冲天炉的吨位大小以每小时熔炼铁水的吨数来表示,常用的冲天炉的吨位为1.5～10 t/h。

曲线炉膛多排小风口热风冲天炉不仅采用密筋炉胆,而且采用了曲线炉膛和多排小风口。由于风口小,风速高,再加上风口多分布于炉膛直径较小处,使得热风在炉膛横截面上分布较均匀,同一横截面上的温度基本一致。向上,炉膛直径不断扩大,高温炉气上升的速度减慢,高温区便随之增加,上层熔化区熔化的铁水在下落时可吸收更多的热量,使铁水的温度得以提高。

2. 熔炼铸铁的炉料

冲天炉熔炼铸铁时所用的原料,称为炉料。它由金属料、燃料和熔剂三部分组成。

(1) 金属料

金属料包括铸造生铁(基本炉料)、回炉料(废芯骨、废铸件和浇冒口等可降低成本)、废钢(用来降低铁液中碳的质量分数)和少量的铁合金如硅铁、锰铁等(用来补充硅、锰等合金元素的烧损,以调整铁液的化学成分)。各种金属料的最大尺寸应小于炉膛直径的三分之一,以防卡死在炉膛中;回炉料和废钢在入炉前应清除粘砂、铁锈和其他污物。

(2) 燃　料

由于焦碳的燃烧值高,杂质含量少,灰分少,低温和高温时的强度均较高,所以焦碳是最好的燃料。它的燃烧为铸铁的熔炼提供热量。在每批炉料中金属料和焦碳的重量比称为铁焦比,铁焦比一般为10∶1。

(3) 熔　剂

常用的熔剂有石灰石和萤石。它们的作用是使炉料中的氧化物、焦碳燃烧产生的灰分、炉衬的剥落物形成熔点低、流动性好的熔渣,以便去除。

上述炉料按一定的比例和顺序加入炉中。为了使金属炉料能在合适的高度进行熔化,一般先在炉缸的炉底到风口以上的一定距离全部填入焦碳,称为底焦。底焦的高度通常高于主风口400～1000 mm。若底焦过高,则由于金属炉料降到底焦面上时温度过低,而不能熔化只有等到过多的底焦燃烧掉,金属炉料才能熔化,这样既浪费了底焦,又降低了熔化速度;若底焦过低,虽然金属炉料的熔化速度加快,但铁液的温度低,严重地影响铁液的质量。待底焦燃烧后,再按如下顺序加料:熔剂—废钢—回炉料和生铁—焦碳。按此顺序一直加到距加料口约200 mm为止。

3.3.2 浇　注

将熔融金属浇入铸型型腔的过程叫浇注。浇注是铸造生产的重要环节,为保证铸件的质量,提高生产率和工作安全,应注意以下几点:

(1) 作好浇注之前的准备工作,浇包在浇注之前必须烘干,以防止降低金属液的温度和引起金属液的飞溅,浇注用工具也要预热干燥。

(2) 在金属液浇注之前要对其进行除渣，以免浇入铸型后在铸件中形成夹渣。

(3) 浇包内的金属液不要装得太满，以免在抬运时飞溅伤人。

(4) 金属液的浇注温度要合适。浇注温度高，金属液的流动速度快，有利于金属液充满铸型的型腔，也有利于熔渣上浮而去除。但温度过高会使金属液的溶气量增多，液体收缩大，容易产生气孔、缩孔、缩凇和裂纹等缺陷，还会使晶粒变粗，铸件的力学性能下降；若浇注的温度过低，金属液的流动性变差，容易产生冷隔、浇不到等缺陷。浇注温度应根据合金的成分、铸件的大小、形状及壁厚等因素来选择。一般地，形状复杂的薄壁件，浇注温度应高些；形状简单的厚壁件，浇注温度可低些。对于灰铸铁件，中小型铸件的浇注温度为 1 260～1 350 ℃，复杂的和薄壁的铸件为 1 350～1 400 ℃。

(5) 浇注速度的快慢也是影响铸件质量的重要因素。浇注速度快，金属液容易充满铸型，可减少金属的氧化。但速度过快，会造成铸型的损坏；不利于铸型中的气体排出而形成气孔；同时，速度过快也不利于补缩。若浇注速度过慢，会使金属液不能充满铸型，产生浇不足和冷隔等缺陷；也会使型腔表面因烘烤时间过长而导致砂层翘起脱落，产生夹砂和结疤等缺陷。浇注速度应根据铸件的形状和厚度来确定，一般形状复杂的和薄壁件应采用快速浇注；厚壁件应采用慢—快—慢的方式进行浇注。

此外，还要需要注意的是在浇注过程中，金属液应均匀连续地注入型腔，直到出气口或冒口充满为止。为防止铸型中的 CO 爆炸以及逸出时工人中毒，必须在冒口和排气口上点火，使 CO 燃烧；为防止熔渣进入铸型，应做好挡渣工作。

3.3.3　铸件的落砂和清理

1. 铸件的落砂

铸件的落砂是指将冷却后的铸件从铸型中取出的过程，落砂应在铸件充分冷却后进行。落砂温度过高，容易使铸件的表面硬化，产生较大的变形甚至导致铸件开裂；温度过低，会长时间占用场地和砂箱，影响生产率，所以落砂的温度应根据铸件的大小合理控制。对于形状简单、重量小于 10 kg 的铸件，一般在浇注后 1 h 左右就可以落砂。

2. 铸件的清理

铸件的清理是指清除铸件表面的粘砂、芯砂、飞边、毛刺、浇注系统和冒口以及修补缺陷等一系列工作。对于浇口和冒口可用如下的方法清除：对于小型的铸铁件，可用手锤或大锤将其砸掉；铸钢件要用气割的方法切除；有色金属材料的铸件多采用锯削。铸件内腔的芯砂可用钩铲、风铲、铁棍、钢凿和手锤等手工工具清除，也可采用震砂机、水力清砂等方法机械清除。铸件表面粘砂、飞边、毛刺，一般用钢丝刷、锉刀等手工工具清除，也可采用清理滚筒、喷砂及抛丸机等清理机械进行清理。

3.4　特种铸造

3.4.1　压力铸造

压力铸造是指液态金属在高压高速下充填铸型，并在压力的作用下冷却凝固的铸造方法。压力铸造是在压铸机上进行的，目前应用较多的是卧式冷压室式压铸机，如图 3-18 所示。

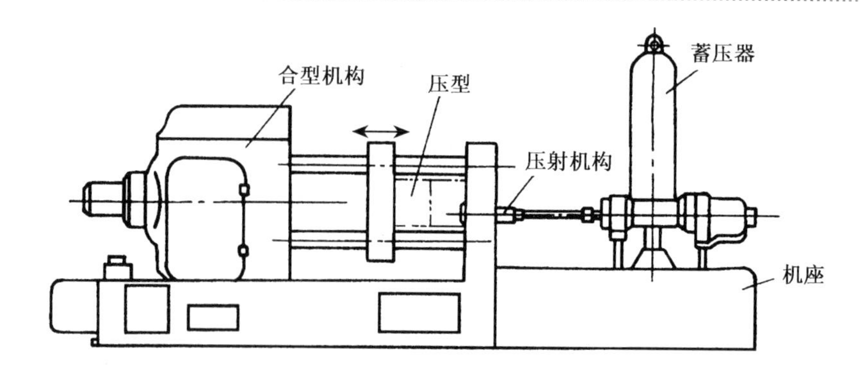

图 3-18 卧式冷压室式压铸机

压力铸造的工艺过程(如图 3-19 所示)是:① 向型腔喷射涂料,闭合压铸型并浇注金属液;② 向前推动压射冲头,将液态金属压入铸型之中;③ 向后推动压射冲头,打开压铸型,并用顶杆顶出铸件。

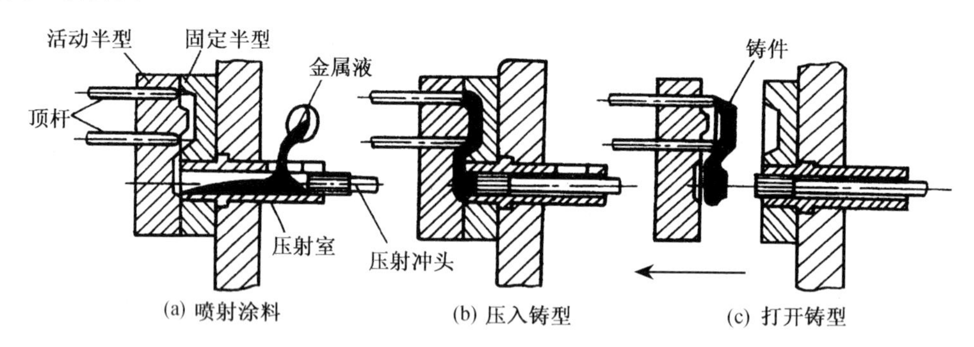

图 3-19 压力铸造的工艺过程

压铸件的强度、表面硬度及尺寸精度均较高,生产率也较高。但压铸设备和制造压铸型的费用较高,铸件内常有小气孔存在于表层下面。压铸件适用于大批量生产,主要用于生产有色金属及其合金的中、小型铸件。

3.4.2 熔模铸造(失蜡铸造)

熔模铸造是指用易熔材料制成模样,然后在模样上涂上数层耐火涂料,经硬化干燥后,将模样熔化,排出型外,获得无分型面的铸型,再将其焙烧即可浇注的铸造方法。也称失蜡铸造。

熔模铸造的工艺过程如图 3-20 所示。

(1) 制造母模

母模是用来制造压型的,一般用钢或铜合金制成的标准件。

(2) 制造压型

压型是用来压制模样且具有较高的尺寸精度和表面质量的型。当铸件的精度要求高且生产的批量大时,用钢、铝合金和锡青铜制造压型;铸件的精度要求不高、生产批量不大时,为了降低成本,可用易熔合金、树脂和石膏制造压型。

(3) 制造蜡模

制造蜡模的材料有蜡基材料(50%石蜡和 50%硬脂酸)和树脂基材料(松香)。蜡模在热水或蒸汽中可以熔化。蜡模的制造过程是:将石蜡加热成糊状,用一定的压力将其压入压型,待其冷却后取出,即得到一个蜡模,用同样的方法制成许多蜡模,再将它们熔焊在预制好的蜡质公用的浇注系统上,制成蜡模组。一个蜡模组上可熔焊 2~100 个蜡模。

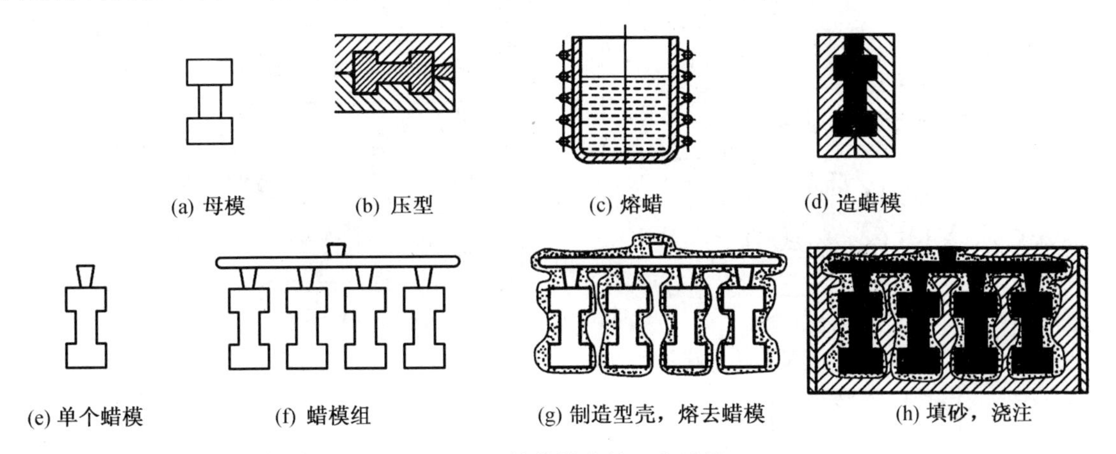

图 3-20 熔模铸造的工艺过程

(4) 结 壳

将蜡模组浸入涂料(由石英砂、水玻璃和硅溶胶组成)中,使其表面均匀地覆盖上一层涂料后,往表面上撒一层石英砂,再将其浸入浓度为 25%的氯化铵的水溶液中进行硬化,如此反复多次,直到结壳厚度达 5~10 mm 为止。

(5) 脱蜡和焙烧

将型壳放入 85~95 ℃的热水或高压蒸汽中,蜡模熔化后从浇注系统流出,即得到了具有空腔的型壳。为了进一步去除型壳中的水分和残余蜡料,需将型壳放在 900~950 ℃的加热炉里进行焙烧。

(6) 浇注、落砂和清理

焙烧后趁热(型壳的温度为 600~700 ℃)时进行浇注,待其冷却后,打碎型壳取出铸件,切掉浇注系统。

熔模铸造生产的铸件精度高,主要用来生产形状复杂、精度要求高、难于切削加工的小型零件。能够铸造高熔点、难切削加工和用其他方法难以成形的合金。适用于各种生产批量,可以实现机械化和自动化生产。熔模铸造的主要缺点是所用材料昂贵、工序多、生产周期长,不宜生产大件。

3.4.3 金属型铸造

将液态金属浇注到用金属制成的铸型中,以获得铸件的铸造方法称为金属型铸造。

金属型可以用铸铁、钢或低合金钢制成,并在铸型的分型面上开设一些深度小于 0.2~0.4 mm 排气槽和出气口。为了能在高温下从铸型中取出铸件,多数金属型还设有顶出铸件的机构。根据分型面的位置不同,金属型可分为整体式、垂直分型式、水平分型式和复合分型式。如图 3-21 所示。

金属型铸造的工艺过程如下:

(1) 金属型预热

在浇注之前应对金属型进行预热,预热的温度应根据合金的种类、铸件的结构和大小而定。

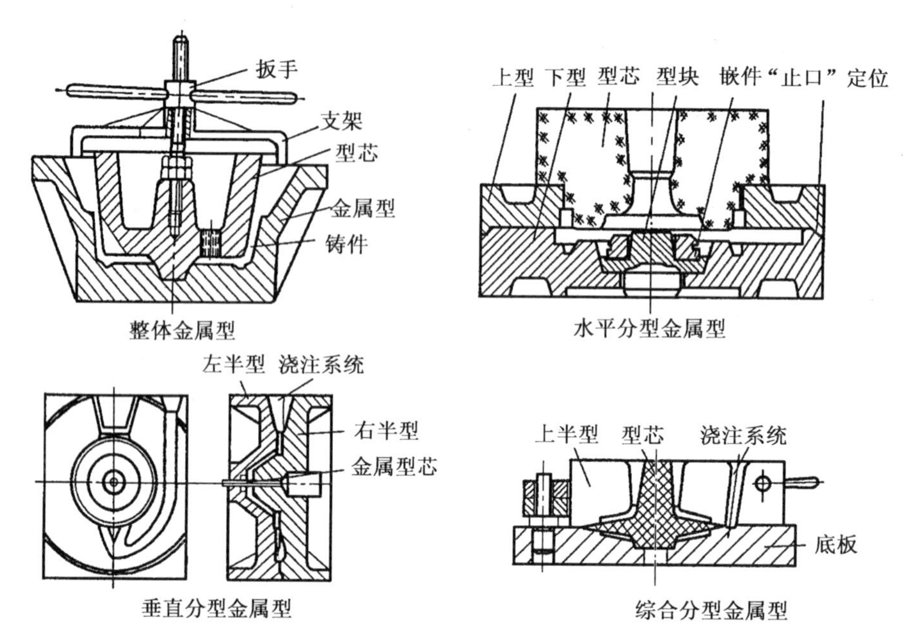

图 3-21 金属型结构示意图

(2) 刷涂料

在金属型预热后,要在型腔的表面和浇冒口中喷刷一层涂料,使金属液和铸型隔开,以保护型腔和减缓铸型的传热速度。灰铸铁一般用由石墨、滑石粉、耐火黏土桃胶和水组成的涂料;铝合金常用由氧化锌、滑石粉和水玻璃组成的涂料。

(3) 浇注及开型

浇注时温度比砂型铸造要高出 30 ℃左右。浇注后将铸型打开取出铸件,一般灰铸铁件的开型的温度为 780～950 ℃。

金属型铸造的铸件的质量好,尺寸精度高,加工余量小,力学性能高,生产率高。金属铸型可多次反复使用,但铸铁件易产生白口组织,且金属铸型的制造成本高,不适于铸造形状复杂。金属型铸造主要应用于大批量生产形状简单的有色金属及其合金铸件。

3.4.4 离心铸造

离心铸造是指将熔融金属浇入高速旋转的铸型中,使其在离心力的作用下凝固成形的铸造方法。离心铸造是在离心铸造机上进行的,采用金属型或砂型,铸型可水平旋转也可垂直旋转。离心铸造机根据转轴的位置不同,可分为立式离心铸造机和卧式离心铸造机两大类。如图 3-22 所示。

离心铸造时,由于金属液是在离心力的作用下结晶凝固的,所以铸件组织细密,无缩孔、缩松、气孔和夹渣,力学性能好,且可铸造双金属铸件。铸造圆形的中空零件时可省去型芯和浇注系统,减少了金属的消耗。但铸件的内表面比较粗糙,内孔尺寸不准确。

目前离心铸造主要用来生产空心的回转体零件，如铸铁管、汽缸套、双金属滑动轴承造纸机的干燥滚筒等。

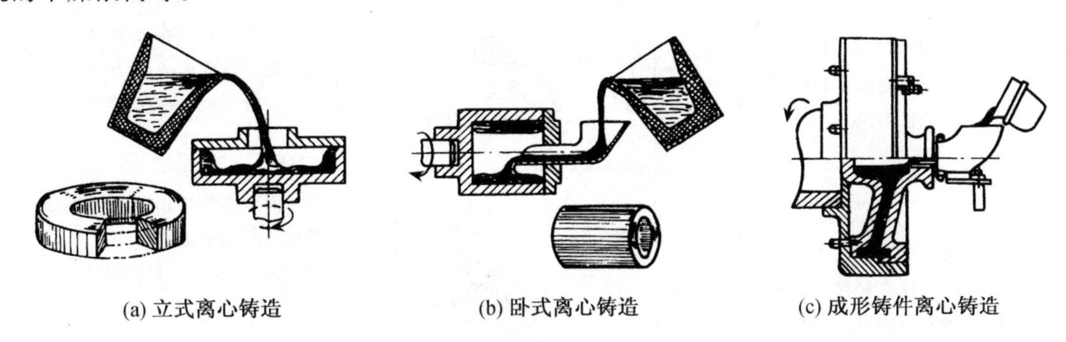

(a) 立式离心铸造　　(b) 卧式离心铸造　　(c) 成形铸件离心铸造

图 3－22　离心铸造工作原理图

3.5　铸件的缺陷分析

由于铸造生产的工序繁多，如果操作不当，金属的铸造性能较差，铸件的结构设计不当以及铸造工艺不合理等原因，均可使铸件产生各种缺陷，常见的缺陷及其产生的原因如表 3－1 所示。

表 3－1　铸件常见缺陷及其产生原因

类　别	缺陷名称和特征	简　图	主要原因分析
孔洞	气孔——铸件内部出现的孔洞，常为梨形、圆形、孔的内壁较光滑		(1) 砂型紧实度过高 (2) 型砂太湿，起模、修型时刷水过多 (3) 砂芯未烘干或通气道堵塞 (4) 浇注系统不正确，气体排不出去，在铸件内形成孔洞
	缩孔——铸件厚截面处出现的形状极不规则的孔洞，孔的内壁粗糙 缩松——铸件截面上细小而分散的缩孔		(1) 浇注系统或冒口设置不正确，无法补缩或补缩不足 (2) 浇注温度过高，金属液收缩过大 (3) 铸件设计不合理，壁厚不均匀无法补缩 (4) 和金属液的化学成分有关，铸铁中 C、Si 含量少、合金元素多时易出现缩松
	砂眼——铸件内部或表面带有砂粒的孔洞		(1) 型砂强度不够或局部没舂紧，掉砂 (2) 型腔、浇注系统内散砂未吹净 (3) 合型时砂型局部挤坏，掉砂 (4) 浇注系统不合理，冲坏砂型(芯)
	渣气孔——铸件浇注时的上表面充满熔渣的孔洞，常与气孔并存，大小不一，成群集结		(1) 浇注温度太低，熔渣不易上浮 (2) 浇注时没挡住熔渣 (3) 浇注系统不正确，挡渣作用差

续表3-1

类别	缺陷名称和特征	简图	主要原因分析
表面缺陷	机械粘砂——铸件表面粘附着一层砂粒和金属的机械混合物,使表面粗糙	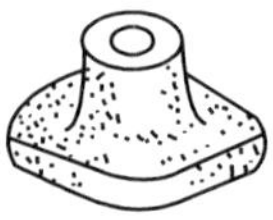	(1) 砂型舂得太松,型腔表面不致密 (2) 浇注温度过高,金属液渗透力大 (3) 砂粒太粗,砂粒间空隙过大
	夹砂——铸件表面产生的疤片状金属突起物。表面粗糙,边缘锐利,在金属片和铸件之间夹有一层型砂	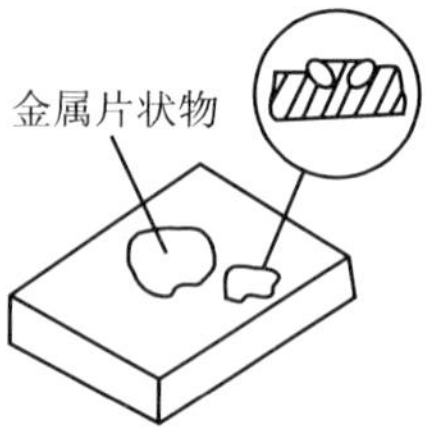 金属片状物	(1) 型砂热湿强度较低,型腔表层受热膨胀后易鼓起或开裂 (2) 砂型局部紧实度过大,水分过多,水分烘干后易出现脱皮 (3) 内浇道过于集中,使局部砂型烘烤厉害 (4) 浇注温度过高,浇注速度过慢
	偏芯——铸件内腔和局部形状位置偏错		(1) 型芯变形 (2) 下芯时放偏 (3) 型芯没固定好,浇注时被冲偏
形状尺寸不合格	浇不到——铸件残缺,或形状完整但边角圆滑光亮,其浇注系统是充满的 冷隔——铸件上有未完全融合的缝隙,边缘呈圆角	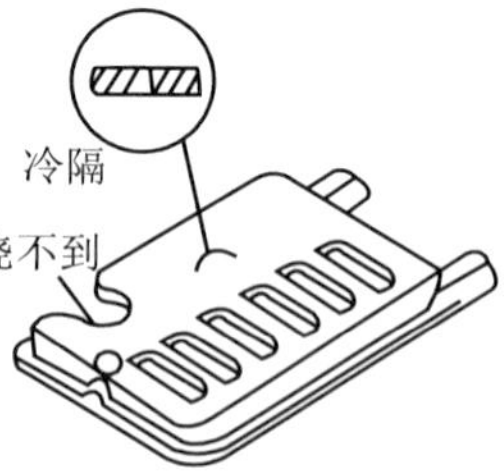 冷隔 浇不到	(1) 浇注温度过低 (2) 浇注速度过慢或断流 (3) 内浇道截面尺寸过小,位置不当 (4) 未开出气口,金属液的流动受型内气体阻碍 (5) 远离浇注系统的铸件壁过薄
	错型——铸件的一部分与另一部分在分型面处相互错开		(1) 合型时上、下型错位 (2) 定位销或泥记号不准 (3) 造型时上、下模有错动
裂纹	热裂——铸件开裂,裂纹断面严重氧化,呈暗蓝色,外形曲折而不规则 冷裂——裂纹断面不氧化并发亮,有时轻微氧化。呈连续直线状	 裂纹	(1) 砂型(芯)退让性差,阻碍铸件收缩而引起过大的内应力 (2) 浇注系统开设不当,阻碍铸件收缩 (3) 铸件设计不合理,薄厚差别大

3.6 造型综合训练

手工整体模造型和分模造型的训练。

3.6.1 手工造型常用的工具及用途

砂箱是用来造型、运输和浇注时支撑砂型,防止砂型损坏,常用铝合金或灰铸铁制成;刮砂板是用来刮平砂箱顶部的型砂；底板用于安放模样；舂砂锤用来舂砂，尖头用于舂砂，平头用于打紧砂箱顶部的型砂；浇口棒用来形成直浇口；通气针用于扎出气孔；手风箱（皮老虎）用于吹去模样上的分型砂及散落在型腔中的散砂；墁刀用于修整平面及挖沟槽；秋叶用于修凹的曲面；砂钩用来修深而窄的底面或侧面以及钩出砂型中的散砂。常用的手工造型工具如图3－23所示。

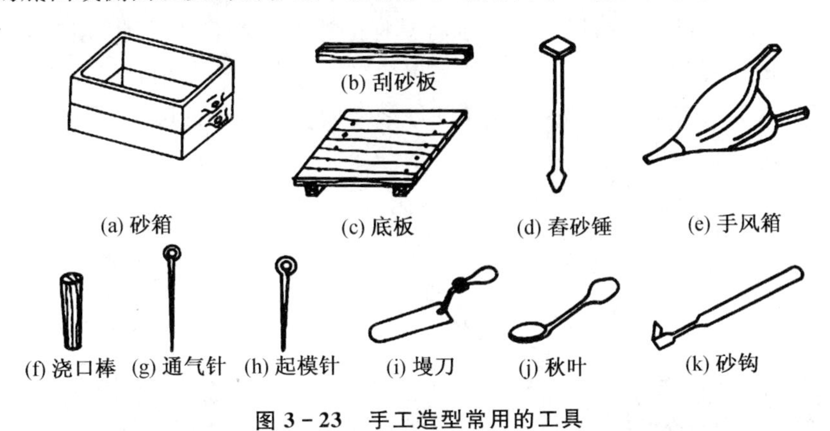

图3－23　手工造型常用的工具

3.6.2　整模造型实训操作

在造型之前，应先读懂铸造工艺文件，然后做好造型准备，即清理工作场地，准备好型砂、模样、芯盒、砂箱及制造砂型和型芯所用的工具等。两箱整模造型（如图3－24所示）的操作过程如下：

步骤1，如图3－24(a)所示，选择平直的底板和大小适宜的砂箱，把砂箱底板水平地放在平整的地面上，然后将模样放在砂箱底板的适当位置上，要注意模样的拔模斜度方向，以便于拔模，同时还要使模样、浇道和砂箱的箱壁三者之间留有一定的空隙；

步骤2，如图3－24(b)所示，将下砂箱在底板放好，在已放好的模样表面上撒上厚度约20 mm左右的面砂，在面砂上加一层背砂，再加填充砂，第一次加砂时要用手按住模样，将模样周围的型砂压紧，以防模样在砂箱中移动；

步骤3，如图3－24(c)所示，舂砂。用舂砂锤的尖头舂砂，从砂箱的边缘开始按一定的路线，逐步向中间紧实。同一砂型各部分要求的紧实度是不同的，靠近砂箱内壁处应舂紧，靠近模样处应舂得较紧，而远离模样处的紧实度应较小。舂砂时要注意用力适度，舂砂锤不要撞击模样以防将模样舂坏。待型砂被逐层捣实后，用刮板刮去多余的型砂；

步骤4，如图3－24(d)所示，将已造好的下砂箱翻转180°，用墁刀将分型面修光；

步骤5，如图3－24(e)所示，套上上砂箱，为了防止上、下砂型粘连，在已造好的下砂型的分型面处撒分型砂（即不含黏土的细颗粒干砂），然后用手风箱将模样上的分型砂吹掉，以免影响铸件的表面质量；

步骤6，如图3－24(f)所示，放浇口棒，加填充砂并舂紧，刮平多余型砂，用直径为3 mm左右的通气针扎出通气孔，以便排出型腔中的气体，以防止铸件产生气孔，通气孔要分布均匀、深度适宜，拔出浇口棒，在直浇道的上部挖出漏斗状的外浇口，外浇口大端直径60～80 mm，锥度为60°，与直浇道的连接处应圆滑过渡；

步骤7，如图3－24(g)所示，划合型线 为了在合型时使上、下砂箱能够准确定位，避免错型,要在砂箱壁上划出合型线,即用粉笔或泥浆水涂敷在砂箱的三个侧面上,然后用墁刀或划针划出合型线,把已造好的上砂箱拿下并翻转180°平放在地面上,修整上砂型的分型面。

步骤8,如图3-24(h)所示,用墁刀在下砂箱上模样的边缘处挖出内浇道和横浇道,并将浇道处被挖出的型砂清理干净;

步骤9,如图3-24(i)所示,用毛笔沾水将模样的边缘的型砂上刷水,使其湿润,以防止起模时粘砂和型腔的边缘损坏,然后用起模针起出模样,起模时,将起模针钉在木模的重心上,并从前后左右轻轻敲打起模针的下部,使模样和砂型之间产生小的间隙,然后轻轻敲打模样的上部并将模样向上提起。

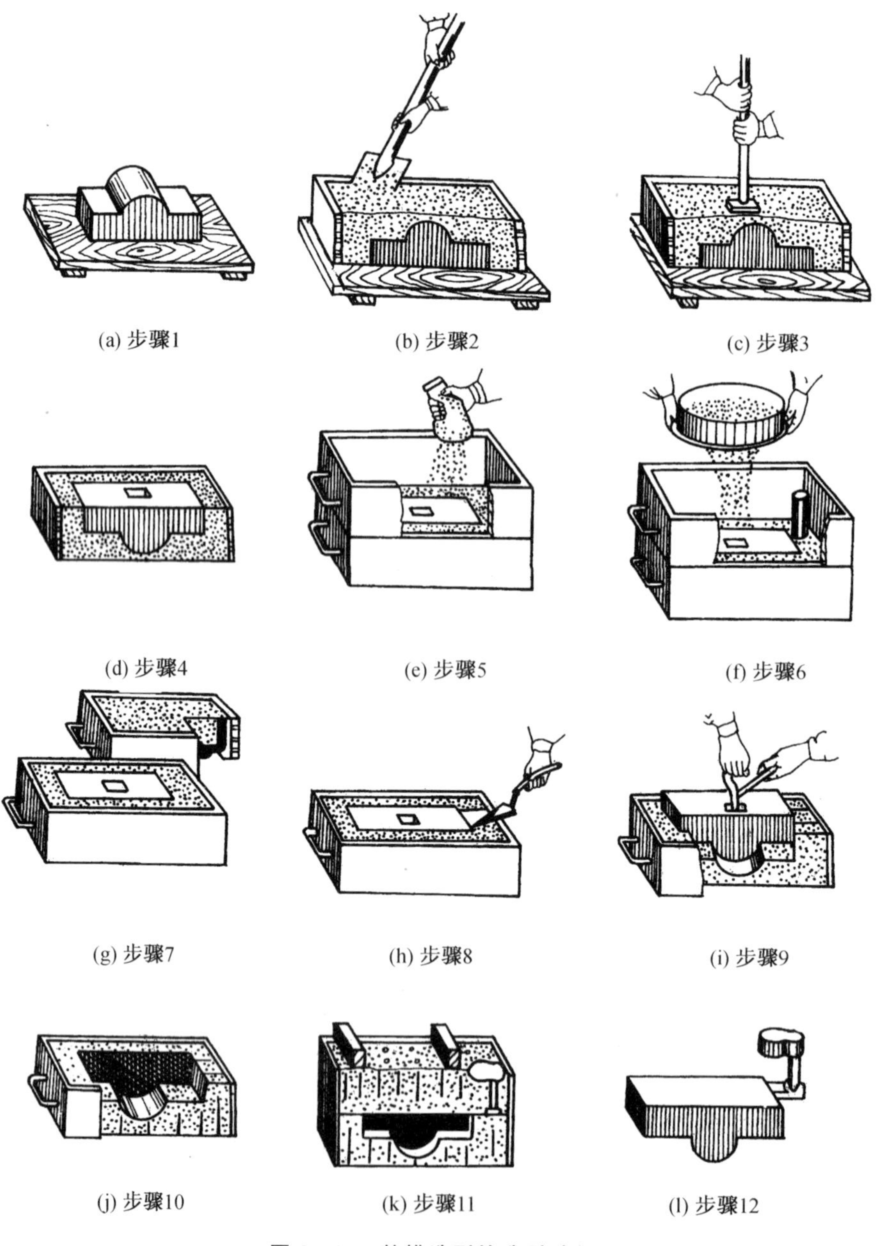

图3-24 整模造型的造型过程

步骤 10,如图 3－24(j)所示,修型,由于模样形状复杂或舂砂、起模操作不当,而造成局部的砂型损坏,用秋叶、砂钩等工具修补浇注系统和冒口的表面及砂型的其他损坏部位。吹去多余的砂粒,撒石墨粉或铅粉;

步骤 11,如图 3－24(k)所示,合型,在合型之前应检查砂型有无损坏,型腔内有无杂物,安放型芯之前要检查型芯是否烘干,通气孔道是否畅通,型芯头合型芯座是否配合良好等,合型后要紧固上、下砂型或放上压铁;

步骤 12,如图 3－24(l)所示,通过浇注、冷却凝固、落砂后得到的带浇注系统的铸件。

3.6.3　分模造型

分模造型的造型过程和整模造型的过程基本相同,只是采用的模样是两个分开的半模。如图 3－25 所示为三通管件的分模造型过程。图(a)步骤 1,三通管件的铸件图;图(b)步骤 2,铸件的模样被对称地分成两半,下半模的分模面上有定位孔,上半模的分模面上有定位销以保证上模和下模对准;图(c)步骤 3,用下半模造下型,将其翻转 180°,在下半模上放好上半模,撒分型砂,造上型;图(d)步骤 4,起模;图(e)步骤 5,将制好的型芯安放在铸型的型腔中,并将型芯固定好;图(f)步骤 6,合型。

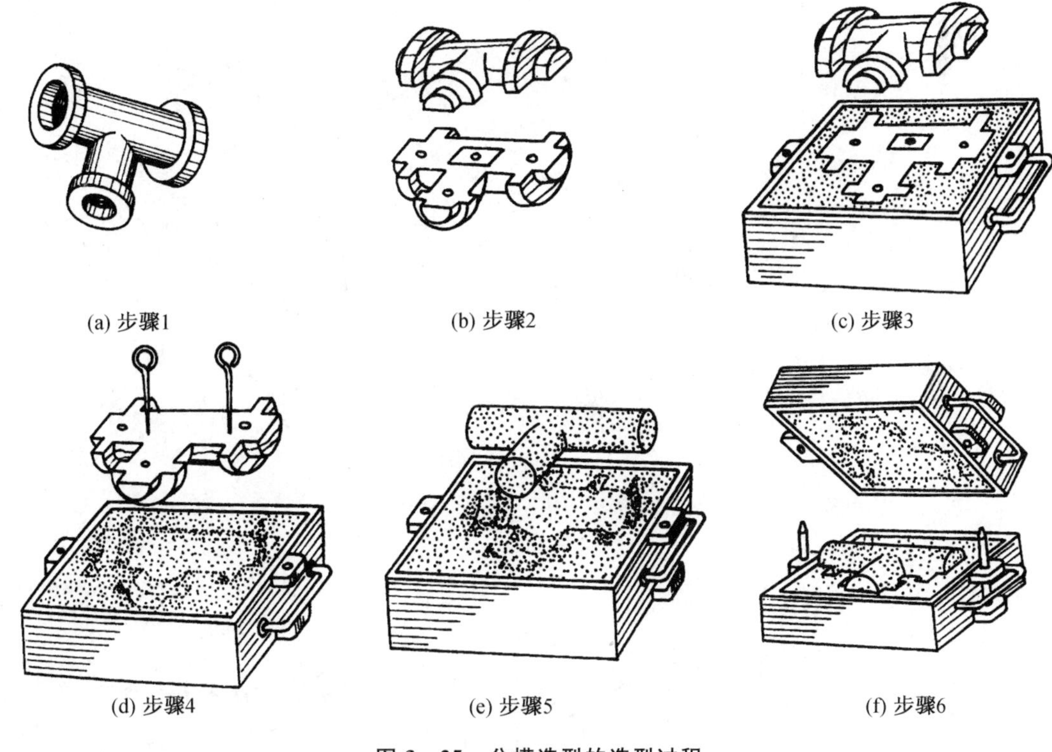
(a) 步骤1　(b) 步骤2　(c) 步骤3
(d) 步骤4　(e) 步骤5　(f) 步骤6

图 3－25　分模造型的造型过程

复习题

1. 什么是铸造？铸造有哪些特点？其应用如何？

2. 简述手工砂型铸造整模造型的造型过程。

3. 试说明砂型铸造的工艺过程。

4. 砂型铸造的手工造型方法有哪些?各有何特点?

5. 什么是特种铸造?与砂型铸造相比有什么特点?

6. 浇注系统由哪些部分组成?各组成部分有什么作用?

7. 浇注温度和浇注速度对铸件的质量有何影响?

8. 简述熔模铸造、金属型铸造、压力铸造和离心铸造的工艺过程及应用范围。

9. 型砂应具备哪些性能?型砂的性能与哪些因素有关?型砂的性能对铸件的质量有何影响?

10. 曲线炉膛多排小风口热风冲天炉主要由哪几部分组成?其结构主要有何特点?

11. 熔炼铸铁的炉料有哪些?它们有何作用?

12. 何谓冒口?冒口有何作用?冒口应设在什么位置?

13. 怎样辨别气孔、缩孔、砂眼等缺陷?为防止这些缺陷,应采取什么措施?

14. 简述手工砂型铸造的整体模造型的造型过程。

第4章 锻 压

本章知识导读

1. 主要内容

锻压的概念、特点及应用。自由锻的基本工序，轴类、盘套类锻件的自由锻的工艺过程，自由锻常用的设备及工作原理和使用方法。板料冲压的的基本工序、设备。模锻的工艺过程、特点及应用。

2. 重点难点提示

重点是自由锻的基本工序和典型锻件的自由锻的工艺过程，锻造所用的各种工具及设备的工作原理及使用方法。难点是自由锻件的工艺规程的制定。

4.1 概 述

4.1.1 锻压的特点及应用

锻造和板料冲压统称为锻压。锻压是指利用外力使金属产生大量的塑性变形，获得所需的形状、尺寸和力学性能的毛坯或零件的加工方法。常用的锻压方法有锻造、板料冲压、轧制、挤压和拉拔等。

锻件的力学性能比铸件高。由于锻压加工可以压合原材料内部的缺陷（如微裂纹、气孔等），使金属内部的组织更加致密；使粗大的晶粒和各种夹杂物都沿着金属流动的方向被拉长，呈现纤维组织。沿纤维组织的长度方向具有最高的抗拉强度，沿着与纤维组织垂直的方向具有最高的抗弯强度。减轻零件的质量，提高材料的利用率。锻压件要求材料必须具有良好的塑性，而且要求零件的形状简单，尤其不能有复杂的内腔。

锻压广泛地应用于机床、汽车、拖拉机、仪器仪表、化工机械等部门，如齿轮、连杆、曲轴、高压容器、刀具、模具等；除此以外，还可以生产各种型材（如角钢、槽钢、方钢）、板材、线材（盘条、钢丝等）。

4.1.2 锻压的安全技术

（1）实习前先学习锻压生产的安全规程；

（2）穿戴好工作服等防护用品；

（3）实习之前要检查好所要使用的工具和设备是否完好无损，如检查锤头是否松动，空气锤能否正常工作；

（4）选择的火钳必须使钳口与锻件的截面形状一致，以保持夹持牢固，不能用手直接接触坯料，以免烫伤，钳子或其他工具应置于身体的侧面，不可正对人体；

（5）手工锻造时，锤工严禁戴手套打大锤，锤工应站在与掌钳工成90°角的位置，抡锤前应

观察周围有无障碍或行人;

(6) 切割操作时,在料头飞出的方向不准站人,操作到快要切断时应轻打;

(7) 在使用空气锤进行锻造时,锻件应放在下砥铁的中部,锻件和垫铁等工具必须放正、放平,以防止飞出伤人,踩空气锤的踏杆时,脚跟不许悬空,以保证操纵的稳定和准确,非锤击时,应随即将脚离开踏杆,以防误踏伤人;

(8) 板料冲压时,应防止将手和头部伸入上、下锻模之间的工作区间,严禁用手直接取工件。

4.2 锻造

锻造是将坯料加热后,利用外力使其产生塑性变形,以获得具有一定机械性能、一定形状和尺寸的零件或毛坯的加工方法。通过锻造能消除金属在冶炼过程中产生的铸态疏松等缺陷,优化微观组织结构;由于保存了完整的金属流线,锻件的机械性能一般优于同样材料的铸件。相关机械中负载高、工作条件严峻的重要零件一般选用锻件。

锻造按所用的设备不同可分为:自由锻造、模型锻造、精密锻造等。

4.2.1 金属的加热和锻件的冷却

1. 金属的加热

金属坯料在锻造之前要进行加热。加热的目的是提高材料的塑性和韧性,降低变形抗力,以利于锻造加工。坯料的加热是在加热炉中进行的。常用的加热炉有:反射炉、油炉和煤气炉、电阻加热炉等。

(1) 反射炉

如图4-1所示,反射炉是以煤为燃料的火焰加热炉。燃烧所用空气经换热器预热后送入燃烧室,高温炉气通过炉顶反射越过火墙进入加热室加热坯料。加热室的温度可达1 350 ℃左右。废气经烟道排出。坯料从炉门装入和取出。

(2) 重油炉和煤气炉

如图4-2所示,重油炉和煤气炉的结构基本相同,没有专门的燃烧室,由喷嘴或烧嘴将重油或煤气与具有一定压力的空气混合后,直接喷射到加热室内燃烧而进行加热。调节重油和空气的流量,就可调节炉膛的温度。

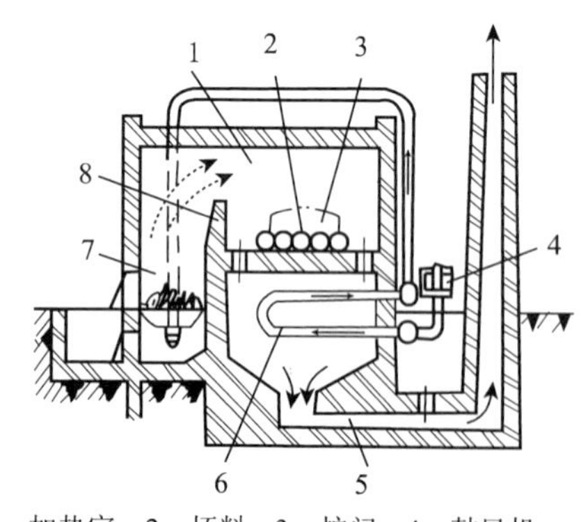

1—加热室; 2—坯料; 3—炉门; 4—鼓风机; 5—烟道; 6—换热器; 7—燃烧室; 8—火墙

图4-1 反射炉的结构示意图

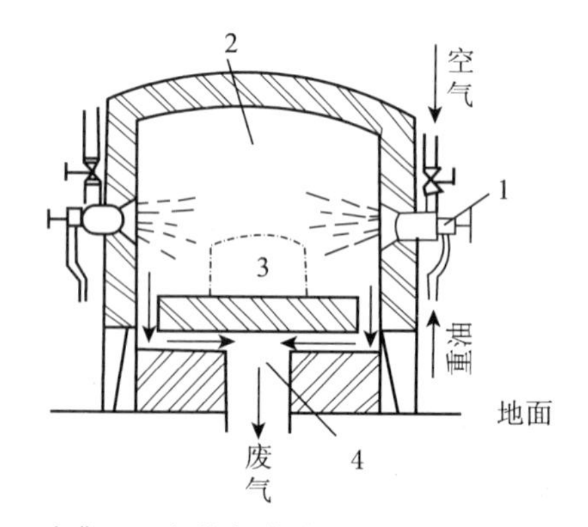

1—喷嘴; 2—加热室(炉膛); 3—炉门; 4—烟道

图4-2 室式重油炉结构示意图

(3) 电阻炉

图 4－3 所示为箱式电阻加热炉，是利用电流通过电热元件产生的热量对坯料进行加热。

箱式电阻加热炉分为中温电阻炉(最高加热温度为 950 ℃，加热元件是电阻丝)和高温电阻炉(最高加热温度为1 300～1 350 ℃，一般用碳化硅棒作为加热元件)两种。它们的特点是结构简单，炉内温度容易控制，升温快，主要用于有色金属、耐热合金和高合金钢的加热。

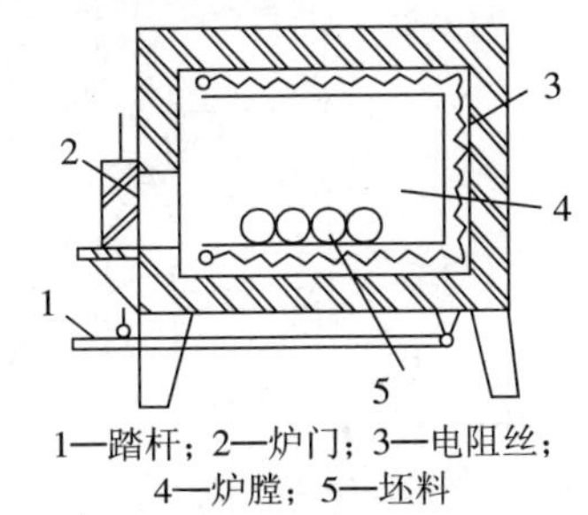

1—踏杆；2—炉门；3—电阻丝；4—炉膛；5—坯料

图 4－3　箱式电阻炉示意图

2. 锻造的温度范围

锻造的温度范围指的是材料在锻造时所允许的最高加热温度和停止锻造的温度。各种常见金属的锻造加热温度范围如表 4－1 所列。

表 4－1　常见金属的锻造加热温度范围

钢的类别	始锻温度/℃	终锻温度/℃
碳素结构钢	1 200～1 250	800～850
合金结构钢	1 100～1 200	800～850
碳素工具钢	1 050～1 150	750～800
滚动轴承钢	1 080	800

3. 锻件的冷却

锻造后锻件的冷却速度的快慢直接影响锻件的质量。常用的冷却方法有以下三种：

(1) 空　冷

将热态锻件放在空气中进行冷却，主要适用于低、中碳钢和低合金结构钢的小型锻件。

(2) 坑　冷

将热态锻件埋在砂坑、白灰坑或石棉坑中进行冷却，主要适用于碳素工具钢和合金工具钢的锻件。

(3) 炉　冷

将热态锻件放在 500～700 ℃的加热炉中随炉缓慢冷却，主要用于高合金钢的重要锻件。

锻件采用哪种方式进行冷却，主要取决于锻件的碳及合金元素含量的高低、尺寸的大小和形状的复杂程度。一般，锻件的碳及合金元素的含量越高，形状越复杂，体积越大，冷却速度就越慢。

4.2.2　自由锻造

将坯料放在铁砧或锻压机器的上、下砥铁之间进行的锻造，称为自由锻造。前者称为手工自由锻，后者称为机器自由锻。手工自由锻生产率低，只能进行小型、单件和小批量的生产；机器自由锻是自由锻的主要生产方法。

1. 自由锻造的设备

自由锻所用的设备有空气锤、蒸汽-空气锤和水压机。空气锤是生产小型锻件的通用设备。空气锤的工作原理如图 4－4。

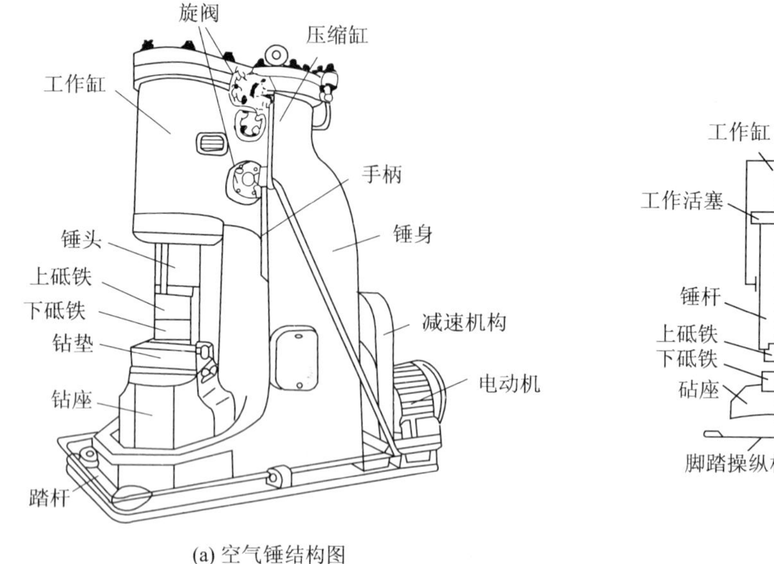

(a) 空气锤结构图

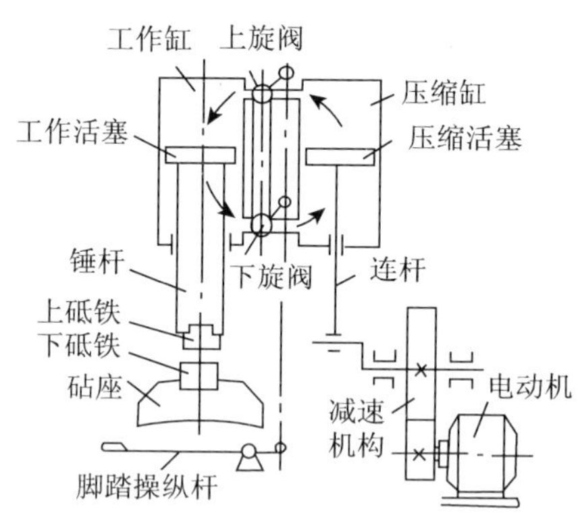

(b) 空气锤原理图

图 4-4 空气锤的工作原理图

空气锤由锤身、压缩缸、工作缸、传动机构、操纵机构、落下部分和砧座等部分组成。锤身和压缩缸、工作缸铸成一体,以安装和固定锤的各个部分;传动机构包括减速机构及曲柄、连杆等,其作用是将电动机的圆周运动转变为活塞的上、下直线运动,将压缩空气经旋阀进入工作缸的上腔或下腔,驱使上砥铁或锤头上下运动进行打击;操纵机构包括踏杆(或手柄)、旋阀及连接杠杆,用踏杆操纵旋阀可使锻锤实现空转(电动机及减速装置空转,锻锤的落下部分靠自重停在下砥铁上,不工作)、锤头上悬、锤头下压、连续打击和单次锻打等多种动作,打击力的大小取决于气阀的开启程度;落下部分包括工作活塞、锤杆和上砥铁。空气锤的规格是以落下部分的质量来表示的,锻锤产生的打击力是落下部分重力的1 000倍左右。

2. 自由锻造的基本工序

自由锻的工序可分为基本工序、辅助工序和修整工序。基本工序有拔长、镦粗、冲孔、弯曲、错移、切割和扭转等。

(1) 拔 长

拔长如图4-5所示,使坯料横截面积减小,长度增加的锻造工序叫做拔长。这是自由锻中应用最多的一种工序。它常用于锻造轴类、拉杆和连杆等零件。拔长时,使坯料沿砥铁宽度方向连续送进;如果对套筒、空心轴等长的空心锻件进行拔长,应先把芯棒插入预先冲好孔的坯料内进行(如图4-6所示)。方料,要将坯料在拔长的过程中不断地翻转,翻转的方法有三种(如图4-7所示):一种方法是不断地将坯料反复翻转90°,如图4-7(a)所示;采用这种方法时,应注意工件的宽度与厚度之比不要超过2.5。第二种方法是将坯料沿着螺旋线方向不断地翻转90°锻打,如图4-7(b)所示。第三种方法是将坯料沿轴向锻完一面之后翻转180°,锻打拉直,再翻转90°锻打,如图4-7(c)所示。

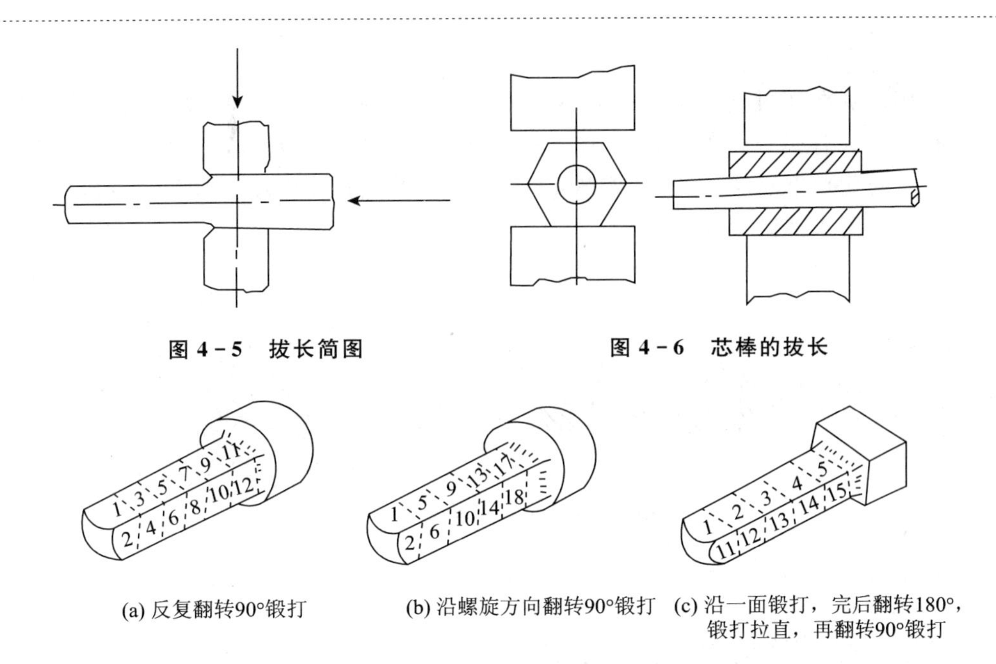

图 4-5　拔长简图

图 4-6　芯棒的拔长

(a) 反复翻转90°锻打　(b) 沿螺旋方向翻转90°锻打　(c) 沿一面锻打，完后翻转180°，锻打拉直，再翻转90°锻打

图 4-7　在平砧上拔长的翻转方法

拔长圆形坯料时，可以使用 V 形垫铁，并使坯料不断地绕轴转动；或者，先将坯料锻成方形截面，再将方形坯料拔长到边长接近工件所要求的直径，将方形锻成八角形，然后倒棱滚圆。

(2) 镦　粗

使坯料横截面积增大，高度减小的锻造工序叫做镦粗。主要用于从横截面较小的坯料得到横截面较大的锻件，如齿轮、圆盘类等；或在锻造环、套筒等空心锻件时，作为冲孔前的预备工序；或作为改善力学性能，如消除铸造枝晶组织，使碳化物和其他杂质分布均匀等的预备工序。

镦粗可分为完全镦粗(如图 4-8 所示)和局部镦粗(如图 4-9 所示)。完全镦粗指的是将坯料整体进行镦粗；局部镦粗是指将坯料的一部分放在漏盘中，限制其变形，而只对不受限制的部分进行镦粗。

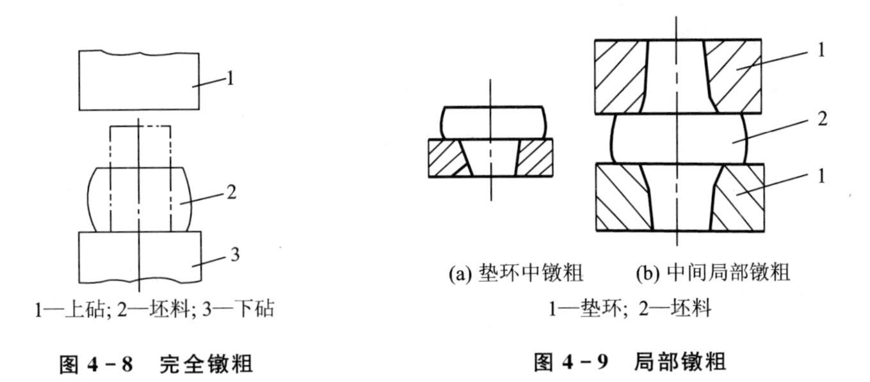

1—上砧; 2—坯料; 3—下砧

图 4-8　完全镦粗

(a) 垫环中镦粗　(b) 中间局部镦粗

1—垫环; 2—坯料

图 4-9　局部镦粗

在镦粗时，为了防止镦弯，坯料的原始高度与直径(或边长)之比应小于 2.5～3；坯料的两端面要平整且与轴线垂直；坯料加热要均匀，表面平整不得有裂纹或凹坑等缺陷；操作时，应将坯料不断地绕轴旋转，以防止镦偏；在镦粗的过程中，如果发现镦弯、镦歪或出现双鼓形外凸，应及时矫正，以防止出现折叠而使锻件报废；镦粗之后要消除侧面的鼓形外凸。

(3) 冲　孔

冲孔是指用冲头在坯料上冲出通孔或不通孔的工序。主要用于空心锻件,如齿轮、圆环、套筒等。冲孔的方法有实心冲子冲孔(如图4－10所示,适用于在薄壁坯料上需一次冲出的直径小于400 mm的孔)、空心冲子冲孔(如图4－11所示,适用于孔径大于400 mm)和垫环冲孔(如图4－12所示,用于薄饼锻件)。

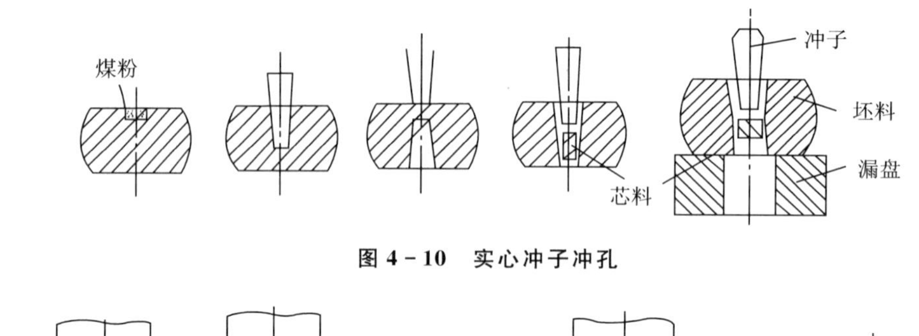

图4－10　实心冲子冲孔

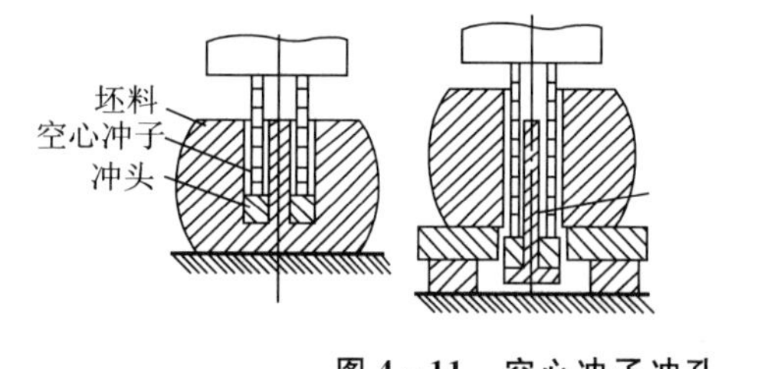

图4－11　空心冲子冲孔

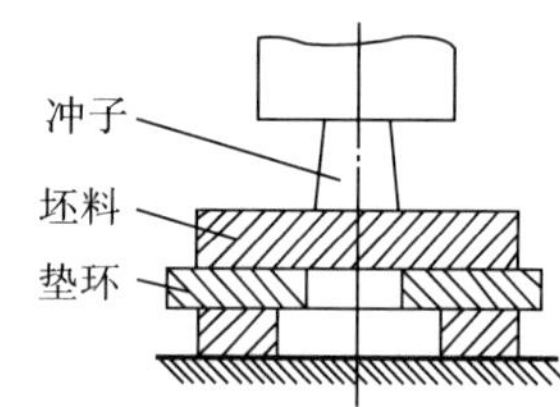

图4－12　垫环冲孔

为了避免在冲孔时将孔冲歪或冲裂,坯料加热的温度要高些;为了减少冲孔的深度并使端面平整,在冲孔之前应先镦粗;为了保证孔的位置正确,应先试冲,即在孔的位置上先用冲头轻轻冲出孔的痕迹,如有偏差可及时加以修正;对于孔径较大的孔,可先冲出一个较小的孔,然后再用冲头进行扩孔;双面冲孔时,先将孔冲到锻件厚度的2/3～3/4,拔出冲子,翻转锻件,然后从反面将孔冲透。

(4) 错　移

错移(图4－13)指的是将坯料的一部分相对于另一部分错开,并且使两部分仍然保持平行的锻造工序,主要用于曲轴的锻造。

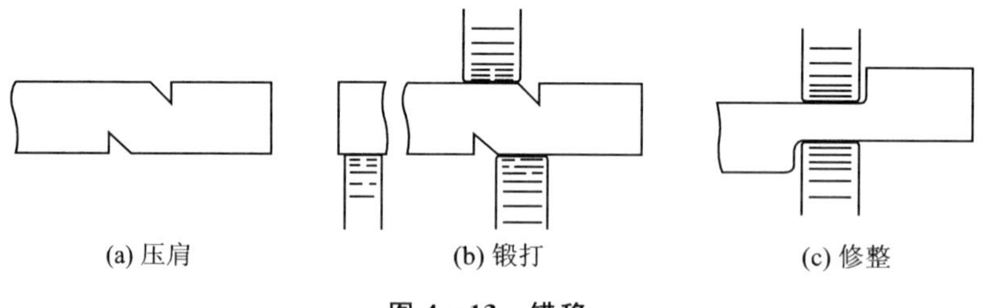

(a) 压肩　(b) 锻打　(c) 修整

图4－13　错移

(5) 弯　曲

弯曲(如图4－14所示)指的是将坯料弯成一定角度或形状的锻造工序,主要用来锻造角尺、U形弯板、吊钩、链环等锻件。

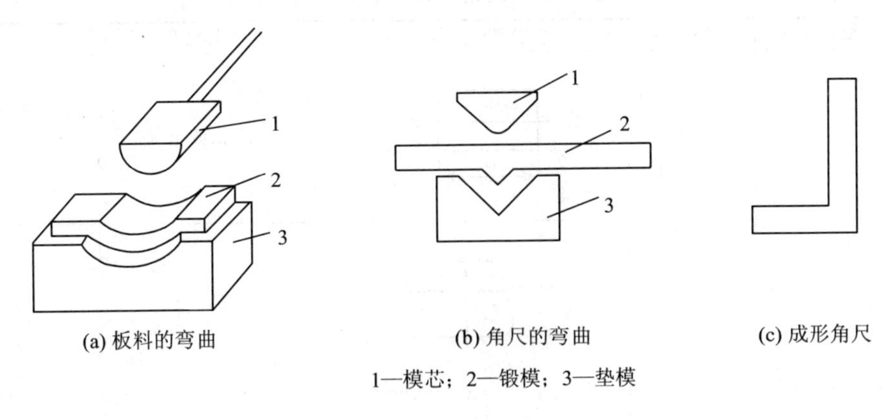

(a) 板料的弯曲　　(b) 角尺的弯曲　　(c) 成形角尺

1—模芯；2—锻模；3—垫模

图 4－14　在垫模中弯曲

（6）切　割

切割指的是将坯料分为几个部分的锻造工序，常用于切除锻件的料头、钢锭的冒口等，也可以作为拔长的辅助工序（如图 4－15 所示）。切割有单面切割（如图 4－16 所示）、双面切割（如图 4－17 所示）和四面切割（如图 4－18 所示）。

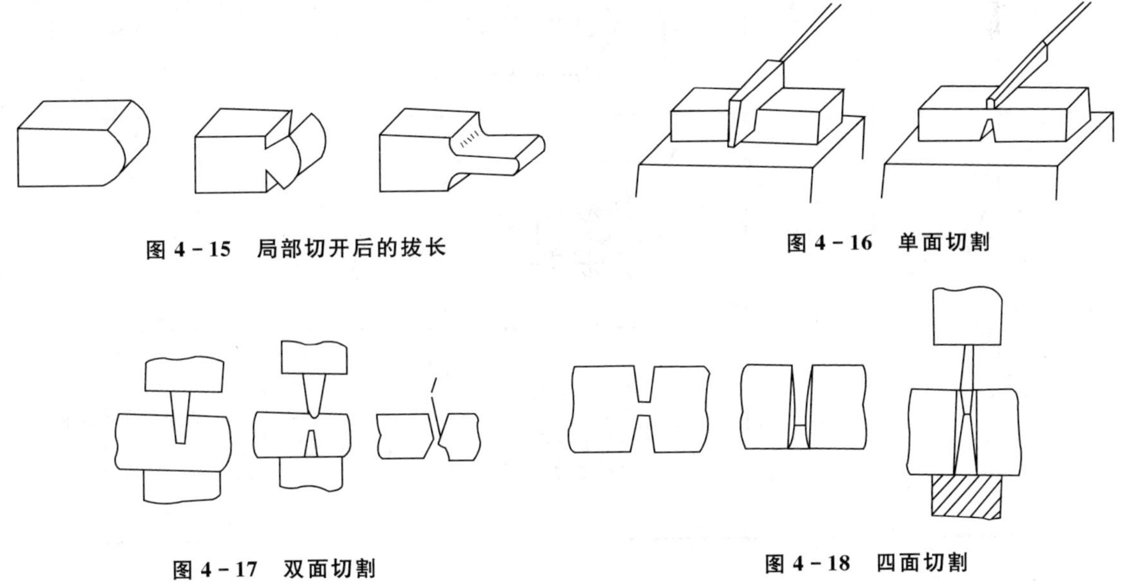

图 4－15　局部切开后的拔长

图 4－16　单面切割

图 4－17　双面切割

图 4－18　四面切割

（7）扭　转

扭转（如图 4－19 所示）指的是将坯料的一部分相对于另一部分旋转一定的角度的锻造工序，主要用于制造多拐曲轴和连杆，也可用于矫正锻件。

辅助工序是为基本工序操作而进行的预先变形的工序，如压钳口、压痕等。修整工序是用来减少锻件表面缺陷而进行的工序，如校正、滚圆、平整等。

六角螺母的锻造过程见表 4－2。

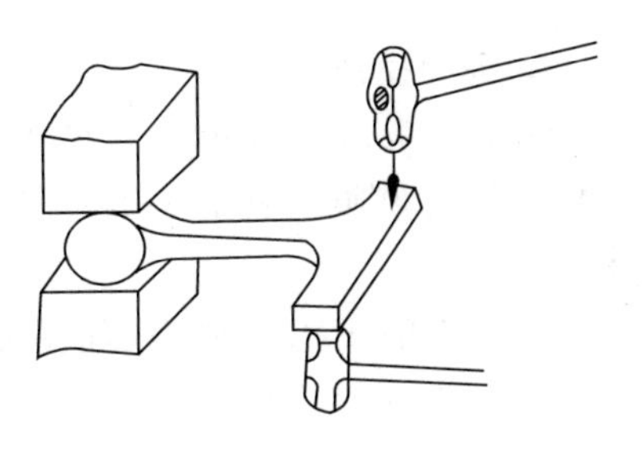

图 4－19　用大锤打击扭转

表4-2 六角螺母的锻造过程

序号	加热火次	工序名称	简图	工具名称	备注
1		下料	d_0 H_0	錾、锯或锯床	
2	1	镦粗		尖嘴钳	
3	2	冲孔		尖嘴钳 冲子 漏盘 抱钳	
4		锻六角		圆嘴钳 芯棒 六角槽垫 平锤 样板	用芯棒插入孔中锻第一面,转60°锻第二面,再转60°锻第三面
5	3	罩圆倒角		尖嘴钳 窝子	
6		修光		芯棒 平锤	修光温度可略低于800 ℃

4.2.3 锤上模锻与胎模锻简介

1. 锤上模锻

锤上模锻就是在模锻设备上利用分别安装在锤头下端和砧座上的上、下模具使坯料变形获得与模膛形状相对应的锻件的锻造方法。所用的设备主要是模锻锤、蒸汽-空气锤等。

锤上模锻所用的锻模(如图4-20所示)由上模和下模组成。上模和下模分别安装在锤头的下端和模座上的燕尾槽内,用楔铁紧固。上、下模合在一起所形成的空间为模膛。

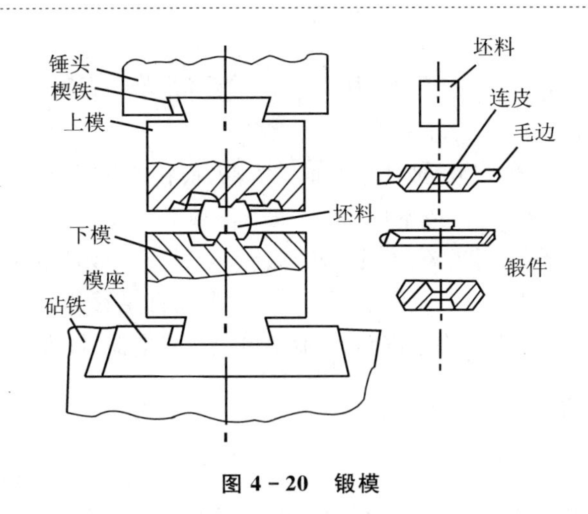

图 4-20 锻模

模锻件生产主要有制坯、成形和冲切三大步骤。其中制坯步骤主要包括拔长、滚压、弯曲和切断等，目的是按锻件的要求，对坯料体积进行合理的分配；成形步骤主要包括预锻和终锻，目的是使坯料发生变形，使之接近或达到锻件的形状和尺寸，对于形状简单的锻件，可直接终锻成形；由于锻件在冷却时体积要收缩，所以终锻模膛的尺寸应比锻件的尺寸放大一个收缩量。沿模膛的四周有飞边槽，由此产生的带有飞边的锻件应在最后的步骤中将飞边冲切去掉。

2. 胎模锻

胎模锻是在自由锻锤上使用胎模生产锻件的方法，与锤上模锻不同的是胎模是不固定在锤头和砧座上的，只是在使用时才放到锻锤的下砧铁上。胎模锻与自由锻相比，具有生产率高，锻件的精度高，表面质量好，且不需要昂贵的设备，工艺操作灵活等优点。与模锻相比，胎模锻的锻件精度低，工人的劳动强度大。所以，胎模锻主要适用于小型锻件的中、小批量的生产。

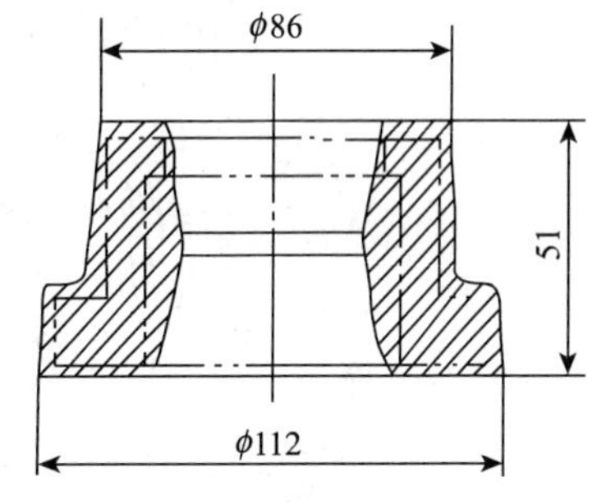

图 4-21 法兰盘的锻件图

胎模锻一般要经过制坯、成形、冲切等步骤。如图4-21所示为法兰盘的锻件图。

图 4-22 所示为法兰盘的胎膜锻过程 。先用自由锻将加热后的坯料镦粗到接近法兰盘的形状后，再将其放到套模的模筒中终锻成形，最后将连皮切除。

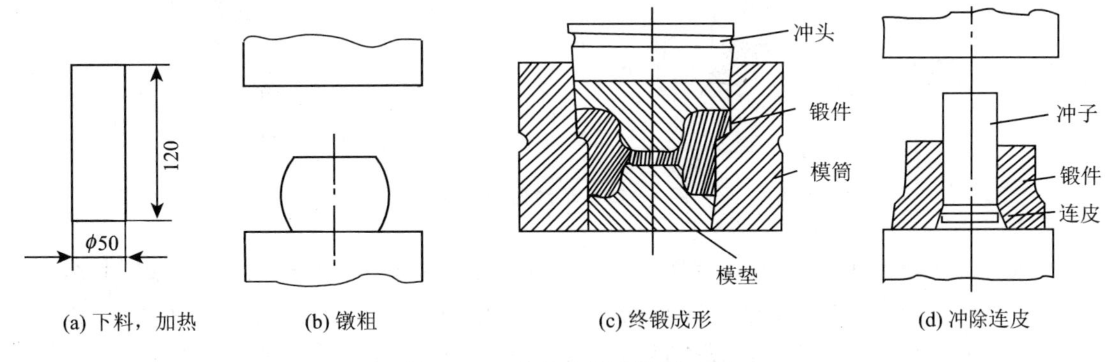

图 4-22 法兰盘的胎膜锻过程

4.3 板料冲压简介

板料冲压是利用外力使坯料分离或成形的加工方法,板料冲压通常是在室温下进行的,所以又称为冷冲压。板料冲压的生产率高,成本低;能冲压出各种形状复杂的零件,零件的质量可从一克到几十千克,尺寸可以从一毫米到几米,且具有较高的尺寸精度和较低的表面粗糙度;操作简单,工艺过程容易实现机械化和自动化;冲压所用的原材料必须具有足够的塑性;冲模制造成本高,只适用于大批量生产。板料冲压广泛应用于汽车、农业机械、航空、电器、仪表等工业部门。

4.3.1 板料冲压的设备

1. 冲 床

冲床是板料冲压的基本设备,如图4-23为单动曲轴冲床的结构及传动简图。其工作原理是:电动机通过减速机构带动大皮带轮转动,大皮带轮通过离合器与曲轴相连接,离合器由和踏杆相连的拉杆控制。当踩下踏板使离合器闭合时,大皮带轮便可带动曲轴旋转,曲轴通过连杆带动滑块沿导轨作上下往复直线运动,进行冲压。

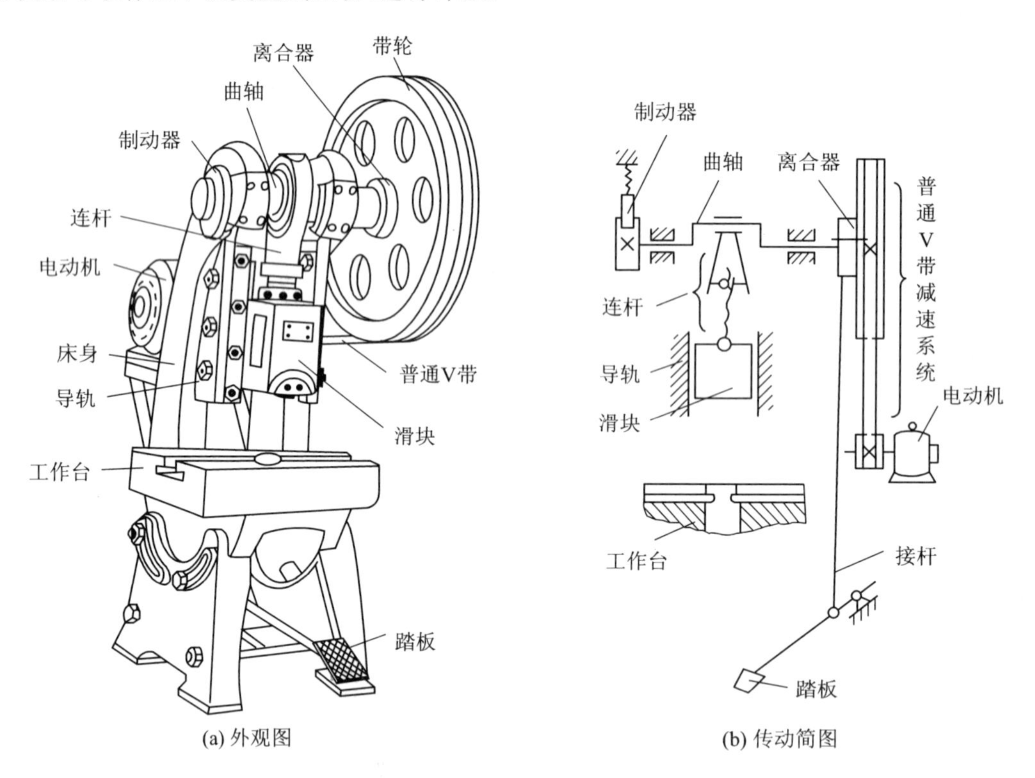

图4-23 单动曲轴冲床

2. 冲 模

冲模是冲压生产所用的模具,如图4-24所示。冲模由上模和下模两部分组成,上模固定在冲床滑块上并可随滑块一起作上下运动,下模用螺栓固定在工作台上。上模主要由凸模、上模座、导套和凸模固定板组成,凸模通过凸模固定板固定在上模的模座上。下模主要由凹模、凹模固定板、导柱、挡料销、导料板和卸料板组成,凹模通过凹模固定板固定在下模的模座上;

导料板和挡料销是用来控制坯料的送进量和送进方向的；导套和导柱是冲模的导向装置，用以保证上、下模能准确定位。

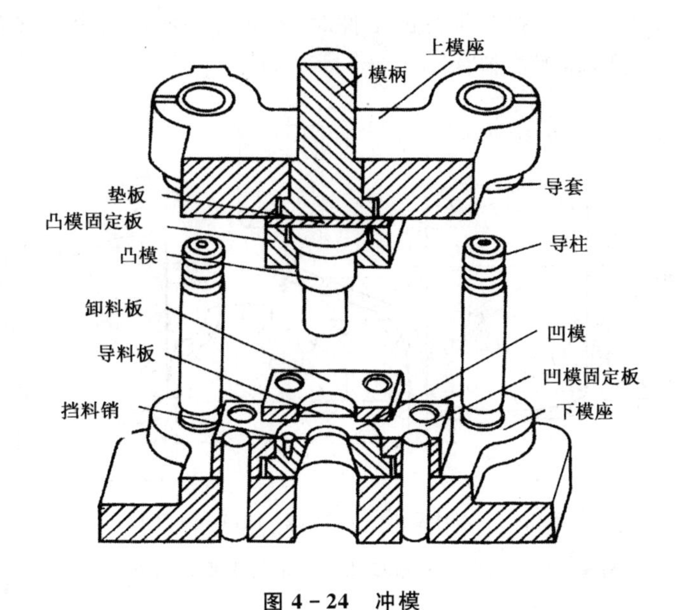

图 4－24　冲模

4.3.2　板料冲压的基本工序

板料冲压的基本工序有落料和冲孔、拉深、弯曲、成形等。

1. 落料和冲孔

将坯料沿封闭的轮廓分离的工序称为落料和冲孔，如图 4－25 所示。冲孔指的是板料的周边及孔为成品，分离部分为废料，而落料则正好相反，它是以分离部分为成品，周边为废料。

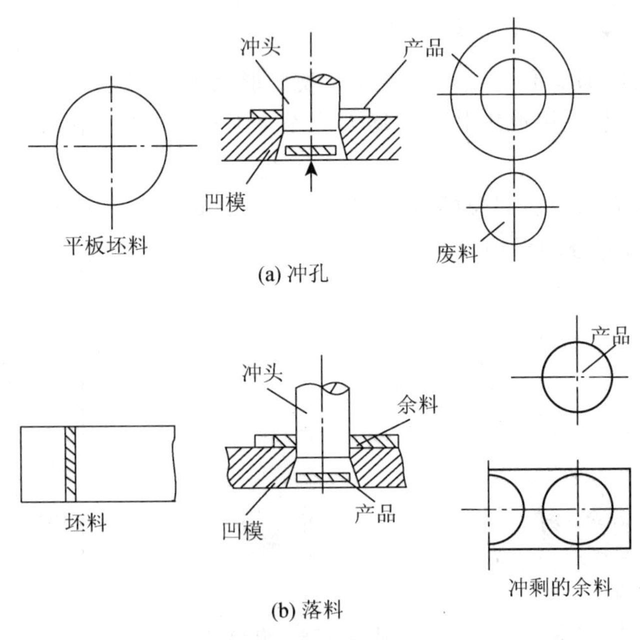

图 4－25　冲孔和落料

2. 拉　深

使坯料变形成为中空的杯形或盒形成品的工序,如图4-26所示为用圆形板料拉成筒形件的拉深变形过程示意图。在拉制很深的工件时,不允许一次拉得过深以免拉穿,应分几次进行,逐渐增加工件的深度,即多次拉深。

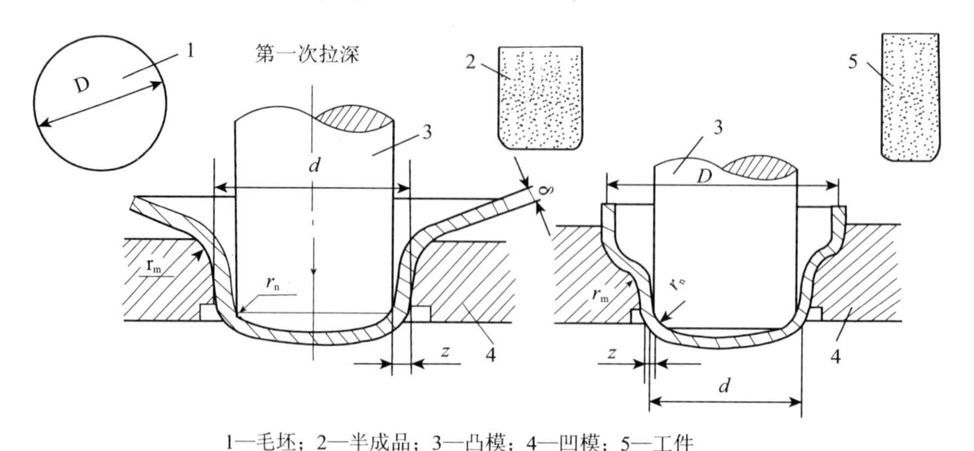

1—毛坯;2—半成品;3—凸模;4—凹模;5—工件

图4-26　圆形板料拉成筒形件的拉深变形过程示意图

3. 弯　曲

弯曲指的是将板料、型材或管材弯成具有一定的曲率和角度制件的成形方法,如图4-27所示。在弯曲时,由于坯料受到凸模冲击力的作用而产生大量的塑性变形,并且这些变形均集中在坯料与凸模相接触的狭窄区域内,变形的坯料内侧受压应力的作用,外侧受拉应力的作用。弯曲半径 r 越小,应力越大,当拉应力超过坯料的抗拉强度时,会造成坯料的开裂,为了避免出现裂纹,除了选择合适的材料和限制最小弯曲半径 r_{min},使 $r_{min} \geqslant (0.1 \sim 1)\delta$ 外,还要使弯曲方向与坯料的流线方向一致。

4. 成　形

成形指的是利用局部变形使坯料或半成品改变形状的工序,如图4-28所示为带有鼓肚的容器的成形简图,它是利用橡皮芯子来增大预先拉深成筒形的半成品的中间部分。

5. 收　口

收口是使拉深成品的边缘部分的直径减小的工序。如图4-29所示,图中 d_0 为拉深成品的平均直径,d 为收口部分的平均直径。

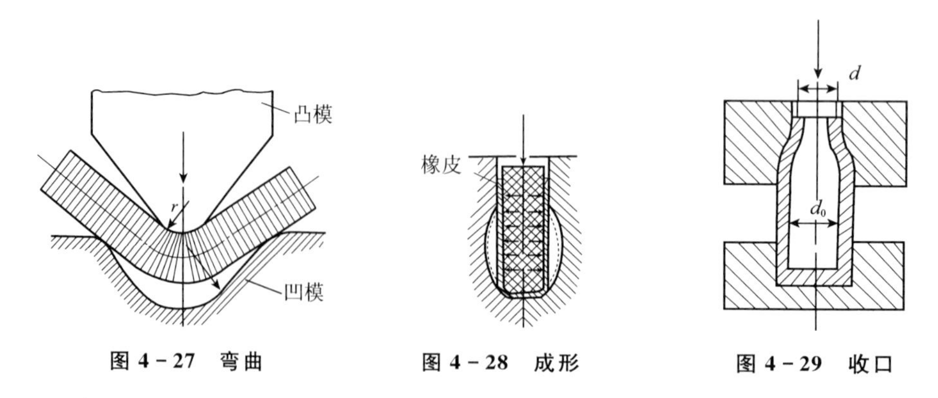

图4-27　弯曲　　**图4-28　成形**　　**图4-29　收口**

复习题

1. 什么是锻压？常用的锻压方法有哪些？
2. 锻压有哪些特点？有哪些应用？
3. 什么是锻造？锻造对材料有哪些要求？
4. 试述空气锤的工作原理。
5. 自由锻的基本工序有哪些？各工序在操作的过程中应注意哪些问题？
6. 坯料在锻造前为什么要加热？
7. 何谓锤上模锻？
8. 试说明锻造和板料冲压的主要区别。
9. 板料冲压有哪些基本工序？
10. 何谓拉深？在拉深时应注意哪些问题？
11. 试说明冲模由哪几部分组成？各组成部分有何作用？
12. 什么是落料？什么是冲孔？落料和冲孔有什么区别？

第 5 章　焊　接

本章知识导读

1. 主要内容

焊接概述。常用电焊机、焊条及焊条电弧焊的焊接过程、所用设备和工具的使用方法。气焊、气体保护电弧焊、埋弧自动焊和电阻焊等焊接方法。

2. 重点难点提示

重点掌握焊条电弧焊所用的设备及工具的使用方法，熟悉手工焊接的操作过程。难点是焊接电弧的产生过程及焊接规范的选择。

5.1　概　述

焊接是通过加热或加压(或两者并用)，并且用(或不用)填料，使两个或几个工件形成原子间结合，达到连接成为一个整体的加工方法。

5.1.1　焊接的分类、特点及应用

按照焊接过程的特点，焊接可分为：熔化焊(简称熔焊)、压力焊(简称压焊)和钎焊三大类。熔焊分为气焊、电弧焊、等离子弧焊、电渣焊、电子束焊和激光焊等；压焊分为电阻焊、摩擦焊、爆炸焊、冷压焊和超声波焊等；钎焊有软钎焊(锡焊)和硬钎焊(铜焊和银焊等)两种。

焊接作为不可拆连接，与其他加工方法相比，具有以下特点：① 焊接可以代替铆接，节省金属，并且可以获得较高的致密性；② 能拼小成大，化大为小，即可以将大型的结构或复杂的工件化分为几个简单的部分，分别采用不同的加工方法进行加工，再用焊接的方法将它们焊在一起；③ 焊接还可以制造双金属结构以节省贵重金属；④ 由于焊接是局部加热，使焊件的各个部分的温度不同，容易在焊件内产生应力和变形，焊接接头容易产生缺陷。

焊接主要用于锅炉、压力容器、管道、船舶、车辆、桥梁、机械等行业中。

5.1.2　焊接生产的安全技术

(1) 焊接之前要先检查焊接的设备和工具是否完好无损，电焊机是否接地，所用的电缆和焊钳是否绝缘，在操作时应穿绝缘胶鞋或站在绝缘底板上以防触电；若为气焊或气割还应检查焊炬和割炬的射吸能力，看一看是否有漏气或堵塞，以防回火。

(2) 焊接时要穿好工作服，戴好手套和防护面罩，以防止熔渣飞溅烫伤身体和电弧发射出的紫外线对身体的伤害，尤其要防止弧光照射眼睛。不得将焊钳放在操作台上，避免发生短路而烧坏电焊机。如果在操作中发现电焊机或线路烫手时，应立即停止工作。

(3) 气焊或气割时，氧气瓶、氧气表严禁沾染任何油脂，氧气瓶和乙炔瓶要远离一定的距离放置，并在其附近要严禁烟火，不得撞击和高温烘烤，不得沾上易燃物品以免发生爆炸。

(4) 在气焊和气割时若遇到回火，应立即关闭氧气阀，再关闭乙炔阀。

5.2　常用的焊接方法

焊接的方法有很多种，其中最常用的是焊条电弧焊和气焊。

5.2.1　焊条电弧焊

焊条电弧焊(又称为手工弧焊)是利用焊条与焊件之间产生的电弧热量，将焊条和焊件熔化，从而获得牢固接头的一种手工操作的焊接方法。它是目前应用十分广泛的一种焊接方法。

1. 焊接过程

焊条电弧焊的焊接过程如图 5-1 所示。先将焊条 1 装夹在焊钳 2 上，焊接时使焊条与焊件之间瞬间接触形成短路，再很快将焊条提起，使焊条与焊件之间保持一定的距离，就会在焊条的末端与焊件之间产生很大的短路电流，形成既亮又热(温度可达 6 000 ℃左右)的电弧 4；电弧产生的热量将焊件和焊条熔化，形成金属熔池，随着焊条沿焊缝向前移动，不断产生新的熔池，电弧后面的熔池则迅速冷却，凝固成焊缝，使分离的金属牢固地连接在一起。

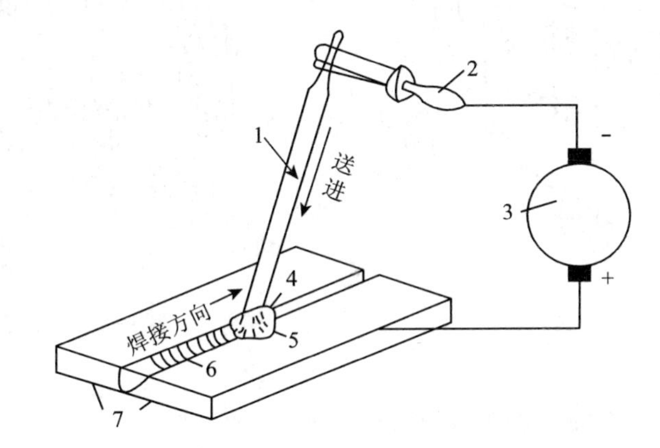

1—焊条；2—焊钳；3—电焊机；4—电弧；5—熔池；6—焊缝；7—焊件

图 5-1　手工焊条电弧焊示意图

2. 焊条电弧焊的设备及工具

焊条电弧焊所用的设备是电焊机。按焊接电流种类的不同，电焊机可分为弧焊变压器(交流电焊机)、直流弧焊发电机(直流电焊机)和弧焊整流器。其中常用的是弧焊变压器和直流弧焊发电机。

(1) 电焊机

常用的电焊机有弧焊变压器、直流弧焊发电机和弧焊整流器。我国电焊机的型号表示方法是采用三个汉语拼音字母和数字组成，第一个字母表示的是焊接电源的种类："B"表示弧焊变压器，"A"表示直流弧焊发电机，"Z"表示弧焊整流器；第二个字母表示的是焊接电源特性："X"表示焊接电源为下降外特性，"P"表示的是平特性，"D"表示多用特性；第三个字母表示的是附加特征:"X"表示硒整流器,"G"表示硅整流器,"L"表示铝绕组;数字表示的是系列产品序号和基本规格。如"BX1—330"中"B"表示的是焊接变压器,"X"表示焊接电源为下降外特性,"1"表示该系列产品中的序号,"330"表示额定焊接电流为330 A。

① 弧焊变压器。如图5-2所示,弧焊变压器供给焊接电弧的是交流电,实际上是一种特殊的降压变压器,可以将220/380 V的电源电压降为60~80 V(即电焊机的空载电压),以满足引弧的需要。引弧之后,电压会自动降到电弧正常的工作电压20~30 V;输出的电流是从几十安到几百安的交流电,可根据焊接的需要,调节焊接电流的大小。电流的调节分为粗调和微调:粗调是通过改变输出抽头的接法来实现的,调节范围大;微调是旋转调节手柄,将电流调节到所需要的数值。弧焊变压器的结构简单,维修方便,工作可靠,噪声小,价格便宜,应用较广。

② 直流弧焊发电机。如图5-3所示,它是由交流发电机和直流发电机组成的,电动机带动直流发电机旋转,向焊接电弧供给直流电。直流弧焊发电机的优点是电弧的稳定性好,适用于各种焊条;缺点是结构复杂,维修困难,价格较高,因此主要适用于焊接薄钢板、铸铁、铜合金、铝合金等材料。

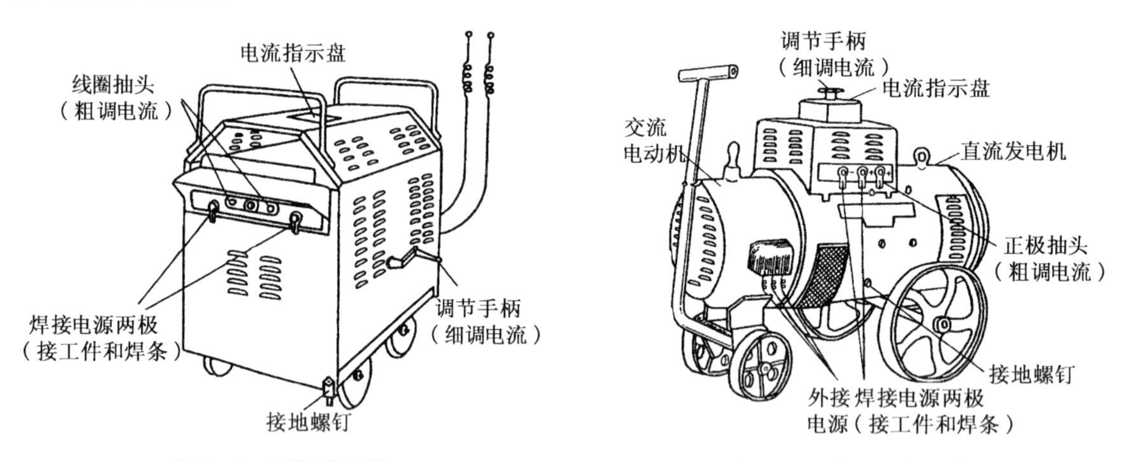

图5-2 弧焊变压器

图5-3 直流弧焊发电机

(2) 焊 条

焊条由焊芯和涂在外面的药皮组成,如图5-4所示。

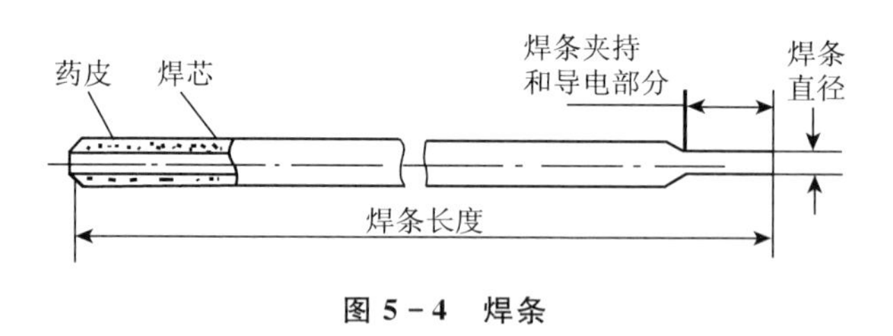

图5-4 焊条

焊芯是一根具有一定直径和长度的金属丝。焊接时焊芯的作用:一是作为电极传导电流,引燃电弧;二是作为填充金属,熔化后与熔化的母材一起形成焊逢并补充合金元素的烧损。由于焊芯的化学成分将直接影响焊缝的质量,所以焊芯是用专门冶炼的具有低碳、低硅、低磷的金属丝制成的。

焊条的规格用焊条的直径和长度来表示。焊条的直径是用焊芯直径来表示的,常用的直径为2~6 mm,长度为300~400 mm。

涂在焊芯外面的涂料层称为药皮。它是由各种矿物质(大理石/萤石等)、有机物(纤维素、淀粉等)、铁合金(锰铁、硅铁等)等碾制成粉末,用水玻璃黏结而成的。药皮的主要作用是引弧、稳弧、保护焊缝及去除杂质。

焊条按用途的不同可分为结构钢焊条、不锈钢焊条、铸铁焊条、铜及铜合金焊条、铝及铝合金焊条等类型。焊条按熔渣的化学性质不同,可分为酸性焊条和碱性焊条两大类。药皮中含有较多的酸性氧化物(如 SiO_2、TiO_2 等)的焊条,称为酸性焊条;药皮中含有较多的碱性氧化物(如 $CaCO_3$、CaF_2)的焊条,称为碱性焊条。

焊条的型号,根据 GB/T5117－1995(非合金钢焊条)的规定,非合金钢焊条的型号由字母"E"和四位数字组成。"E"表示焊条;前两位数字表示熔敷金属的抗拉强度的最小值的十分之一;第三位数字表示的是焊接位置,"0"和"1"表示焊条适用于全位置焊接(平焊、立焊、横焊和仰焊),"2"表示的是焊条适用于平焊和平角焊,"4"表示的是焊条适用于向下立焊;第三和第四位数字组合时,表示的是焊接电源的种类和药皮的种类;在第四位数字后面的字母"R"表示的是耐潮焊条,"M"表示的是耐吸潮和力学性能有特殊规定的焊条,"1"表示的是冲击性能有特殊规定的焊条。例如,在 E4301 中,E－焊条,43－熔敷金属的抗拉强度≥430 MPa,0－适用于全位置焊接,01－药皮类型为钛铁矿性,电源为交流或直流正、反接。

3. 手弧焊工艺参数

手弧焊的工艺包括焊接接头形式的选择、焊缝空间位置的确定和焊接规范的选择等。

(1) 焊接接头形式和坡口形式

在手工焊条电弧焊时,根据焊件的使用条件、结构形式和厚度的不同,选择相应的焊接接头形式。常用的焊接接头形式有对接接头、搭接接头、角接接头和丁字接接头四种。为了使工件容易焊透,当工件的厚度超过一定值时,应开设坡口。常用的坡口形式有 I 形坡口、V 形坡口、K 形坡口、X 形坡口、双 U 形坡口等,如图 5－5 所示(δ 为工件厚度)。

(2) 焊缝的空间位置

按焊缝在空间的位置不同,可分为平焊、立焊、横焊和仰焊四种,如图 5－6 所示。平焊的位置最好,不仅容易操作,而且焊缝质量好,所以一般应尽量把焊缝放在平焊的位置施焊;立焊和仰焊位置操作困难,由于熔化的金属在重力的作用下要向下滴落,不仅会造成大量金属的损失,而且会烫伤焊工,因此应尽量避免。

(3) 焊接规范

焊接规范主要包括焊条直径、焊接电流和焊接速度的选择。

① 焊条直径的选择

焊条直径的选择应根据焊件的厚度、焊缝的空间位置和接头型式,参照表 5－1 进行选择。

表 5－1 焊条直径与焊件厚度的关系

焊件厚度(mm)	2	3	4～5	6～12	≥13
焊条直径(mm)	2	3.2	3.2～4	4～5	5～6

② 焊接电流的选择

焊接电流的大小,对焊件的质量有很大的的影响,电流过大会使焊条药皮失效,同时使金属的熔化速度加快、加剧了金属的飞溅,易造成焊件烧穿、咬边等缺陷;电流过小会造成夹渣、未焊透等缺陷,降低焊接接头的力学性能。

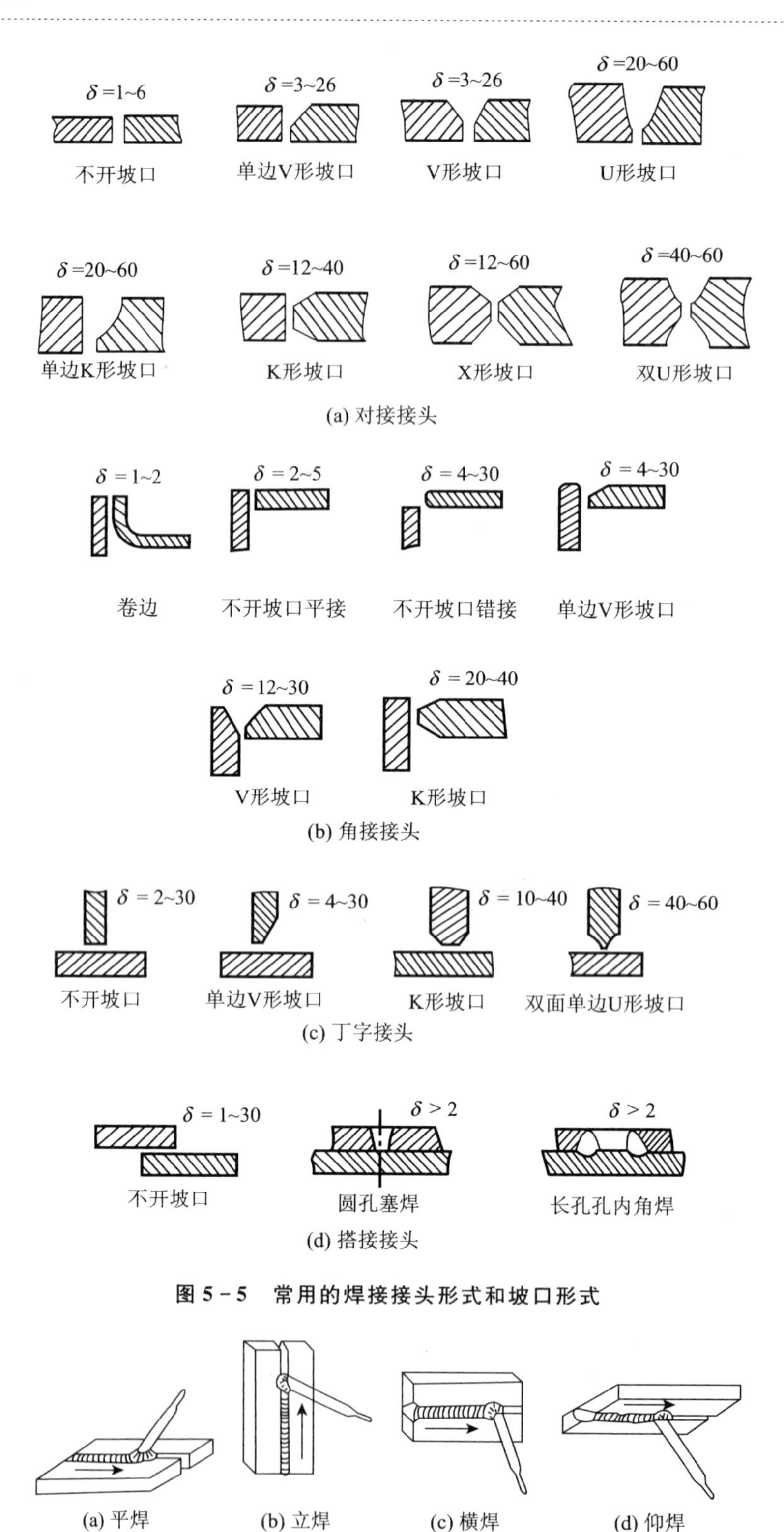

图 5－5　常用的焊接接头形式和坡口形式

图 5－6　焊缝的空间位置

焊接电流的选择主要根据焊条的直径和焊缝的位置来确定，焊接电流与焊条直径的关系一般可按下列经验公式计算。

$$I = (30 \sim 55)d$$

式中：I——焊接电流，A；

d——焊条直径，mm。

选择焊接电流还要考虑焊缝的空间位置，焊接平焊逢时可以选择较大的电流；而横焊、立焊和仰焊的电流要比平焊小10%～20%。

③ 焊接速度的选择

焊条沿焊接方向移动的速度称为焊接速度。焊接速度对焊接质量影响很大，一般在保证焊透和焊缝良好成形的前提下，应快速施焊；但焊速过快，易产生焊缝的熔深小、焊缝窄及焊不透等缺陷；焊速过慢，容易将焊件焊穿。

4. 手工焊条电弧焊的基本操作技术

手工焊条电弧焊焊接的基本过程是：引燃电弧、运条、焊缝接头的连接、焊缝的收尾、焊前点固和焊后清理等。

(1) 引　弧

引弧就是使焊条和工件之间产生稳定的焊接电弧的过程。在引弧时，首先让焊条的末端与工件的表面接触造成瞬时短路，然后迅速提起焊条，使焊条与工件的距离为2～4 mm，即可引燃电弧，应注意焊条提起的距离不要过大否则会熄灭电弧，也不要过小否则会上焊条粘在焊件上，常用的引弧方法有敲击法和擦划法，如图5-7所示。敲击法是将焊条垂直地敲击工件后立即将焊条提起；擦划法将焊条在工件的表面像划火柴一样轻轻地擦划一下。

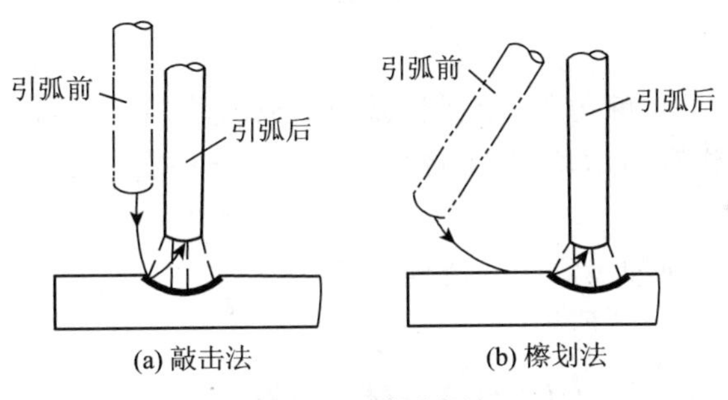

图5-7　引弧方法

(2) 运　条

电弧引燃后，为确保焊缝的质量，焊条在焊件的接头处相对运行的动作叫做运条。运条的动作包括焊条朝熔池方向的逐渐送进、焊条的直线移动和横向摆动。在焊接时，焊条的送进速度要与焊条的熔化速度相适应，若送进的速度小于焊条的熔化速度，会导致断弧，若送进的速度大于焊条的熔化速度会导致电弧的熄灭；焊条的直线移动是指焊条沿焊接的方向运动，即焊接速度，它取决于焊接电流的大小、焊条的直径、焊件的厚度、装配间隙、焊缝的空间位置和坡口的形式等因素；焊条的横向摆动的方法有直线形运条法如图5-8(a)所示，适用于厚度为3～5 mm的I形坡口的对接平焊和多层焊的第一层焊；锯齿形运条法和月牙形运条法如图5-8(b)和(c)所示，适用于平焊、立焊、仰焊的对接接头和立焊的角接接头；斜三角形运条法如图5-8(d)所示，适用于角接接头的仰焊和对接接头；正三角形运条法如图5-8(e)所示，适用于角接接头的立焊和对接接头；正圆圈形运条法如图5-8(f)所示，适用于较厚焊件的对接接头的平焊;斜圆圈形运条法如图5-8(g)所示,适用于角接接头的平焊、仰焊和对接接头的横焊;八字形运条法如图5-8(h)所示,适用于厚焊件的平焊的对接接头。

(a) 直线形运条法

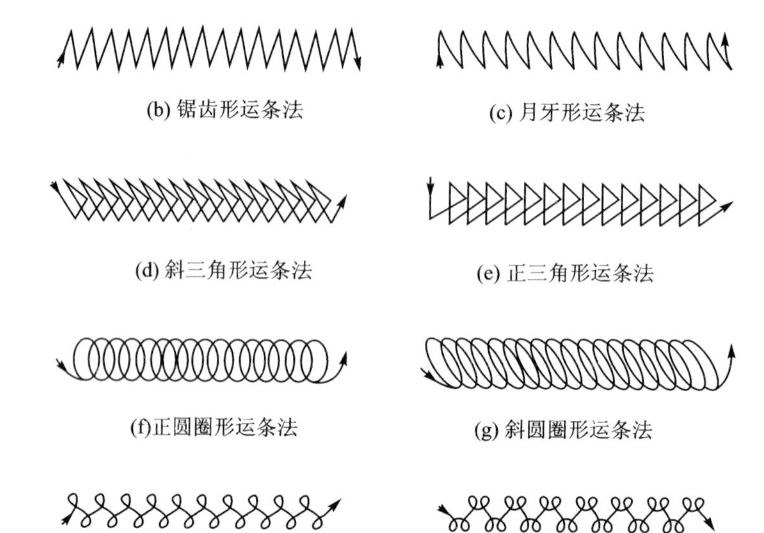

(h) 八字形运条法

图5-8 运条方法

(3) 焊缝收尾

焊缝收尾时,如果立即拉断电弧,会在收弧处形成凹陷的弧坑,甚至会产生弧坑裂纹。所以焊条移到焊缝终端时作圆圈运动,直至将弧坑填满为止。

(4) 焊后清理

用钢丝刷等工具把焊渣和飞溅物等清理干净。

钢板的焊接过程如表5-2所列。

表5-2 钢板的焊接过程

步 骤	图 例	方 法
备料	400、150、150、6	材料为普通低碳钢钢板,划线后气割下料,校正使其平整
选坡口		钢板厚6 mm,不开坡口
清理	清理范围 15~20	清除接头附近的铁锈、水及油污

续表 5-2

步 骤	图 例	方 法
装 配	间隙1~2	将两块钢板放平，长宽对齐，两板之间留出1～2 mm的间隙
点 固	10 10 30	在接头两端进行点固，以避免在焊接过程中间隙发生变化。点固后除渣
焊 接	5~8 1.5 4	焊接规范：焊条直径 3.2 mm，焊接电流110～140 A，短弧焊接。采用直线形运条法、注意观察熔池温度，随时调整焊条角度与焊速，焊后除渣。翻转工件进行封底焊，方法同上。焊接电流可稍大些，焊后除渣
检 验		外观检查如有缺陷，要进行修补或校正

5.2.2 气焊与气割

1. 气 焊

气焊是利用可燃性气体燃烧所产生的火焰将母材加热到熔化状态形成熔焊池，然后不断地填加焊丝而形成焊缝的焊接方法。

由于气焊一般是采用氧气和乙炔的混合气体燃烧产生的热量进行加热的，所以气焊不需要电源和昂贵的设备，而且操作方便。但气焊的温度比较低，焊件的变形较大。适用于焊接薄钢板、有色金属、薄壁小直径的管件及铸铁件等。

(1) 气焊的设备

气焊所用的设备如图 5-9 所示，主要有氧气瓶、乙炔瓶、减压器和焊炬等。

① 氧气瓶

氧气瓶是用来储存和运输高压氧气的钢瓶。常用的容积为 40 L，工作压力约为 15 MPa，其外表漆成天蓝色，并用黑漆写上“氧气”两字。

② 乙炔瓶

乙炔瓶是用来存储和运输乙炔的钢瓶。它的外形与氧气瓶相似，外表涂成白色，并用红漆写上“乙炔”两字，在瓶内装有大量浸在丙酮(能溶解大量乙炔)中的多孔性填料。这些填料是由质量轻而多孔的活性碳、木屑、浮石和硅藻土等混合而成的。

③ 减压器

如图 5-10 所示的减压器用来将氧气瓶(或乙炔瓶)中的高压氧气(乙炔)的压力降低到工

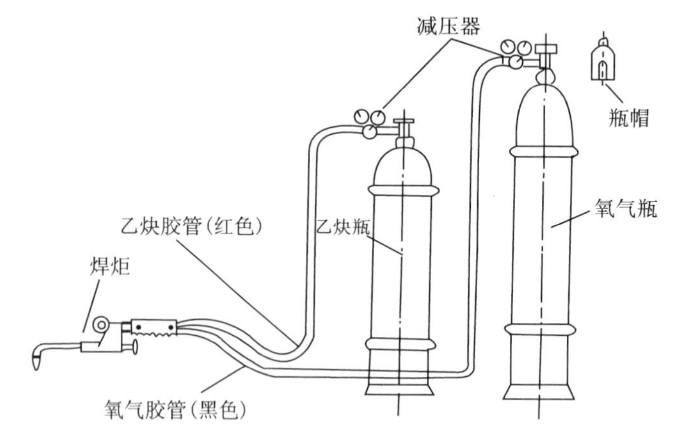

图 5-9　气焊设备

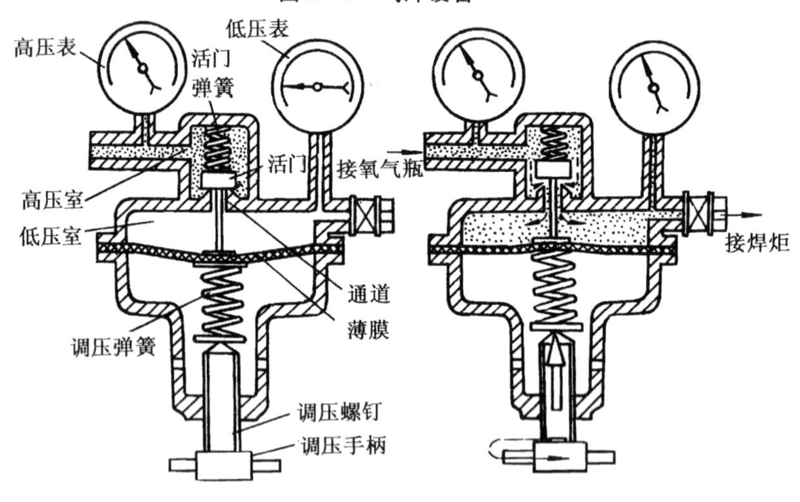

图 5-10　减压器

作压力,并且保持在焊接的整个过程中压力稳定。在使用时应先检查减压器的出气口与氧气(或乙炔)管的接头的连接是否牢固,然后缓慢打开氧气瓶(或乙炔瓶)的阀门,使气体缓慢地流经高压表进入高压室,工作完成后,应先松开减压器的调节螺钉,再关闭氧气瓶或乙炔瓶。

④ 焊　炬

如图5-11所示的焊炬是在气焊时,用来使氧气和乙炔按一定的比例混合并获得气焊火焰的焊接工具。在使用焊炬之前,应先将按要求选好的焊嘴安装好,然后检查焊炬的吸射能力。确认情况正常后,分别将氧气皮管(绿色)和乙炔皮管(红色)接道焊炬的氧气和乙炔的接头上,并用夹头或钢丝拧紧。焊接时,要先打开氧气瓶的阀门,再打开乙炔瓶的阀门,使两种气体在混合管内混合均匀后从焊嘴喷出即可点燃。焊接结束后,应先关闭乙炔阀门,再关闭氧气阀门,这样可以保证焊炬管内壁的清洁。否则,焊炬使用一定时间后,乙炔中的灰分会积聚在焊炬管的内壁上,不仅会造成焊接火焰减弱,而且会引起回火。

(2) 气焊火焰

气焊是用氧气和乙炔的混合气体燃烧所产生的火焰(也称为氧-乙炔焰)进行加热焊接的。气焊火焰由焰心、内焰和外焰组成。改变氧气和乙炔的体积比例,可获得如图5-12所示的三

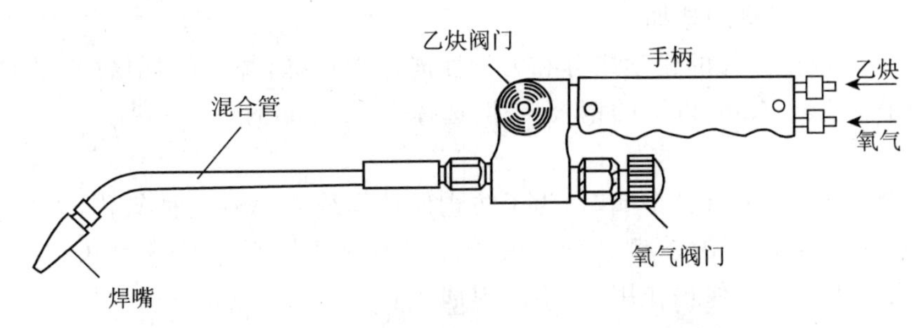

图 5-11 焊炬

种不同性质火焰。

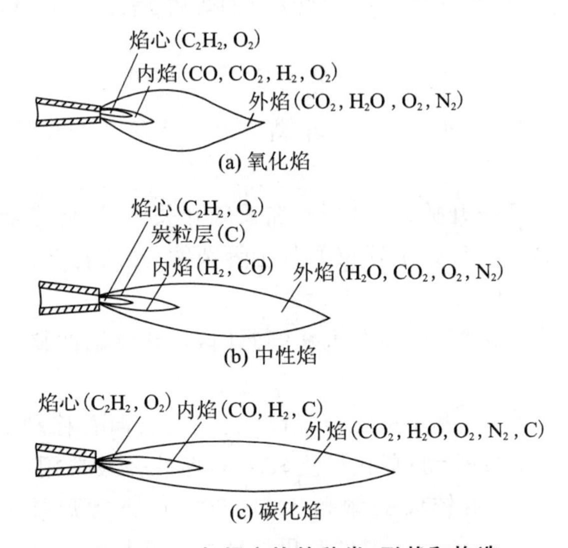

图 5-12 气焊火焰的种类、形状和构造

① 氧化焰

当氧气与乙炔以大于 1.2(一般为 1.3～1.7)的体积比混合时,燃烧形成的火焰称为氧化焰,如图 5-12(a)所示。由于氧气较多,火焰明显缩短焰心呈锥形,内焰不明显,火焰的最高温度为 3 100～3 300 ℃,一般用于焊接黄铜。

② 中性焰

当氧气与乙炔以 1～1.2 的体积比混合时,燃烧形成的火焰称为中性焰,如图 5-12(b)所示。其外焰呈桔红色,内焰呈蓝紫色,焰心呈白亮色,内焰的温度最高为 3 000～3 200 ℃。中性焰主要适用于低碳钢、中碳钢、合金钢、紫铜以及铝合金的焊接。

③ 碳化焰

当氧气与乙炔以小于 1(一般为 0.85～0.95)的体积比混合时,燃烧形成的火焰称为碳化焰如图 5-12(c)所示。碳化焰的火焰最高温度为 2 700～3 000 ℃,且比中性焰长,由于乙炔燃烧不充分而颜色发黑。主要适用于高碳钢、铸铁及硬质合金的焊接。

(3) 气焊工艺

① 焊缝的空间位置和接头型式的选择

气焊适用于平焊、横焊、仰焊和立焊等各种空间位置的焊接。气焊的接头型式一般为对接接头,搭接接头和 T 形接头很少使用,而角接头和卷边接头只有在焊接薄板时使用。

② 焊丝的牌号和规格的选择

焊丝的牌号应根据焊件的化学成分和力学性能进行选择,焊丝的规格(直径)应根据焊件的厚度进行选择,对于5 mm以下的钢板,一般选择1～3 mm的焊丝。

③ 选择焊剂

在气焊铸铁、合金钢和有色金属时,为了防止保护焊缝金属避免被氧化,需加入相应的焊剂;如焊接铸铁和铜合金用硼酸、硼砂和碳酸钠配置而成的焊剂(CJ201和CJ301),在焊接低碳钢时,由于火焰本身具有保护作用,可不用焊剂。

④ 焊接速度的选择

根据被焊件的厚度选择合适的焊接速度,对于厚度大、熔点高的焊件,为防止产生未熔合缺陷,应采用较慢的焊接速度;对于厚度小、熔点低的焊件,为防止产生过热和烧穿,应采用较快的焊接速度。

(4) 气焊的基本操作

气焊的基本操作方法包括点火、调节火焰、焊接及熄火等几个步骤。

① 点　火

右手握焊炬,拇指放在乙炔开关处,食指放在氧气开关处,其他三指握住焊炬,先逆时针方向旋转打开氧气阀门,用其吹掉气路中残留的灰尘等杂物,然后打开乙炔阀门,点燃火焰。

② 调节火焰

气体刚点燃时,火焰为碳化焰,逐渐开大氧气阀门,将碳化焰调整为中性焰。

③ 平焊焊接

右手握焊炬,左手握焊丝,两手互相配合,沿焊缝向左或向右移动焊接。焊接薄板一般选用左向焊法,即焊丝和焊炬向左移动;焊接厚度较大的焊件一般选用向右焊法,即焊丝和焊炬向右移动。焊接开始时,可采用较大的倾角80°～90°,在正常焊接时,焊炬倾角应保持在40°～50°;在焊接结束时,为了避免烧穿焊件和更好地填满弧坑,焊炬的倾角应减小。

④ 熄　火

焊接过程结束后,应先关闭乙炔阀门,再关闭氧气阀门。

2. 气　割

气割是利用氧-乙炔混合气体的火焰将金属需要切割的部位加热到燃点,然后用切割氧气流使金属氧化形成金属氧化物熔渣,并用高压氧将氧化物吹除,形成割缝的过程,如图5-13所示。

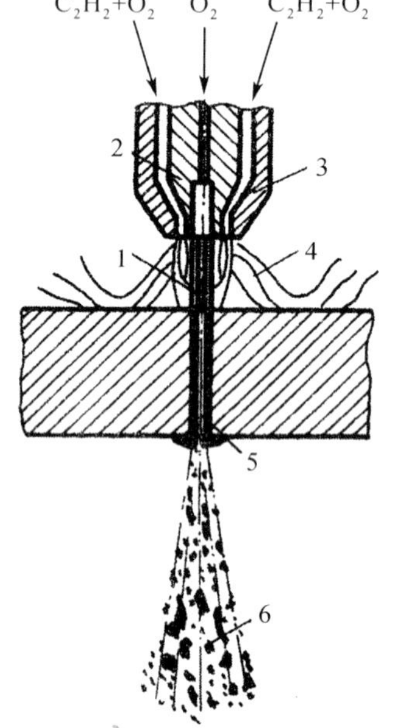

1—切割氧;2—割嘴;3—预热嘴;4—预热焰;5—割缝;6—氧化渣

图5-13　气割过程示意图

气割与其他切割方法相比较,具有设备简单,操作方便,生产率高,切口质量好,适应性强等优点,可在任意位置和任意方向切割任意形状和任意厚度的工件。广泛适用于低碳钢和低合金钢的切割。

气割所用的设备与气焊基本相同,所不同的是气割用的是割炬。常用的割炬的结构如图5-14所示,它由预热部分和切割部分组成。预热部分与焊炬相同,切割部分由切割氧调节阀、切割氧通道和割嘴等组成,割嘴的中心是切割氧气喷孔。

气割的实质是金属在纯氧中燃烧而不是熔化,因此被切割的金属必须具备下列条件：

① 金属的燃点要低于金属本身的熔点；

② 燃烧的时候产生的金属氧化物的熔点，应低于切割金属本身的熔点；

③ 金属在燃烧的时候应能放出大量的热量，以保证有足够的热量进行预热；

④ 金属的导热性要差，预热的热量损失少，容易达到燃点。

满足上述条件的金属材料有纯铁、低碳钢、中碳钢和普通低合金钢，而高碳钢、铸铁、高合金钢及铜、铝等有色金属及其合金，均难以进行气割。

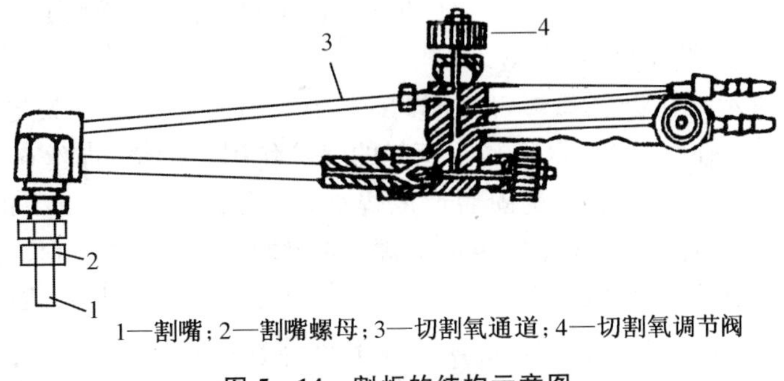

1—割嘴；2—割嘴螺母；3—切割氧通道；4—切割氧调节阀

图 5－14　割炬的结构示意图

5.3　其他焊接方法简介

5.3.1　埋弧自动焊

埋弧自动焊就是将手工焊条电弧焊的引弧、焊丝的送进、电弧的移动等动作均由机械自动地完成。在焊接时，先将颗粒状的焊剂撒在焊件的接口处，电弧引燃后在焊剂层下燃烧，焊丝连续不断地自动送入焊接区，并自动或手动地移动焊丝。

埋弧自动焊常用的设备是埋弧焊机，它由焊接电源、控制箱和焊接小车三部分组成，如图 5－15 所示。焊丝成盘放在焊接小车上，并通过焊丝给送机构送入电弧中，焊剂从焊剂筒流出，通过软管均匀地撒在被焊的位置上。

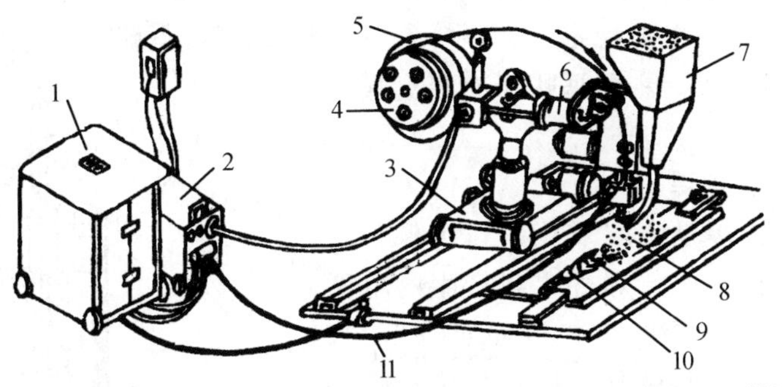

1—焊接电源；2—控制箱；3—车架；4—操作盘；5—焊丝盘；6—横梁；
7—焊剂漏斗；8—送丝电动机；9—校直机；10—机头；11—小车电动机

图 5－15　埋弧自动焊机外形图

由于埋弧自动焊采用的是焊丝而不是焊条，可以大大地减少焊条头的损失；焊丝上没有药皮，可采用较大的电流进行焊接，使生产率大为提高；埋弧自动焊的熔深大，可以少开或不开坡口,节省了大量材料和工时;电弧是在焊剂的保护下燃烧,防止了空气的侵入,避免了金属的氧化,焊缝质量好;但埋弧自动焊的适应性差,只适用于焊接平焊位置的长直焊缝和环形焊缝。

5.3.2 气体保护电弧焊

气体保护电弧焊(简称气体保护焊)是利用外加的气体来保护焊接电弧和焊接区的焊接方法。常用的有氩弧焊和二氧化碳气体保护焊。

1. 氩弧焊

氩弧焊是利用惰性气体氩气为保护气体的气体保护焊的简称,按所用电极的不同,可分为熔化极氩弧焊和钨极(不熔化极)氩弧焊。

如图 5－16(a)所示熔化极氩弧焊,这种焊接方法使用的焊丝既作为电极引燃电弧熔化,而后又作为填充金属。在焊接时,电弧是在氩气的保护作用下燃烧,焊丝连续不断地送进并熔化形成细小的熔滴,进入熔池,冷却凝固后形成焊缝,常用于 25 mm 以下的工件的焊接。如图 5－16(b)所示为钨极氩弧焊,这种焊接方法焊丝只作为填充金属,而采用钨及钨合金作为电极。在焊接时电弧在工件和钨极之间引燃,并在氩气的保护下燃烧,将焊丝和工件局部熔化,冷却凝固后形成焊缝。常用于厚度为 0.5～6 mm 薄板的焊接。

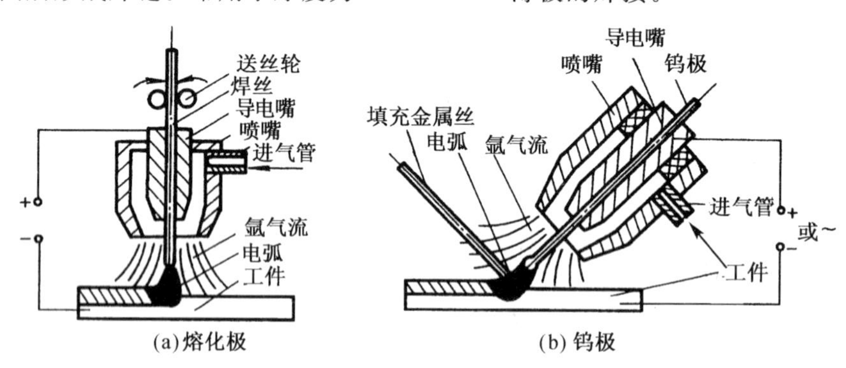

图 5－16 氩弧焊示意图

氩弧焊所用的保护气体是氩气,它既不溶于金属也不与金属发生化学反应,所以保护作用好,焊缝成形美观,质量好;电弧稳定,飞溅小,表面无熔渣;焊接电弧可见,便于操作,可用于全位置焊接;但焊接设备昂贵。主要适用于有色金属及合金。

2. 二氧化碳气体保护焊

二氧化碳气体保护焊是用二氧化碳作为保护气体,以焊丝作电极,依靠焊丝与焊件之间产生的电弧来熔化金属的气体保护焊方法,焊接过程如图 5－17 所示。焊接时先将电源的两极分别接在焊枪和焊件上,打开 CO_2 气瓶的阀门使二氧化碳气体以一定的压力和流量送入焊枪并从喷嘴中喷出,然后再接通焊接电源,送丝引弧并利用焊丝和焊件之间产生的电弧热量来熔化焊缝金属进行焊接。

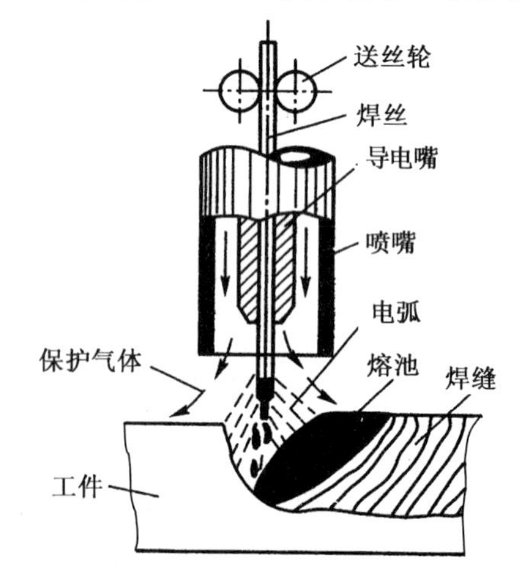

图 5－17 CO_2 气体保护焊的焊接过程

由于电弧和熔池被二氧化碳气体包围,防止了空气对焊缝金属的有害作用,焊缝的质量好;二氧化碳气体保护焊的电弧是明弧焊,焊接过程容易控制,适用于全位置焊接;二氧化碳气体来源广泛,价格便宜,成本低;但二氧化碳气体具有氧化性,不适用于有色金属的焊接。所以二氧化碳气体保护焊主要适用于焊接低碳钢和某些强度不高的低合金钢。

5.3.3 电阻焊

电阻焊是利用电流通过接触处及焊件产生的电阻热,将焊件加热到塑性或局部熔化状态,再施加压力使两焊件连接在一起的焊接方法。按所用电极和接头的形式不同,电阻焊可分为点焊、缝焊和对焊三种。

1. 点 焊

点焊是将焊件装配成搭接接头,并压紧在两柱状电极之间,利用电阻热使母材熔化,将接触面焊成一个焊点的电阻焊方法,如图 5－18(a)所示。主要用于焊接厚度小于 4 mm 的薄板冲压件及钢筋,尤其适用于汽车和飞机制造业。

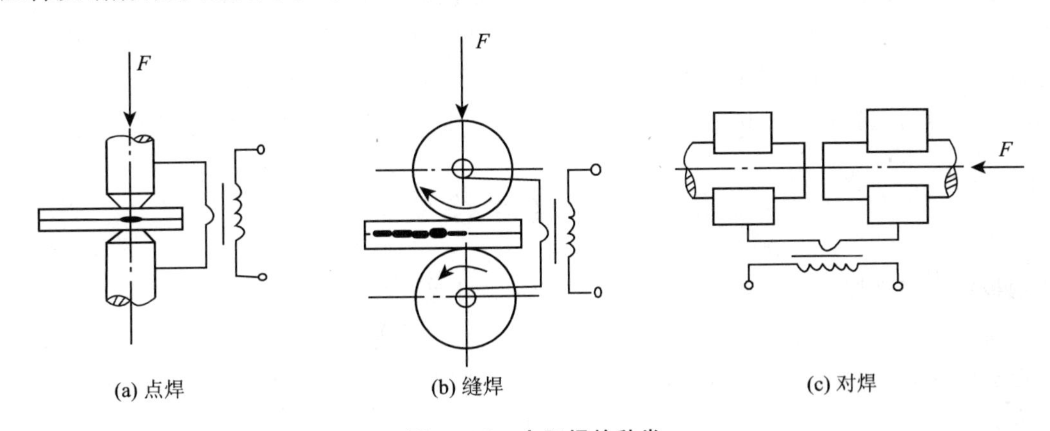

图 5－18 电阻焊的种类

2. 缝 焊

缝焊是连续点焊的过程,也属于搭接电阻焊,它是采用连续转动的盘状电极代替了柱状电极,边滚边焊,使两相邻焊点首尾相互重叠,形成密封性良好的焊缝的电阻焊方法,如图 5－18(b)所示。主要用于油箱、管道和小型容器的焊接。

3. 对 焊

对焊是将焊件装配成对接接头,然后进行焊接的电阻焊方法,如图 5－18(c)所示。按焊接工艺的不同,可分为闪光对焊和电阻对焊两种。闪光对焊是两焊件不接触,分别装夹在两个电极上接通电源,使之加上电压,再移动焊件使之缓慢接触,由于工件表面凸凹不平,两工件只有少数的点接触,强大的电流使接触点的金属迅速熔化、蒸发、爆破,金属液滴从接触点飞射出来,形成“闪光”。经过多次闪光,使端面金属达到半熔化状态时,迅速加压顶端并断电,形成焊接接头。闪光对焊接头夹渣少,质量较高,常用于重要零件的焊接。电阻对焊是将两工件分别装夹在两个电极的钳口内,先将两焊件的端面压紧再接通电源,使接触处加热到塑性状态,然后加压顶锻并断电使两工件连接在一起。此方法操作简单、接头表面光滑,常用于断面形状简单、尺寸较小和强度要求不高的工件。对焊主要用于制造封闭形零件(如自行车的车圈、链条等)及杆状零件的对接。

5.3.4 钎 焊

钎焊是利用熔点低于母材的金属作为钎料,加热使之熔化,润湿母材并填充接头间隙,与母材通过相互扩散实现连接的焊接方法。由于钎焊要求母材表面清洁度较高,所以在焊接过程中需要加入钎剂,其作用是清除被焊表面的氧化膜和杂质,保护钎料和焊件。

根据所用钎料的熔点不同,钎焊可分为硬钎焊和软钎焊。硬钎焊是指所用钎料的熔点高于450 ℃的钎焊。常用的钎料有铜基、银基和镍基钎料。与之配合使用的钎剂有氯化物、氟化物、硼酸和硼砂等。由于硬钎焊的接头强度高,主要用于受力较大或工作温度较高的钢铁和铜合金构件以及刀具的焊接。软钎焊由于常用锡铅合金做钎料,所以又叫锡焊,它是指所用的钎料的熔点低于450 ℃的钎焊。常用松香、氯化锌溶液等做钎剂。软钎焊的接头强度和工作温度低,只适用于受力不大的或工作温度较低的工件的焊接,一般用于电子元件的焊接。

由于钎焊时加热温度较低,焊件的变形小;接头光滑平整,质量好;既可焊接同种金属,也可焊接异种金属材料;可以整体加热,一次焊成整个结构的全部焊缝,生产率高;但钎焊的接头强度较低。所以主要用于焊接各种非合金钢、合金钢、有色金属及其合金。目前,钎焊在精密仪器、电气零部件、异种金属构件、复杂薄板及硬质合金刀具等的焊接方面得到了广泛的应用。

5.4 焊接综合实训

钢板的对接平焊实训(参考表5-2钢板的焊接过程)。

1. 备 料

选择厚度为5~6 mm的两块Q235钢板,其尺寸均为(5~6) mm×250 mm×125 mm,焊缝长度为250 mm。

2. 选择焊条

根据被焊零件的强度要求选择E4303酸性焊条,焊条直径选择3.2 mm,电流为110~120 A。

3. 焊前清理

用锉或砂纸等工具将焊接部位的油污、铁锈、水及其他污物清理干净,使其露出金属光泽。

4. 装配与点固

将两板对齐、平放在焊接操作台上,并在两板之间留出1~2 mm的间隙,然后用焊条在距钢板两端各约20~30 mm的位置上各焊一个焊点(如果焊缝较长可适当增加焊点),使两钢板位置固定,即点固。

5. 预置反变形

焊接前要先预测金属的变形方向和大小,然后将钢板放在与焊接变形方向相反的位置上,或在焊接之前使钢板反方向变形,以抵消焊后发生的变形。

6. 焊 接

先在焊件的始焊端前方约10~15 mm处引燃电弧,然后将电弧拉回到始焊处,从点固面的反面进行焊接,当熔深大于板厚的一半时,除渣;再焊另一面。在焊接过程中的运条方法和焊缝接头的连接如上所述,要根据需要来选择。

7. 焊后清理

用小锤或钢丝刷等手工工具清理掉熔渣和飞溅物。

复习题

1. 什么叫焊接？常用的焊接方法有哪些？

2. 焊接电弧是如何产生的？由哪几部分组成？

3. 焊条由哪几部分组成？各部分有何作用？

4. 焊缝的空间位置有几种？试说明其特征。

5. 什么是酸性焊条和碱性焊条？各有什么特点？

6. 气焊所用的设备有哪些？

7. 能气割的金属应具备哪些条件？铸铁、高碳钢、铝合金、铜合金等材料能否气割？为什么？

8. 气焊的火焰有哪几种？各有什么特点？

9. 焊接的接头形式有哪几种？常用的坡口形式有哪几种？为什么要开坡口？

10. 什么是氩弧焊？氩弧焊主要用于焊接什么材料？什么是二氧化碳气体保护焊？二氧化碳气体保护焊不适宜焊接哪些材料？

11. 什么是埋弧自动焊？埋弧自动焊有什么特点？

12. 何谓气体保护电弧焊？常用的有哪几种？其应用如何？

13. 钎焊的实质是什么？有哪些特点？举例说明软钎焊和硬钎焊的应用。

第6章　热处理

本章知识导读

1. 主要内容

热处理的定义、作用、分类及特点。常用的热处理设备及热处理工艺。

2. 重点难点提示

淬火、正火、退火和回火的工艺。

6.1 概　述

钢的热处理是指将钢在固态下，以适当的方式进行加热、保温和冷却，以获得所需要的组织和性能的工艺。制造各种机械零件需要经过各种不同的冷热加工工艺和热处理，例如，经铸造或锻造→正火或退火→切削加工→淬火、回火→精加工等。其中退火、正火、淬火和回火都是热处理的不同方法。热处理是强化钢铁材料的重要手段之一。

6.1.1 热处理的作用及分类

热处理能够消除毛坯的组织缺陷，改善加工工艺性能，并可以提高金属材料的力学性能。因此，热处理广泛地应用于机械制造工业中。

按热处理的目的、要求和工艺特点，可分为三大类：

热处理
- (1) 普通热处理：退火、正火、淬火、回火
- (2) 表面热处理
  - 表面淬火：火焰加热表面淬火、感应加热表面淬火
  - 化学热处理：渗碳、渗氮、碳氮共渗、渗金属等
- (3) 其他热处理：形变热处理、超细化热处理、真空热处理等

6.1.2 热处理的安全技术

(1) 实训之前要穿好工作服。

(2) 在操作之前，应先检查加热炉的工作是否正常，是否漏电，并且要熟悉零件的工艺要求及热处理设备的使用方法，严格按工艺规程操作。

(3) 在使用电炉时，工件的装炉和出炉必须切断电源，以防触电。

(4) 在用盐浴炉加热时，工件入炉前一定要烘干，避免带入水珠及杂物，以免发生爆炸。

(5) 经热处理出炉的工件，不要立即用手摸，以防烫伤。

6.2 热处理加热炉

热处理加热炉是热处理车间的主要设备，常用的有电阻加热炉、盐浴加热炉。

电阻加热炉有如图 6－1 所示的箱式电阻加热炉和井式电阻加热炉。电阻加热炉的炉膛是用耐火砖砌成的，在其侧面和底面(井式电阻加热炉只在侧面)均布电热元件(铁铬铝或铬镍电阻丝)。接通电源后，电流流过电热元件产生大量的电阻热，通过对流和辐射对工件进行加热。主要用于碳钢及合金钢零件的整体热处理以及表面热处理等。

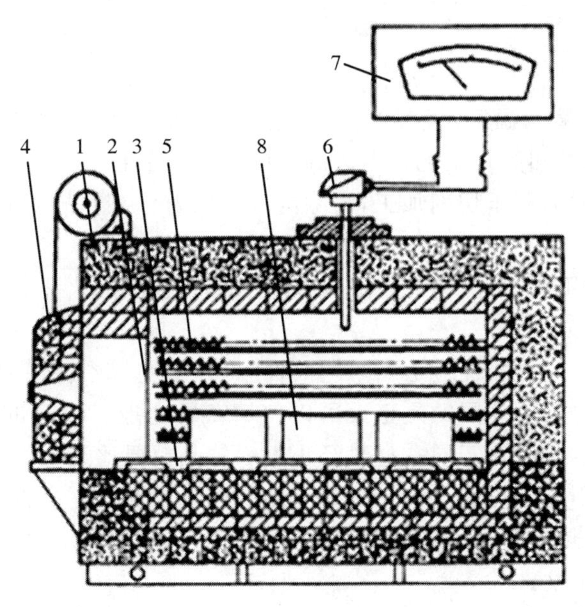

1—炉体；2—炉膛；3—耐热钢炉底版；4—炉门；5—电热元件；6—热电偶；7—温控仪；8—工件

图 6－1　箱式电阻加热炉

盐浴加热炉是用液态的盐作为加热介质的加热炉，如图 6－2 所示。由于盐浴炉具有加热速度快，温度均匀，工件不易变形、氧化和脱碳等优点，主要用于小型零件以及工具、模具的正火、淬火、化学热处理等。

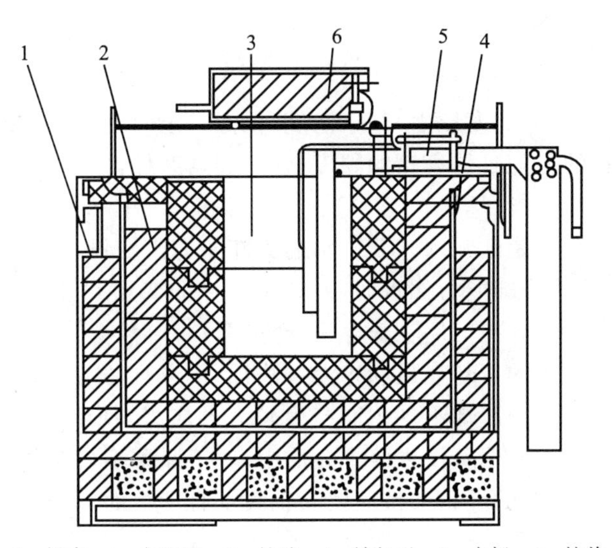

1—炉壳；2—保温层；3—炉膛；4—铁包子；5—电极；6—炉盖

图 6－2　盐浴炉

6.3 钢的整体热处理

6.3.1 钢的退火与正火

1. 钢的退火

退火是将工件加热到某一温度,经过适当时间的保温后,随后缓慢冷却(一般为随炉冷却),以获得接近平衡组织的热处理工艺。退火的目的是细化晶粒、均匀组织,为以后的热处理作组织准备,降低钢的硬度以利于切削加工,消除内应力以防止工件的变形和开裂。工厂里有时也叫做焖火。

按退火的工艺和目的不同,可分为完全退火、球化退火、扩散退火和去应力退火等方法。

2. 钢的正火

正火是将钢加热到某一温度,经过适当时间的保温后,在空气中冷却的热处理工艺。

正火的目的和退火相似,所不同的是正火可以使钢获得比退火更高的力学性能。由于正火的冷却速度比退火稍快,所以对于同一材料经正火后的晶粒要比退火细小,力学性能高。而且正火是在空气中冷却,不占用炉子,生产率高,产品的成本较低。正火也叫常化处理。

退火与正火作为预备热处理,一般安排在毛坯生产之后,切削加工之前。其目的是消除内应力,改善材料的切削加工性。

3. 退火与正火的选择

对于低碳钢和低碳合金钢,为了改善其切削加工性(金属的硬度在170~230 HBS时切削加工性最好),需采用正火作为预备热处理,也可作为普通结构零件的最终热处理。对于中碳钢制造的较重要的工件,常采用正火作为预备热处理来细化晶粒和均匀组织,为以后的热处理作组织准备。有时也可代替调质处理(其详细内容见本章6.3.2节)。

6.3.2 钢的淬火与回火

1. 淬　火

淬火是将钢加热到(临界温度以上)某一温度,保温一定时间后,以较快的冷却速度进行冷却的热处理工艺。淬火的目的是提高钢的硬度、强度和耐磨性,并与回火处理相配合获得较高的强度和韧性。

淬火时常用的冷却介质是油和水。其中水的冷却能力比较强,适用于形状简单、尺寸较小的碳素钢零件的淬火;油的冷却能力比水弱,能防止工件的变形和开裂,主要用于合金钢和形状复杂的碳素钢的淬火。淬火在工厂一般称为"蘸火"。

淬火时除了要选择适当的冷却介质和淬火方法以外,还要根据工件的形状选择正确的浸入方式以避免工件的各个部分冷却不均匀而产生较大的应力,使工件发生变形甚至开裂。对于细长的轴类或杆类等工件应垂直浸入淬火介质中;对于厚薄不均匀的工件,应先将厚大的部分浸入淬火介质中;对于薄壁的环状工件应使其轴线垂直于液面地浸入淬火介质中;对于截面不均匀的工件应倾斜一定的角度浸入淬火介质中;对于薄而平的圆盘类工件(如圆盘铣刀等)应直立浸入淬火介质中。图6-3中列举了几种常用的浸入方法。

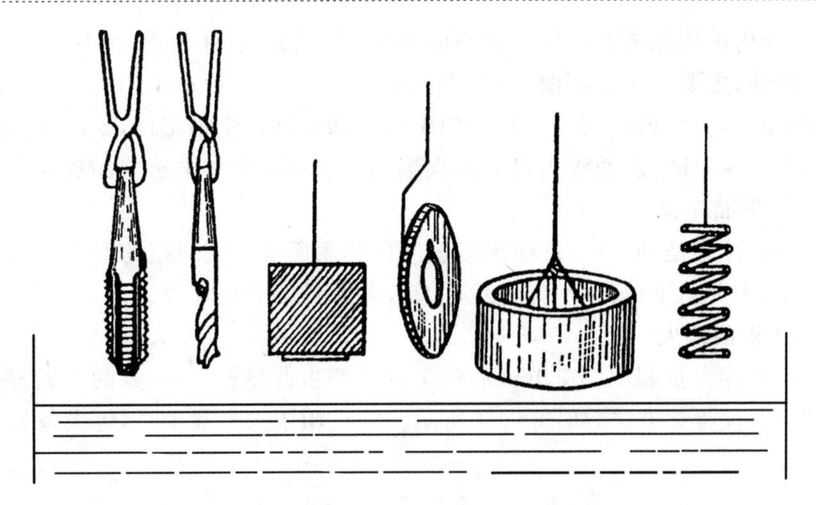

图 6-3　常用的工件浸入淬火介质的方法

2. 回　火

回火是将淬火后的工件，再重新加热到某一较低的温度，保温一定时间后，在空气中冷却到室温的热处理工艺。回火是紧接着淬火后的一道工序，其目的是调整工件的组织以获得所需的力学性能，稳定工件的尺寸，减少或消除内应力，以防止工件的变形和开裂。按回火的加热温度不同，回火可分为低温回火、中温回火和高温回火三种。

(1) 低温回火

是指在 150～250 ℃的回火。其目的是保持高的硬度和耐磨性，降低工件的内应力和脆性，主要用于渗碳后零件、轴承以及各种刀具、模具、量具、冲模等。

(2) 中温回火

是指在 350～500 ℃的回火。其目的是提高材料的弹性、韧性、屈服点和疲劳强度，主要用于弹簧、弹性元件、锻模及某些要求高强度的轴、刀杆等。

(3) 高温回火

是指在 500～600 ℃的回火。其目的是为了获得良好的硬度、强度、塑性和韧性相配合的综合力学性能，广泛应用于中碳钢及中碳合金钢制造的轴、齿轮、连杆、拉杆及高强度的螺栓等重要的结构零件。

3. 淬火与回火的工序位置

淬火、回火一般作为最终热处理，通常安排在精加工之后，磨削加工之前，其目的是为了使零件达到最终的力学性能要求。淬火加高温回火的复合热处理称为调质处理。调质处理通常作为中间热处理，对于力学性能要求不高的零件也可作为最终热处理，一般安排在粗加工之后，精加工或半精加工之前，其目的是为了提高工件的综合力学性能。

6.4　表面热处理简介

6.4.1　表面淬火

表面淬火是将工件的表面快速加热到淬火温度，然后快速冷却，使工件表面获得一定深度的淬硬层,而心部仍保持原来的组织和状态的热处理工艺。表面淬火可以使材料的表面获得高的硬度和耐磨性,主要用于在弯曲、扭转等交变载荷、冲击载荷下工作的,表层要求高硬度和耐磨性而心部要求具有足够的韧性和塑性的中碳钢和中碳合金钢工件,如齿轮、曲轴、凸轮等。

由于加热的热源不同,表面淬火可分为火焰加热表面淬火和电感应加热表面淬火。

1. 火焰加热表面淬火

火焰加热表面淬火是利用氧-乙炔火焰将工件的表面加热到一定的温度后,立即喷水冷却的表面淬火方法,主要用于单件、小批量生产及大型零件的表面淬火。

2. 感应加热表面淬火

感应加热表面淬火是利用感应电流通过工件所产生的热量,对工件的表面、局部或整体加热并快速冷却的表面淬火方法,如图6-4所示。它适用于大批量生产,但设备较复杂。

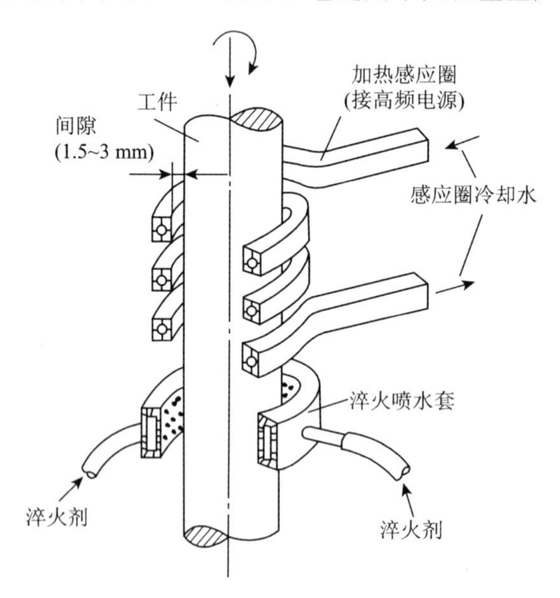

图6-4 感应加热表面淬火示意图

钢的表面淬火一般作为最终热处理,钢件在表面淬火之前要进行正火或调质处理以提高其心部的力学性能,表面淬火之后一般要进行低温回火。通常安排在精加工或半精加工之后,磨削加工之前。

6.4.2 钢的化学热处理

化学热处理指的是将钢件置于一定温度的活性介质中保温,使一种或几种元素渗入其表面,以改变其化学成分、组织和性能的热处理工艺。化学热处理不仅可以改变钢件表层的组织,还可以改变钢件表层的化学成分,从而提高工件表层的硬度、耐磨性和疲劳强度。还可以使工件表面获得一些特殊性能,如耐热、耐蚀性。根据渗入元素的不同可分为渗碳、渗氮、碳氮共渗、渗硼、渗硫、渗铅等。常用的化学热处理方法是渗碳和渗氮。

1. 钢的渗碳

渗碳是把低碳钢或低碳合金钢的工件置于渗碳介质中,加热到单相奥氏体区,保温一定时间,使碳原子渗入工件的表层的化学热处理工艺。工件经渗碳处理后,表层的碳含量升高,可达到高碳钢的含碳量，经淬火和低温回火后，其硬度、强度和耐磨性均得到明显的提高；心部的含碳量仍保持低碳钢的含碳量，具有高的塑性和韧性。主要应用于机器中的重要零件，如汽车变速箱齿轮、活塞销、摩擦片和轴类零件等承受交变载荷、冲击载荷并在严重磨损条件下工作的，表层要求高硬度和耐磨性而心部要求具有足够的韧性和塑性的的零件。常用的渗碳方法有气体渗碳和固体渗碳。

2. 钢的渗氮

渗氮是指将氮原子渗入工件表面的化学热处理工艺，也叫氮化。工件经氮化后，表面形成一层极硬的合金氮化物，其硬度可达 68～72 HRC，不需要再经过淬火便具有很高的表面硬度和耐磨性；渗氮还可以提高工件表面的疲劳强度和耐腐蚀性。主要用于各种高速传动的精密齿轮、高精度机床的主轴(如镗杆、磨床的主轴)等，在动载荷条件下工作并要求疲劳强度很高的零件以及要求变形很小和具有一定的抗热、耐腐蚀能力的耐磨零件，如阀门等，但氮化的生产率较低、成本高。

复习题

1. 什么是热处理？热处理可分为哪几类？热处理有何作用？
2. 什么叫退火、正火？它们的目的是什么？
3. 什么是淬火？目的是什么？
4. 什么是回火？回火可分为哪几种？
5. 何谓调质？说明其工序位置及作用。
6. 常用的淬火方法有哪几种？
7. 在热处理时，对于形状不同的工件，应采用何种浸入方法？
8. 何谓表面淬火？常用的表面淬火方法有哪些？
9. 有一用 45 钢制造的轴，其加工路线是：备料—锻造—热处理—机械粗加工—热处理—机械精加工—热处理—磨削加工。试说明各热处理的工艺方法及目的。

第7章 钳 工

本章知识导读

1. 主要内容

钳工基本工具及量具的使用。平面划线、錾削、锉削、锯削、钻孔、扩孔、铰孔、攻丝、套丝、刮削与研磨及相关的综合操作。简单机械的装配。

2. 重点、难点提示

钳工的各项基本操作技能。根据零件图分析零件的加工工艺,完成所要求的加工。难点为零件加工精度的控制。

7.1 钳工基础

钳工主要是利用各种手工工具及钻床去完成加工的工种。它的特点是:灵活性强,工作范围广,技艺性强,操作者的技能水平直接决定加工质量。

7.1.1 钳工工作的内容及其应用

钳工工作的基本内容有:划线、錾削、锯割、锉削、钻孔、扩孔、锪孔、铰孔、攻螺纹与套螺纹、刮削与研磨及简单的热处理等。钳工主要用于以机械加工方法不适宜或难以进行的场合,如装配调试、安装维修、工具制造等。

7.1.2 钳工的常用设备

1. 钳工工作台

如图7-1所示,钳工工作台一般由木材制成,台面通常铺有钢板或橡胶,高度约为800~900 mm,台面的一侧装有防护网。工作台的主要作用是安装台虎钳,摆放零件、工具、量具及刃具等。

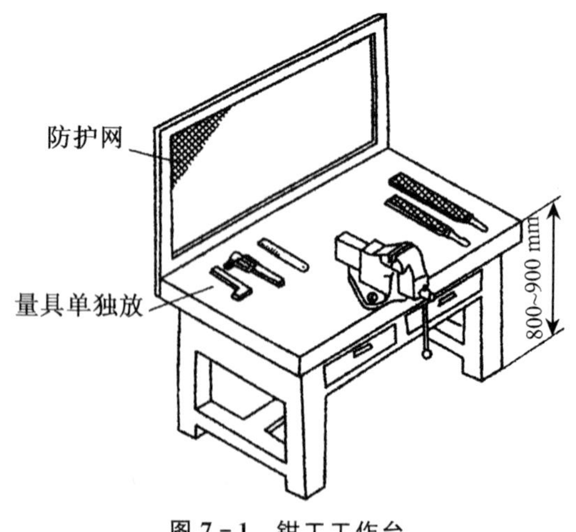

图7-1 钳工工作台

2. 台虎钳

台虎钳是专门用来夹持工件的，其规格是用钳口的宽度表示，常用的有100 mm、125 mm、150 mm等。其种类有固定式和回转式两种，如图7-2所示。两者的构造和工作原理基本相同；区别在于回转式台虎钳的钳身可以相对于底座回转，可满足各种不同方位的加工需要，故使用方便，应用广泛。

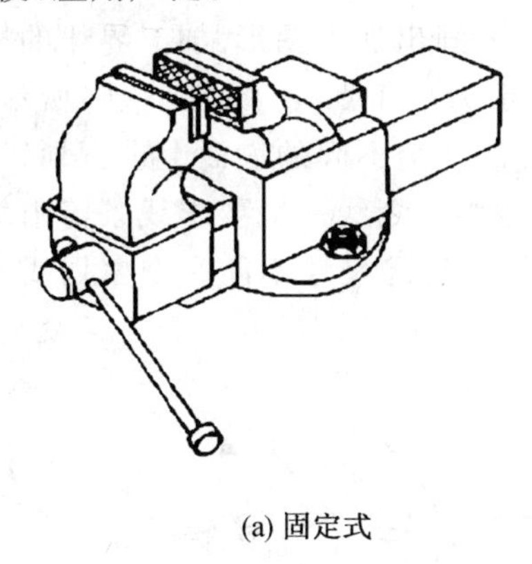

(a) 固定式

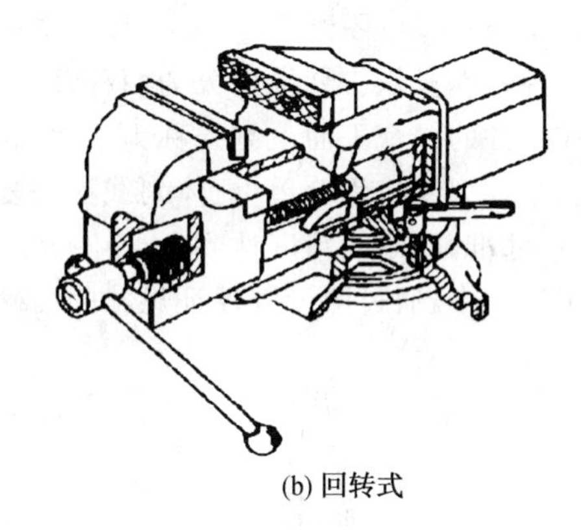

(b) 回转式

图7-2 台虎钳

台虎钳的正确使用方法：

(1) 工件夹紧时松紧要适当，只能用手力拧紧手柄，而不能借助加力工具，一是防止丝杆与螺母及钳身受损坏，二是防止夹坏工件表面。

(2) 锤击工件时只能在砧台面上进行，不可在活动钳口上用锤敲击，以防破坏它与固定钳身的配合性。

(3) 进行强力作业时，力的方向应朝固定钳身，以免造成螺旋副损坏。

(4) 应经常对丝杆、螺母等活动表面清洁润滑，以防止生锈。

3. 砂轮机

砂轮机是用来磨削各种刀具或工具的，有时也可代替钳工的手工操作，进行修磨毛刺、锐边倒钝及磨削等操作，如图7-3所示。通常由电动机、砂轮机座、机架和防护罩等组成。

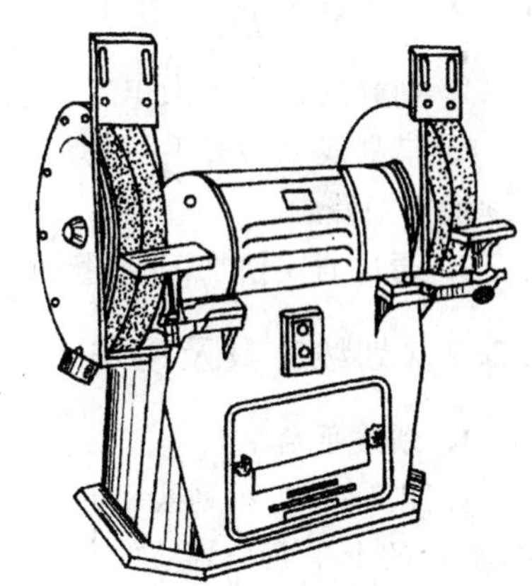

图7-3 砂轮机

4. 钻 床

钻床是钳工加工过程中用来钻削加工的设备。钳工常用的钻床有台式钻床、立式钻床及摇臂钻床等。

7.1.3 钳工安全技术

(1) 钳工工作台与场地应保持清洁，毛坯、原材料、工具及工件要放置合理，以保证操作过程中的安全和方便。

(2) 使用机电设备时，必须严格按操作规程操作，发现问题必须立即进行检查处理。

(3) 锯条不能装得太松或太紧，否则锯条容易折断伤人。

(4) 清理铁屑与粉尘时,不能用手抹或用嘴吹,以免铁屑与粉尘刺入手内或飞入眼内。

(5) 使用砂轮机时要按安全规范操作,应站在砂轮的一侧,以免砂轮破碎或火花伤人。

7.2 划　线

划线是根据零件图纸要求,在毛坯或半成品的表面上画出加工图形、加工界线的操作,是钳工的一种基本操作。划线可分为两种,图7-4(a)所示为平面划线,图7-4(b)所示为立体划线。在工件的一个平面上划线称为平面划线;在工件的几个不同的表面上进行划线称为立体划线。平面划线较为简单,立体划线比较复杂,难度也大。划线一般要求线条清晰均匀,定形、定位尺寸准确,划线精度达到0.25～0.5 mm。工件的最终尺寸不能完全由划线确定,而应在加工过程中,通过测量以保证尺寸的准确性。

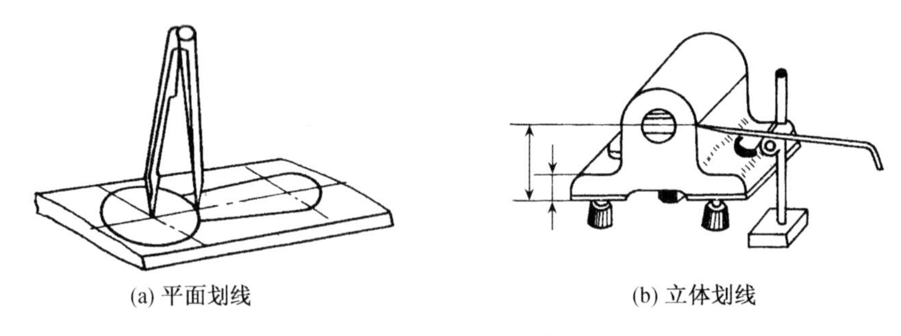

(a) 平面划线　　(b) 立体划线

图7-4　划线种类

7.2.1　划线的目的与作用

1. 划好的线作为加工工件或安装工件的根据。

2. 借划线来检查毛坯的形状和尺寸是否符合要求,以便早剔除不合格的毛坯,避免造成后续加工浪费。

3. 通过划线使加工余量合理分配(又称借料),保证加工时不出或少出废品。

7.2.2　划线工具及用法

1. 划线平台

如图7-5所示划线平台,又称为划线平板。划线平台主要是用来安放工件和划线工具的,平台的上平面是划线的基准平面。平台安放要牢固,保持水平,以免日久变形,严禁撞击、敲打;用后擦干净,涂油防锈。

2. 方　箱

如图7-6所示,方箱用以夹持较小的工件,通过翻转方箱,可在工件表面划出互相垂直的线来。V形槽放置圆柱形工件,垫角度垫板可划斜线。夹持工件时紧固螺钉松紧要适当。

3. 千斤顶

千斤顶是用来支持毛坯或不规则工件进行划线的工具,如图7-7所示。它可较方便地调整工件各处的高度。使用时应擦净千斤顶的底部,工件要平稳放置。一般工件用三个千斤顶支承,三个支承点要尽量远离工件重心。

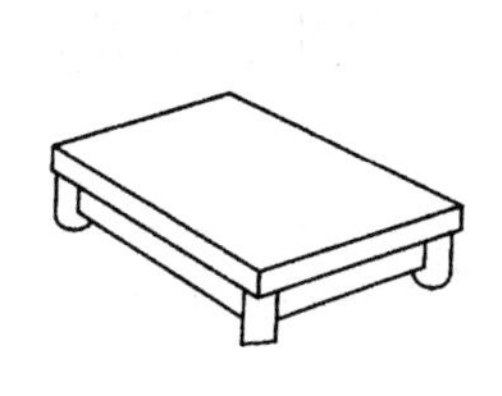

图7-5　划线平台

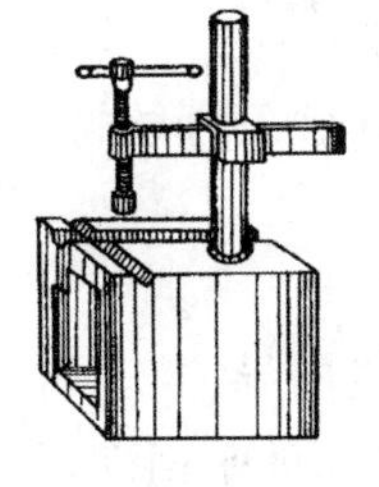

图7-6　方箱

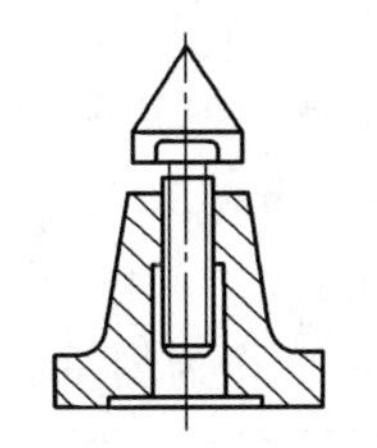

图7-7　千斤顶

4. 划　针

划针如图7-8所示，通常由高速钢制成，主要用来在工件表面划线。

5. 划　规

如图7-9所示的划规主要用来划圆弧，截取尺寸，等分线段或角度。

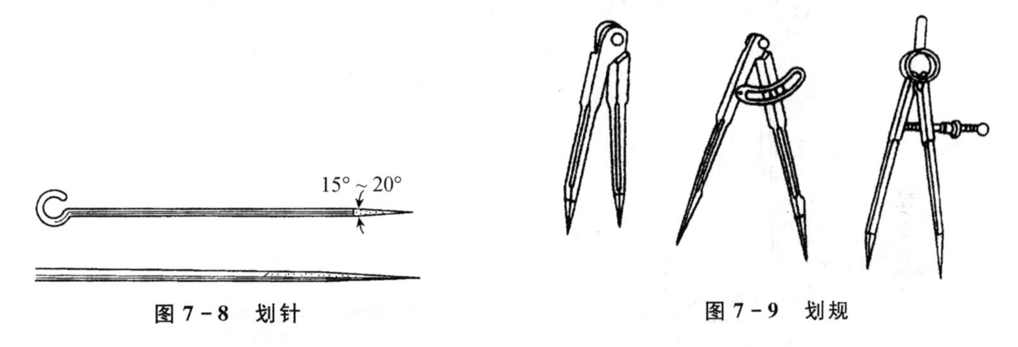

图7-8　划针

图7-9　划规

6. 划针盘

划针盘是立体线和校正工件位置时用的工具，如图7-10所示。划线时划针盘上的划针装夹要牢固，伸出长度要适中，底座应紧贴划线平台，移动平稳，不能摇晃。

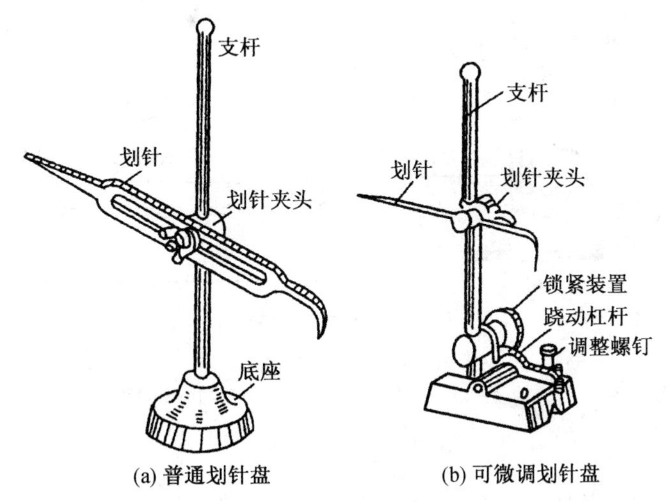

(a) 普通划针盘　(b) 可微调划针盘

图7-10　划针盘

7. 高度游标尺

高度游标尺用于精密划线和测量尺寸，如图7-11所示。在划线过程中使刀刃一侧成45°角平稳接触工件，移动尺座划线。

8. 钢直尺

钢直尺是一种简单的测量工具和划线的导向工具,在尺面上刻尺寸刻线,其长度规格有 150 mm、300 mm、1000 mm 等。

9. 90°角尺

90°角尺可作为划垂直线及平行线的导向工具,还可找正工件在划线平板上的垂直位置,并可检查两垂直面的垂直度或单个平面的平面度,如图 7-12 所示。

10. 样　冲

样冲是在划出的线条上打出样冲眼的工具。主要是防止划出的线条被模糊而留下长久的位置标记,如图 7-13 所示。

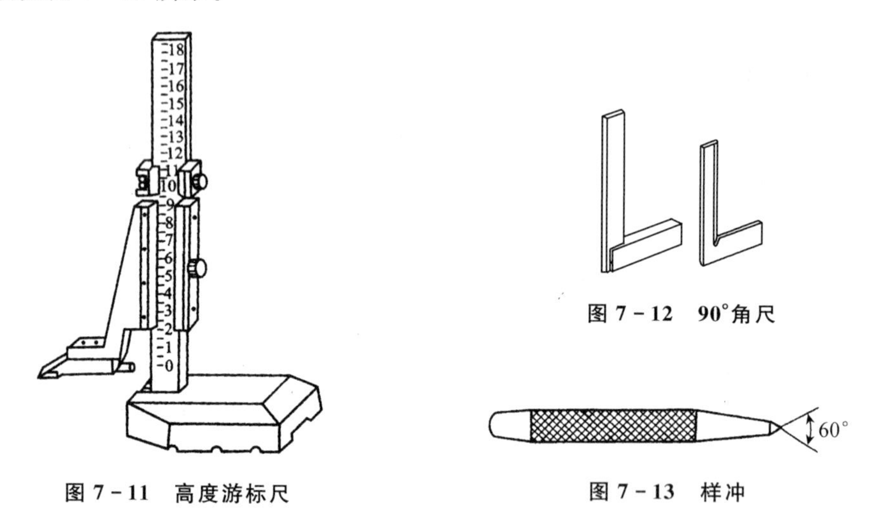

图 7-11　高度游标尺

图 7-12　90°角尺

图 7-13　样冲

在圆弧和圆心上打样冲眼有利钻孔时钻头的定心和找正,如图 7-14 所示。

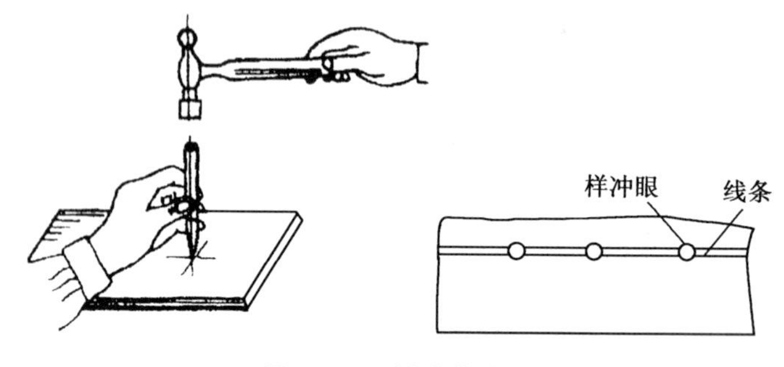

图 7-14　样冲的应用

7.2.3　划线基准

1. 划线基准

划线时,选定工件上某些点、线、面作为工件上其他点、线、面的度量起点,则被选定的点、线、面称为划线基准。

2. 划线基准的类型及选择

划线基准一般有以下三种类型:

（1）以两个相互垂直的平面或直线为基准，如图 7－15(a)所示。

（2）以一个平面或直线和一个对称平面或直线为基准，如图 7－15(b) 所示。

（3）以两个互相垂直的中心平面或直线为基准，如图 7－15(c) 所示。

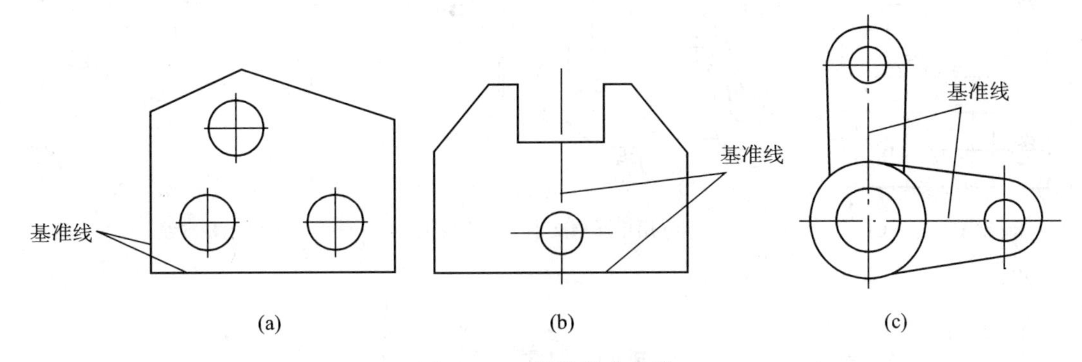

图 7－15　划线基准类型

通常一个工件上有很多线要划，究竟怎样划，常要遵守从基准开始的原则。划线基准要和设计基准尽量重合，否则将会使划线误差增大，尺寸换算麻烦，工作效率降低。正确选择划线基准，可以提高划线的质量和效率，并相应提高毛坯合格率。

当工件有孔或凸台时，应以主要孔或凸台的中心线为基准；未加工的毛坯件，应以主要的面积较大的不加工面为基准；加工过的工件，应以加工后的较大表面为基准。

3. 立体划线步骤

（1）看清图样，了解零件上需要加工的部位和有关的加工工艺，确定需要划线的部位。

（2）选择划线基准，一般立体划线需要在三个互相垂直方向。

（3）清理工件。在工件的表面除去氧化层、毛边、毛刺、残留污垢。

（4）工件涂色。在工件需要划线的表面涂上一层涂料，使划出的线条更清晰。

（5）划线。先划出划线基准及其他水平线，再反转，找正，借料，划出其他的线。在一次支承中，应把需要划的线全部划完，以免再次支承补划，造成基准不重合误差。

（6）仔细检查无错误、无遗漏之后，在所有加工线上打上样冲眼。至此，立体划线工作全部完成。

4. 划线实例

图 7－16 为滑动轴承座的立体划线过程，具体操作如下：

（1）分析图纸，做好划线前的准备工作，包括工件的清理、工件的涂色、孔中装中心塞，如图 7－16(a)所示。

（2）用千斤顶支承工件下表面并以此为找正依据，使工件水平，如图 7－16(b)所示。

（3）划底面加工线，孔的水平中心线，如图 7－16(c)所示。

（4）翻转工件，用角尺找正，划大孔及螺钉孔的中心线，如图 7－16(d)所示。

（5）再翻转工件，用角尺找正，划端面加工线及螺钉孔另一方向的中心线，如图 7－16(e)所示。

（6）检查无误后，打样冲眼，如图 7－16 (f)所示。

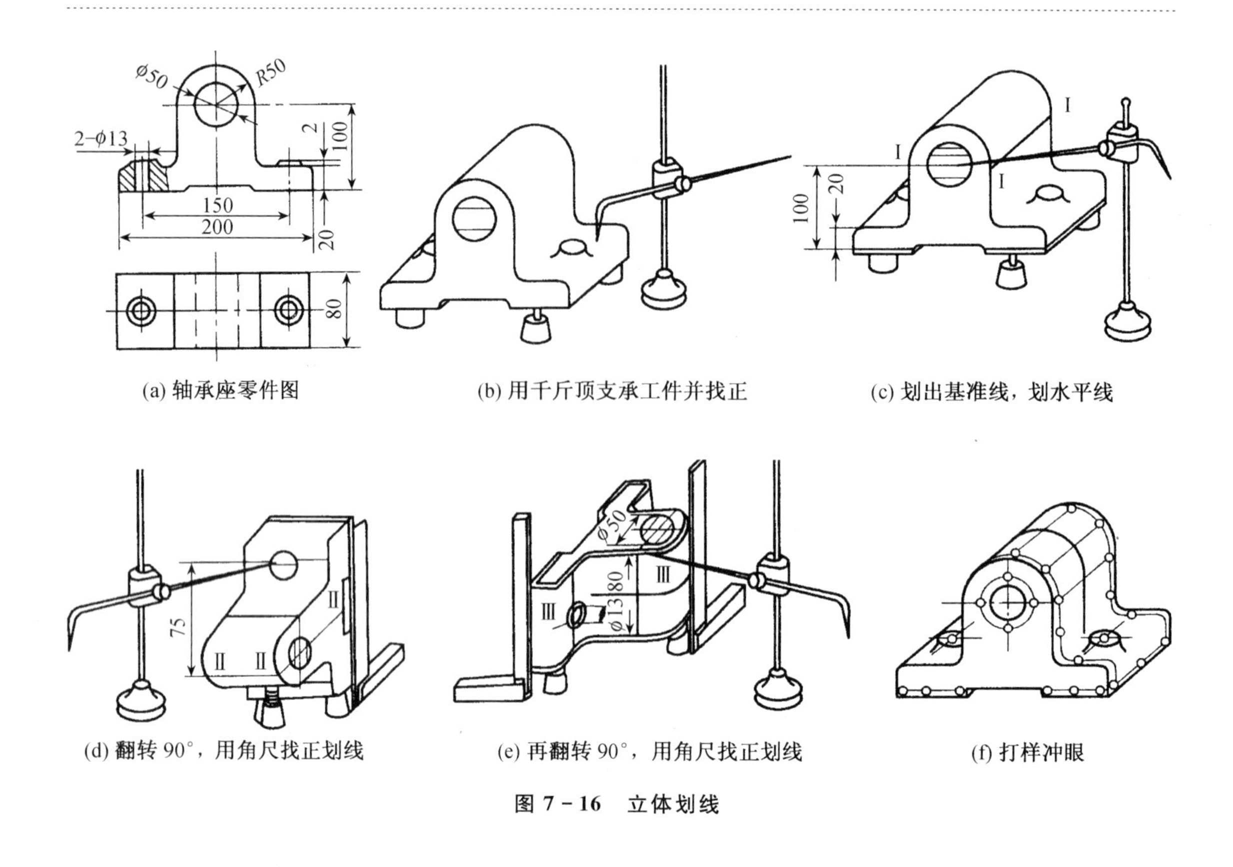

(a) 轴承座零件图 (b) 用千斤顶支承工件并找正 (c) 划出基准线，划水平线

(d) 翻转90°，用角尺找正划线 (e) 再翻转90°，用角尺找正划线 (f) 打样冲眼

图7-16 立体划线

7.3 金属的錾削、锯削和锉削

7.3.1 錾削与錾子

錾削是用手锤打击錾子对金属工件进行加工的方法。錾削主要用于不便于机械加工的场合，如除毛刺、凸缘、錾削平面及沟槽等。

1. 錾 子

錾子由头部、切削部分和錾身三部分组成。根据使用场合的不同，錾子可分为扁錾(平錾)、尖錾(槽錾)及油槽錾，如图7-17所示。扁錾主要用来錾削平面，去毛刺和分割板料等。尖錾主要用来錾削沟槽及分割曲线形板料。油槽錾主要用来錾切平面或曲面上的油槽。錾子一般用碳素工具钢锻成，切削部分经淬火和回火处理，硬度达到56～62 HRC。錾子的切削部分由前刀面、后刀面和切削刃组成，并磨出30°～70°的楔角，楔角的大小根据加工材料的不同而异。錾削一般钢料和中等硬度材料时，楔角取50°～60°；錾削铜、铝等软材料时，楔角取30°～50°。

2. 手 锤

手锤也称榔头，大小用锤头质量表示，常用的为0.5 kg。锤头一般用碳素工具钢制成，并经淬硬处理；木柄用硬木制成。

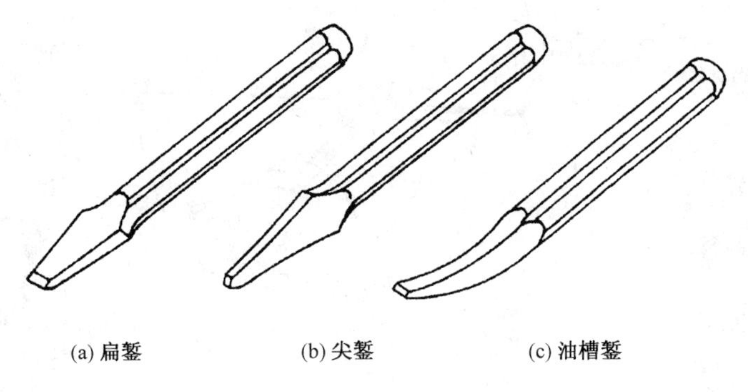

图 7-17　錾子的种类

3. 錾削操作示例

(1) 錾削平面

錾较窄平面可以用扁錾进行，每次錾削厚度约 0.5～2 mm；对宽平面，应先用尖錾开槽，然后用扁錾錾平，如图 7-18 所示。

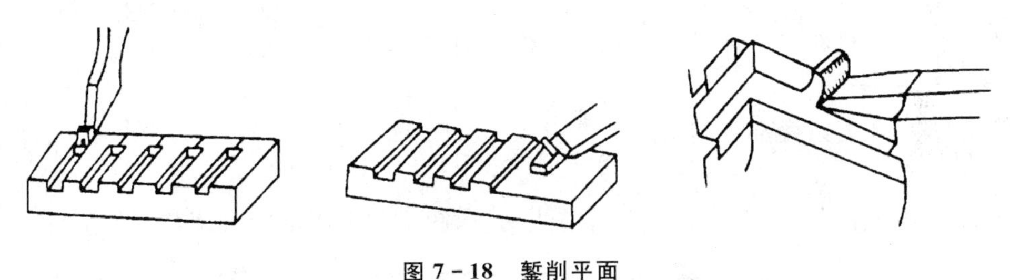

图 7-18　錾削平面

(2) 錾削油槽

錾油槽时，要选用与油槽宽度相同的油槽錾錾削，如图 7-19 所示。在曲面上錾油槽时，錾子的倾角要灵活掌握，以使油槽的尺寸、深度和表面粗糙度达到要求，錾削后还要用刮刀裹以砂布修光。

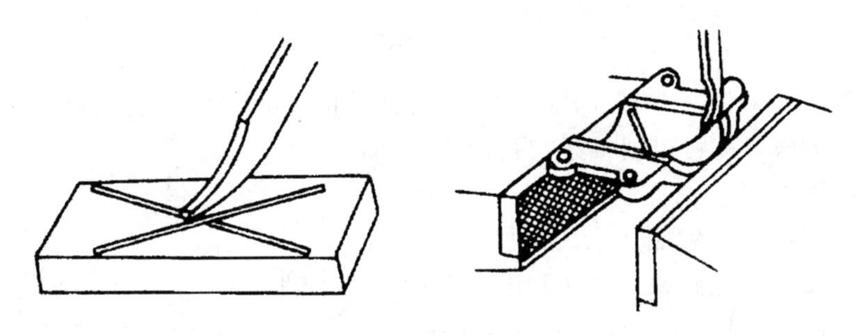

图 7-19　錾削油槽

(3) 錾　断

錾断薄板可在台虎钳上进行，如图 7-20 所示。用扁錾沿着钳口并斜对着板料约成 45°角自右向左錾削。

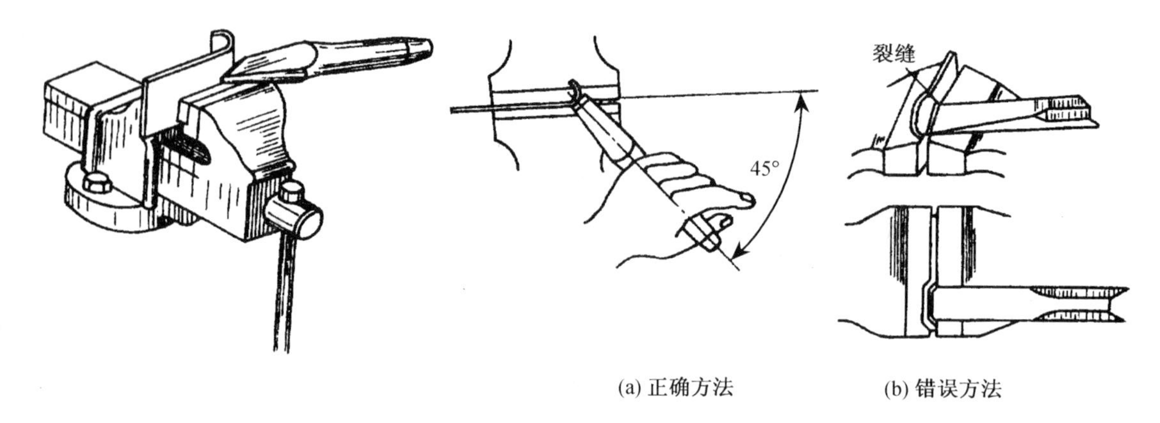

(a) 正确方法　　(b) 错误方法

图 7-20　錾断薄板

7.3.2　锯削与手锯

1. 锯　削

锯削是用锯对材料或工件进行分割或切槽的加工方法。

2. 手　锯

手锯由锯弓和锯条两部分组成。

(1) 锯　弓

锯弓用来安装锯条,有固定式和可调节式两种,图 7-21 所示为可调节式的锯弓。

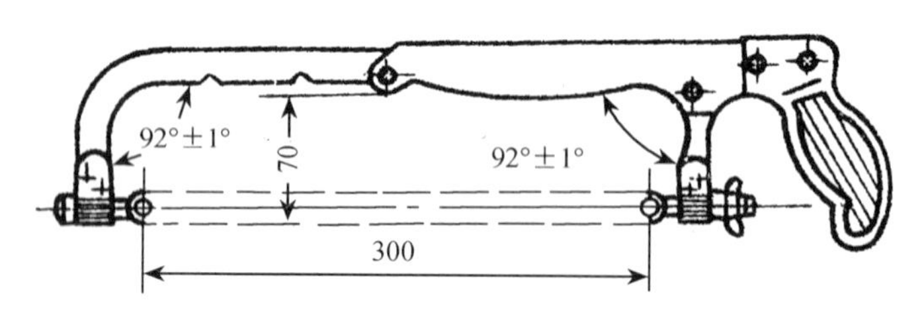

图 7-21　可调式锯弓

锯弓两端都有夹紧头,一端是固定的,一端为活动的。当锯条装在两端夹头的销子上后,旋紧活动夹头上的螺母就可以把锯条拉紧。

(2) 锯　条

锯条一般用碳素工具钢制成,经热处理淬硬。锯条的长度以两端安装孔间距来表示,常用的锯条长约 300 mm。锯齿分粗齿、中齿、细齿三种。粗齿适宜锯削软材料,切面较大的工件;细齿适宜锯削硬材料或切面较小的工件,如薄壁工件和管件等。锯齿按一定的规律左右错开,排列成一定的形状,称为锯路,如图 7-22 所示。锯路有交叉、波浪等不同的排列形式,以减少锯缝两侧面对锯条的摩擦,避免锯条被卡住。

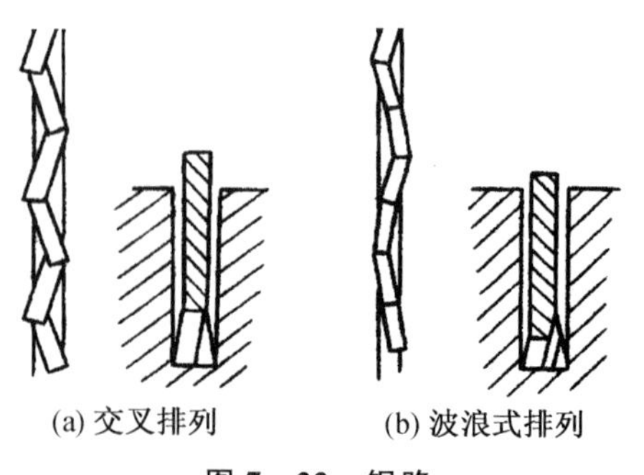

(a) 交叉排列　　(b) 波浪式排列

图 7-22　锯路

3. 锯削的操作方法

（1）安装锯条时齿尖应向前，松紧要适宜，太紧锯条受力过大，容易折断；太松锯条易滑落。

（2）工件夹紧要牢靠，伸出钳口不要太长，防止在锯削过程中工件振动。同时要避免将工件夹变形或夹坏已加工面。

（3）起锯时左手拇指靠住锯条一侧，防止锯条滑移，使锯条能在正确的位置切削。起锯行程要短，压力要小，速度要慢。起锯角 θ 为 15°左右，如果太大锯齿被工件的棱角钩住，切削不平稳。起锯角太小同时参加切削的齿数太多，锯条容易滑移不易切入工件，如图 7-23 所示。

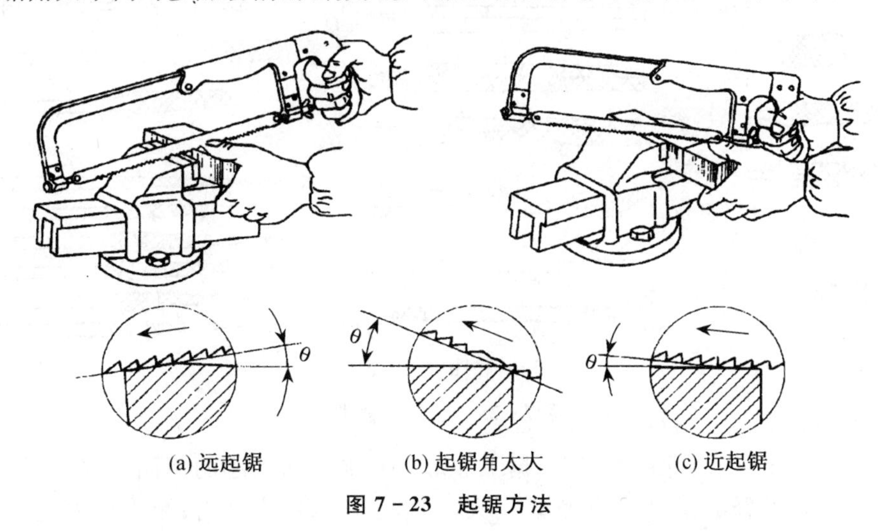

图 7-23　起锯方法

（4）锯削时站姿要正确，摆动要自然，右手握住锯柄，左手轻扶在锯弓前端。

（5）锯削速度不宜太快，一般为 30～40 次每分钟，锯削硬材料慢些，软材料快些。向前推时为切削程，应向下施加一定的压力；回程时不切削，故不加压力。

（6）切削时一定要利用锯条的全长，这样既提高切削效率，又使锯条磨损均匀，切削轻松自如。

7.3.3　锉刀及锉削

锉削是用锉刀对工件表面多余材料进行切削加工的操作，一般用于錾削或锯削之后，锉削精度较高可达 0.01 mm，表面粗糙度 R_a 可达 0.8 μm。锉削是钳工的基本操作，应用广泛，可以锉削平面、曲面、内孔、沟槽和各种复杂表面，在机器装配时对工件修整。

1. 锉　刀

锉刀一般用碳素工具钢制成，经热处理切削部分硬度达 62～72 HRC，锉刀的结构如图 7-24所示。锉刀的齿纹有单齿纹和双齿纹两种。双齿纹的刀齿是交叉排列的，锉削时每个齿的锉痕不重叠，锉屑易碎裂，不易堵塞锉面，工件表面光滑，所以锉削常用双齿纹锉刀。

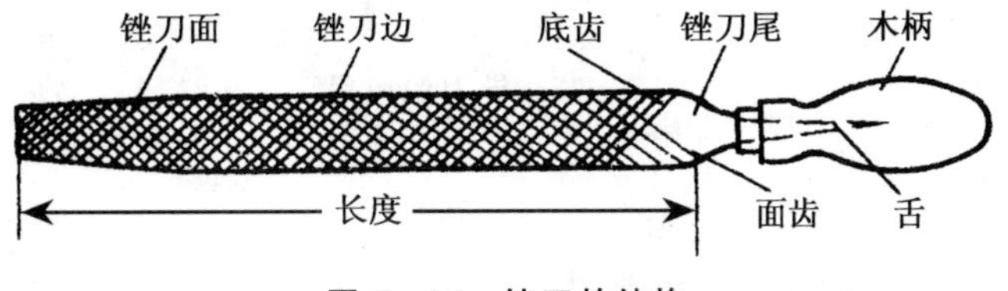

图 7-24　锉刀的结构

锉刀按用途不同可分为普通锉、特种锉和整形锉,如图7-25所示。普通锉按其断面形状分为平锉、方锉、圆锉、半圆锉、三角锉等,是锉削的主要刀具,其中以平锉应用最多。特种锉按其断面形状不同有刀口锉、菱形锉、扁三角锉、椭圆锉、圆肚锉等,主要用来锉削有特殊表面的工件。整形锉又叫什锦锉,若干把为一组,每组配备断面形状不同的小锉,主要用于修整工件上的细小部分。

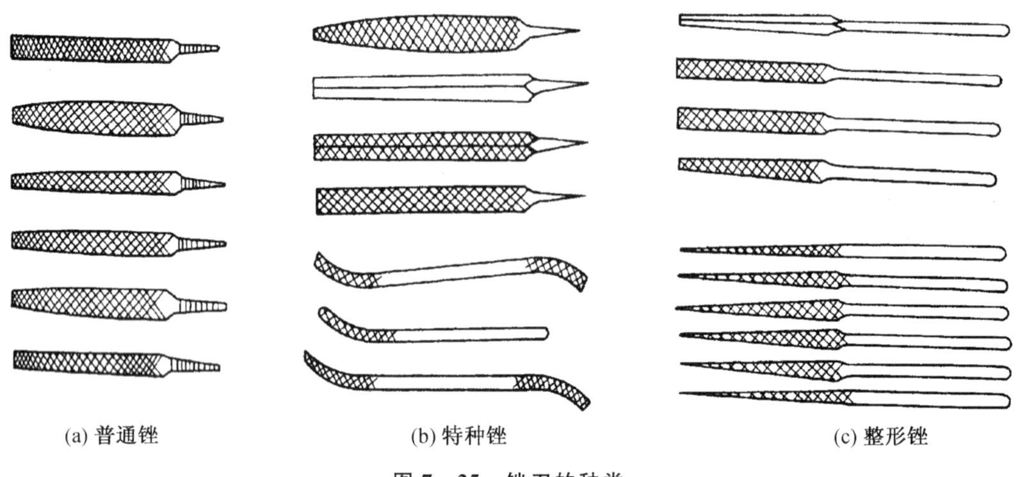

(a) 普通锉　(b) 特种锉　(c) 整形锉

图7-25　锉刀的种类

如图7-26所示,锉削过程中,需根据工件形状和加工面大小的不同,选择不同规格的锉刀进行锉削。一般选择的原则是:大面选用大锉刀,小面选用小锉刀;粗齿锉刀适用于加工软材料,加工余量大、精度低的工件;细齿锉刀适用于加工硬材料,加工余量小、精度高的工件。

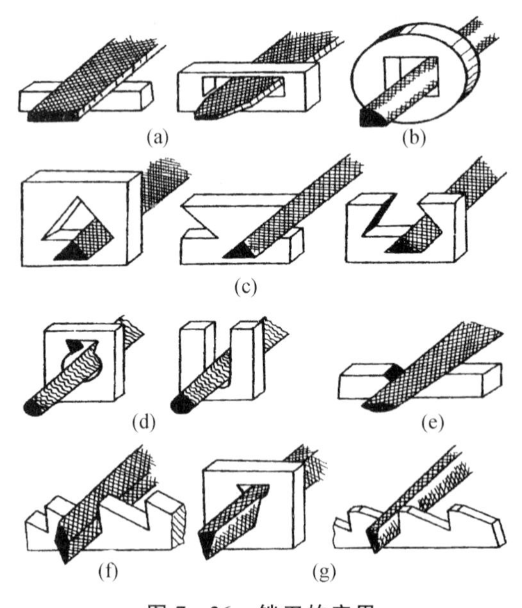

图7-26　锉刀的应用

2. 锉削操作

(1) 锉刀的握法

锉刀的握法如图7-27所示。

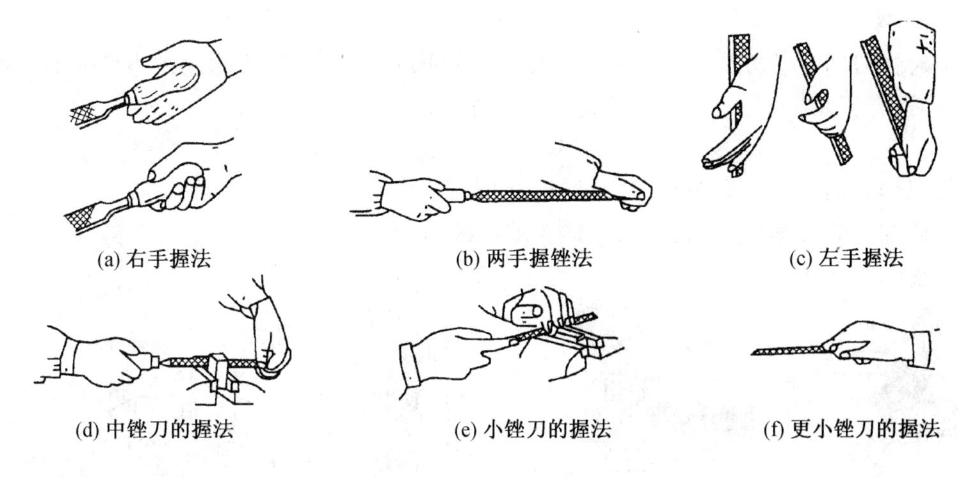

图 7－27　锉刀的握法

(2) 锉削时的用力

为保持锉刀的平衡，锉削过程中两手的用力是不断变化的。开始右手的压力大，左手的压力小，在向前推的过程中右手的压力逐渐减小，左手的压力逐渐增大。锉刀在任一位置都要保持水平，否则锉削面将会出现中间高两边底。锉刀回程时不切削，故不能施加压力，只能从工件表面轻轻滑过，以免将锉齿磨钝。如图 7－28 所示。

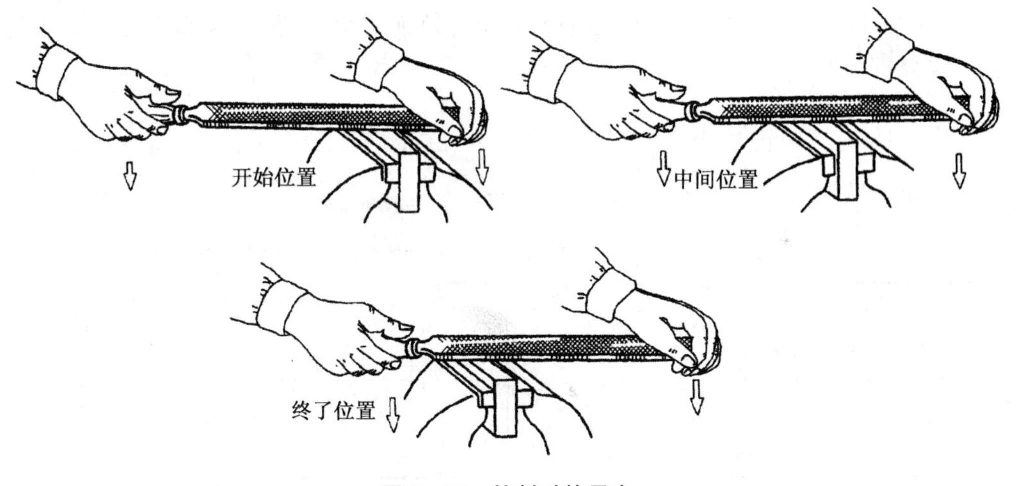

图 7－28　锉削时的用力

(3) 平面的锉削方法

常用的平面锉削方法有交叉锉、顺向锉和推锉三种。

① 交叉锉

锉削时锉刀的运动方向与工件成一定角度，并经常改变锉削方向，使锉痕交叉，如图 7－29(a)所示。这样锉刀与工件的接触面积大，锉刀易掌握平衡，同时可从锉痕的变化判断锉削面的高低情况，即时调整锉削部位。交叉锉由于纹理不一致且表面粗糙，一般适合粗锉。

② 顺向锉

锉削时锉刀的运动方向始终一致,如图 7-29(b)所示。顺向锉的锉纹整齐一致,表面精度比较高,适合于精锉,是一种最基本的锉削方法。

③ 推　锉

锉削时锉刀的运动方向与锉刀的轴线方向垂直,如图 7-29(c)所示。推锉适用于较窄表面的精锉或加工表面前端有凸台等,不适合顺向锉的加工场合。

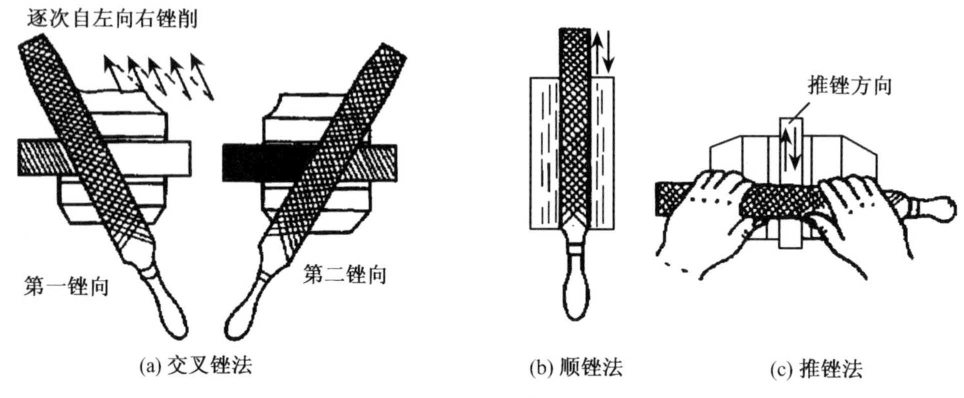

图 7-29　平面锉削方法

(4) 锉削综合训练

如图 7-30 所示,工件 A、B、C、D 四个面需钳工锉削精加工,其他各面均已加工,则锉削方法及步骤分析如下:

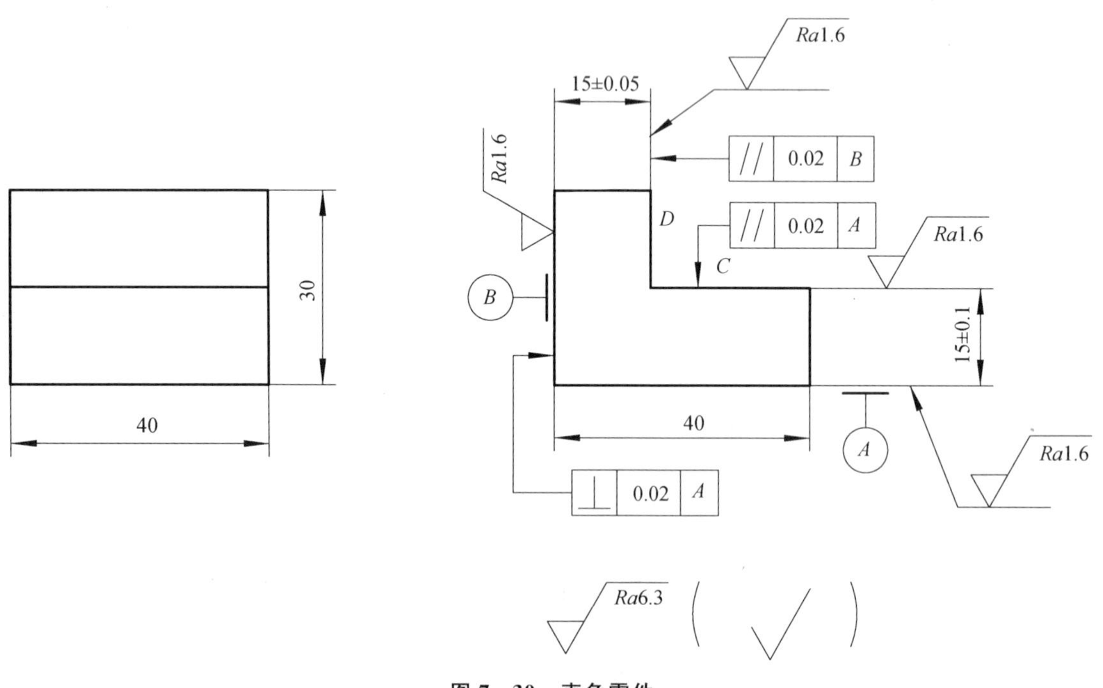

图 7-30　直角零件

① 根据图纸的要求,检查各部尺寸,合理分配各加工面的加工余量。

② 看懂图纸,根据图纸的各项要求进行工艺分析,确定工件的加工工艺步骤。

③ 先加工基准面,确定A面为一基准面对其进行锉削,使其平面度和表面粗糙度达到图样要求。

④ 再加工另一基准面B面,使其平面度和表面粗糙度达到图样要求,同时还要保证B面与A面的垂直度达到要求。

⑤ 按图纸的要求,在平台上用划线高度尺,以A、B基准面划出其他各面的加工界线。

⑥ 锉削C面,用粗锉刀加工到接近线条,再用细锉刀精加工,使其尺寸精度、表面粗糙度、平行度都符合要求。

⑦ 锉削D面,用粗锉刀加工到到接近线条,再用细锉刀精加工,使其尺寸精度、表面粗糙度、平行度都符合要求。

⑧ 按图样要求作全部精度复检,并各边倒棱除毛刺。

3. 锉削质量检验

(1) 直线度检验

用宽座直角尺或刀口尺通过透光法检查,如图7-31所示。

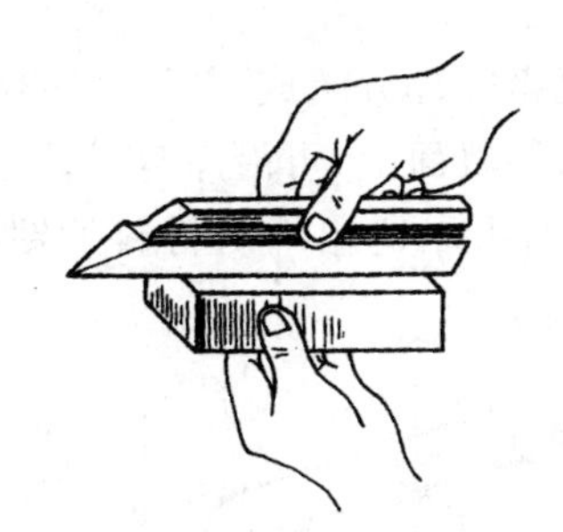

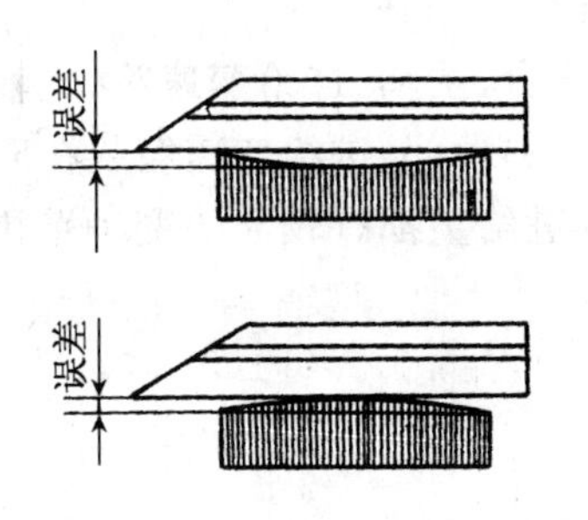

图7-31 平面直线度检验

(2) 垂直度检验

用宽座直角尺通过透光法检验,如图7-32所示。

(3) 尺寸检验

用游标卡尺或千分尺测量。

(4) 表面粗糙度检验

用眼睛判断或表面粗糙度样板对照。

图7-32 垂直度检验

4. 锉削操作的注意事项

(1) 锉刀柄应装手柄使用,以防刺伤手心。

(2) 锉削时工件应夹紧,伸出钳口不可太高,以防工件振动,影响锉削质量。

(3) 锉削铸件或锻件时,应先用砂轮磨去硬皮,然后再锉削。

(4) 锉刀不可沾油及水,以防锉削时打滑。

(5) 应充分利用锉刀的有效长度,既可提高锉削效率,又可避免锉齿局部磨损。

(6) 锉工件时,不可用嘴吹铁屑,以防飞入眼内。

(7) 锉刀被锉屑堵塞后,应及时用刷子沿锉纹方向刷去锉屑。

7.4　钻孔、扩孔与铰孔

7.4.1　钻　床

钻床是用来加工孔的设备,常用的钻床有台式钻床、立式钻床及摇臂钻床等。

1. 台式钻床

台式钻床是一种小型钻孔机床,一般钻 13 mm 以下的孔,如图 7－33 所示。由底座、工作台、立柱、主轴架、主轴等部分组成。主轴由电机通过三角皮带可获得多种转速,主轴下端有锥孔,用以安装钻夹头或钻套,进给运动由手动实现。主轴架可绕立柱转动,可沿立柱上下移动到任意位置。工作台也同样可上下移动,又可转动。当工件较小时,可将工件放在工作台上钻孔;当工件较大时,可把工作台转开,直接放在钻床底座上钻孔。

2. 立式钻床

立式钻床一般用来钻中小型工件上的孔,其规格有 25 mm、35 mm、40 mm、50 mm 等几种,其规格是指所钻孔的最大直径。

立式钻床由底座、床身、工作台、主轴、进给变速箱、主轴变速箱等部分组成,如图 7－34 所示。主轴变速箱固定在箱形床身的顶部,进给变速箱装在床身的导轨面上,可沿床身导轨上下移动,它们可使主轴转速和机动进给量都有较大的变动范围,因而可以适应不同材料的钻孔、扩孔、铰孔及攻螺纹等多种工作。

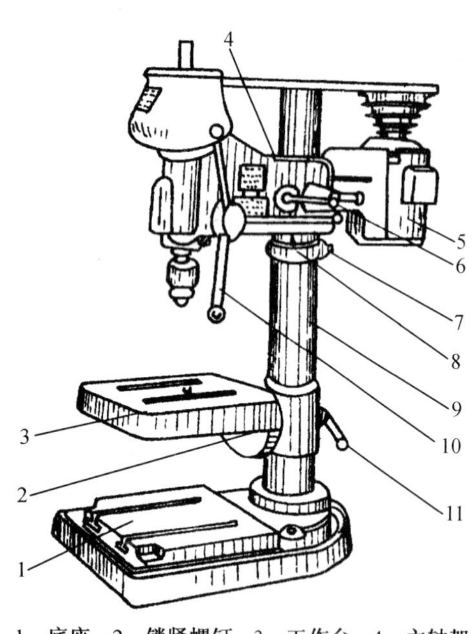

1—底座; 2—锁紧螺钉; 3—工作台; 4—主轴架;
5—电动机; 6—手柄; 7—紧定螺钉; 8—保险环;
9—立柱; 10—进给手柄; 11—锁紧手柄

图 7－33　—台式钻床

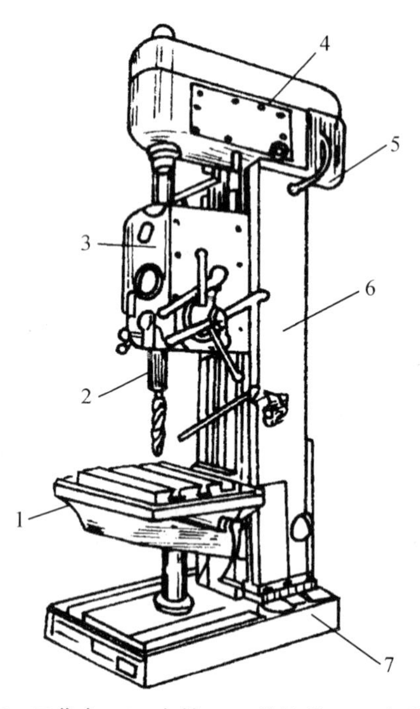

1—工作台; 2—主轴; 3—进给箱; 4—主轴箱;
5—电动机; 6—床身; 7—底座

图 7－34　立式钻床

3. 摇臂钻床

如图 7－35 所示为摇臂钻床，用于大型工件及多孔工件的钻孔。它主要由底座、立柱、摇臂、主轴箱、主轴等部分组成。主轴变速箱能沿摇臂左右移动，摇臂又能回转 360°，同时可沿立柱上下移动以适应不同位置的加工。

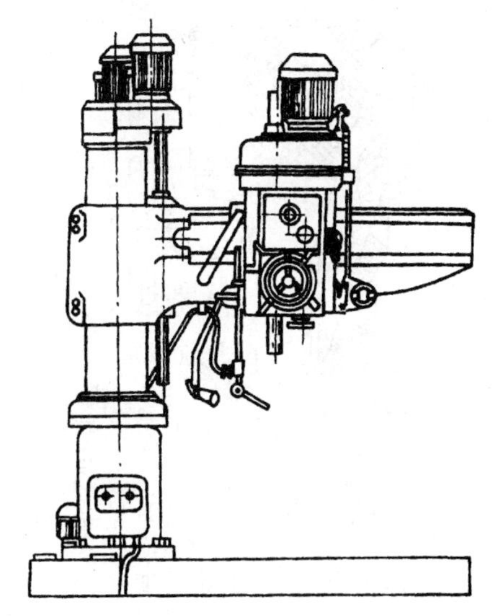

图 7－35　摇臂钻床

摇臂钻床不仅用于钻孔，还能扩孔、铰孔、镗孔、套切大圆孔和攻螺纹等。

7.4.2　钻头及附件

1. 麻花钻

麻花钻是最常用的钻孔工具之一，通常用高速钢制成。麻花钻的结构如图 7－36 所示。

麻花钻的柄部是钻头的夹持部分，用以定心和传递扭矩，按柄部可分为直柄和锥柄两种：一般直径小于 13 mm 的钻头制成直柱柄；直径大时制成锥柄。颈部是为磨削钻头时供砂轮退刀用的。工作部分又由切削和导向两部分组成。切削部分有两个对称的主切削刃及一个横刃，如图 7－37所示。两个主切削刃起主要切削作用，钻削时横刃上的轴向阻力很大，所以大直径的麻花钻通常修磨缩短横刃来提高钻头的定心作用和切削的稳定性。两条主切削刃的夹角（顶角）通常为 118°±2°。导向部分起引导作用，有两条螺旋槽，钻削时可容纳和排除切屑。导向部分的外缘有两条刃带，刃带上的副切削刃在切削时起修光孔壁和导向作用。

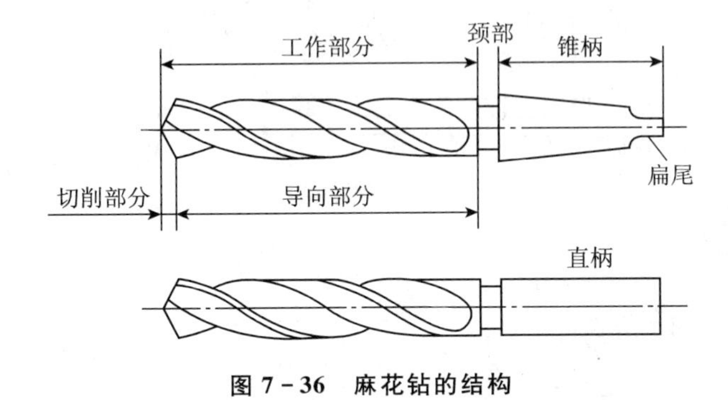

图 7－36　麻花钻的结构

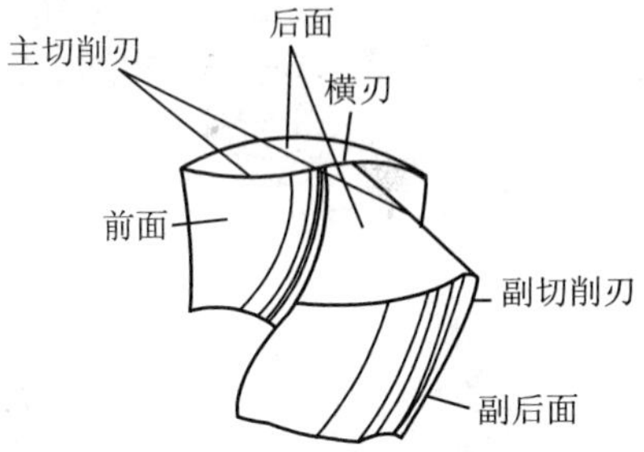

图 7－37　麻花钻的切削部分

2. 钻孔附件

（1）钻夹头

直柄钻头的装夹用钻夹头，如图 7－38 所示。钻夹头中有三个夹爪用来夹紧钻头的直柄，用带有小锥齿轮的钥匙可使三个夹爪同时伸出或缩进，使钻头直柄被夹紧或松开。

（2）过渡套筒

过渡套筒是用来装夹锥柄钻头的，如图 7－39(a)所示。锥柄钻头有的可直接装入钻床主轴内孔中，若不能直接装入，可用过渡套筒连接。过渡套筒共分五种，工作中应根据钻头锥柄莫氏锥度的号数，选用相应的过渡套筒。锥柄钻头的拆卸可用斜铁，如图 7－39(b)所示。

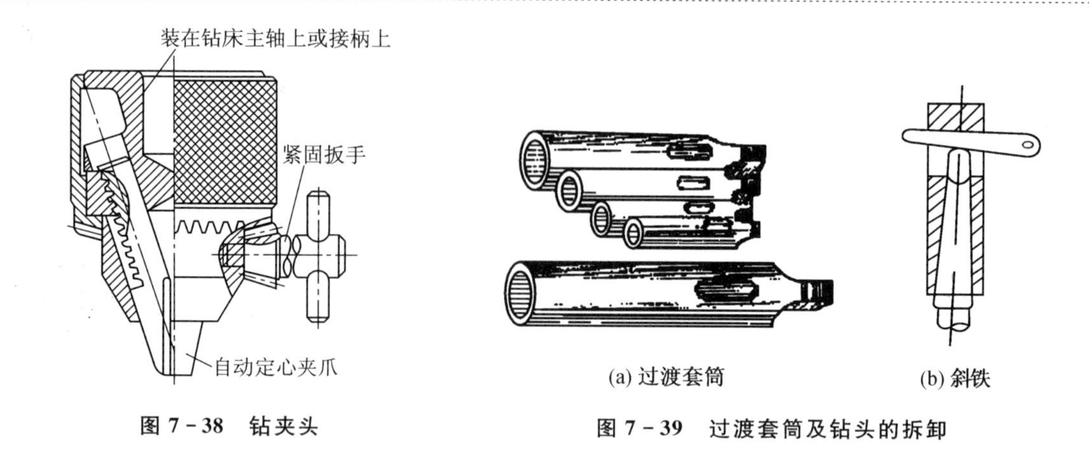

图7-38 钻夹头

图7-39 过渡套筒及钻头的拆卸

7.4.3 钻 孔

用钻头在实体材料上加工孔的操作叫钻孔。在钻床上钻孔时,工件固定在钻床上不动。钻头装在钻床主轴上,一面随主轴旋转(主运动),一面沿主轴轴线向下作直线移动(进给运动)。钻孔精度不高,一般为IT10~IT9,表面粗糙度 $R_a \geqslant 12.5\ \mu m$,适合孔的粗加工。

钻孔时,要根据工件的不同形状和钻削力的大小,采用不同的装夹方法,以保证钻孔的质量和安全。常见工件的装夹如图7-40所示。

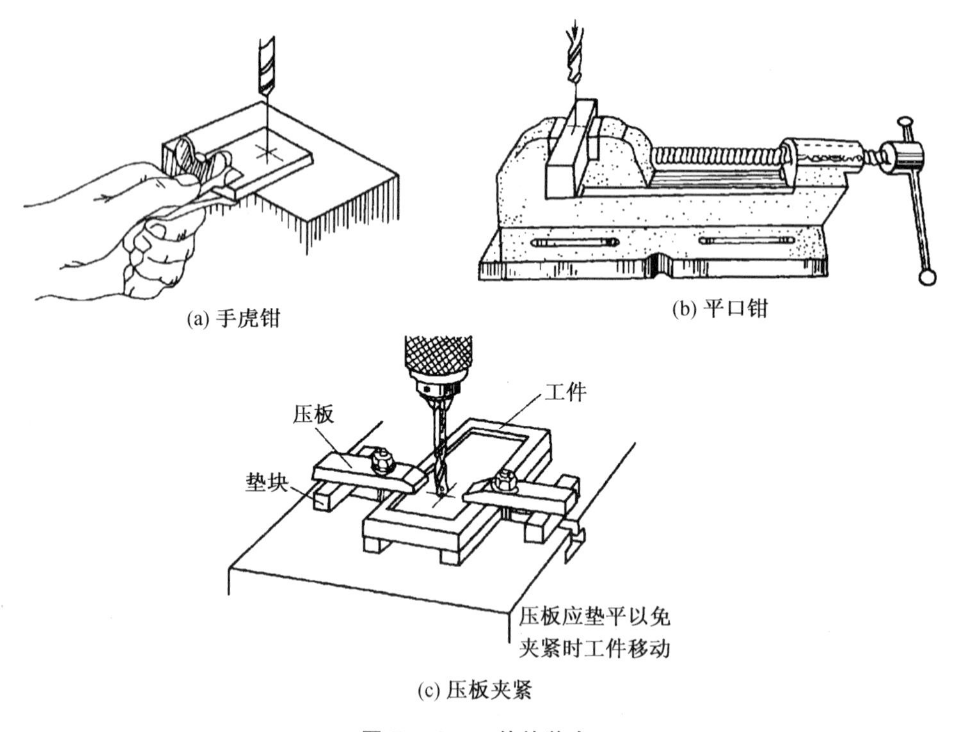

图7-40 工件的装夹

为使钻头散热冷却,减小钻削时钻头与工件、切屑之间的摩擦,钻孔时常需加注冷却润滑液。

钻孔时可先划出孔的十字中心线，并用样冲打好冲眼，以冲眼为圆心划出被加工的圆，使钻头对准钻孔中心钻出一浅坑，观察钻孔位置是否正确，并要不断校正，使浅坑与划线圆同轴，如图 7－41 所示。如偏位较少，可在起钻的同时用力将工件向偏位的反方向推移，从而达到逐步校正；如偏位较多，可在校正方向打上几个样冲眼或用油槽錾錾出几条槽如图 7－42 所示，以减少此处的钻削阻力，达到校正目的。这种校正方法必须在锥坑外圆小于钻头直径之前完成。

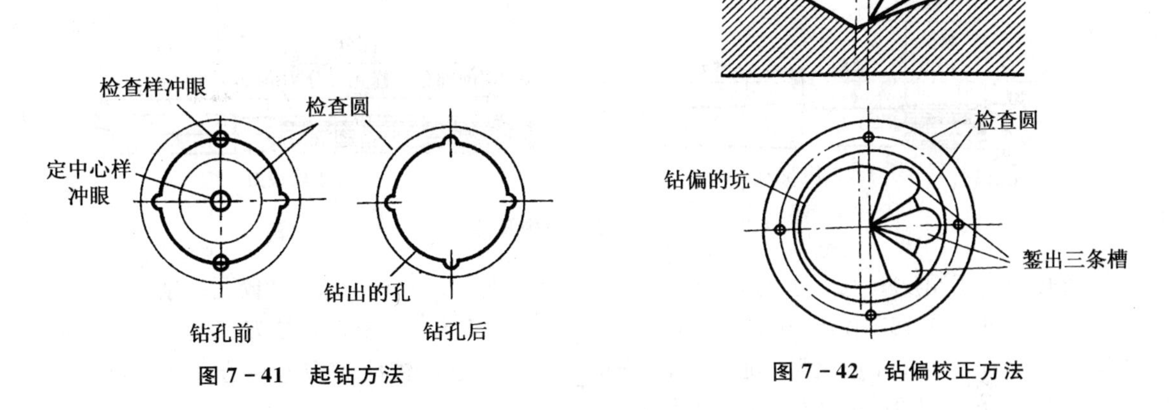

图 7－41 起钻方法

图 7－42 钻偏校正方法

钻孔时须注意：

(1) 操作钻床时不可带手套。

(2) 工件必须夹紧，特别是当钻头直径较大时装夹必须牢固。

(3) 钻孔时不可用手或棉纱清除铁屑，必须用毛刷清除，长铁屑需用钩子钩断后清除。

(4) 操作者头部不可靠主轴太近，停车时不可用手制动主轴，应让它自然停止。

(5) 严禁在开车状态下装卸工件。检测工件或变换转速，也须停车进行。

7.4.4 扩 孔

扩孔用于扩大已加工出的孔。扩孔一般尺寸精度可达 IT9～IT10，表面粗糙度可达 Ra25～6.3，故扩孔常作为孔的半精加工及铰孔前的预加工。

如图 7－43 所示，扩孔钻与麻花钻在结构上有较大的不同，扩孔钻一般有 3～4 个切削刃，没有横刃，钻心部分粗，强度、刚度高，切削时导向性强。

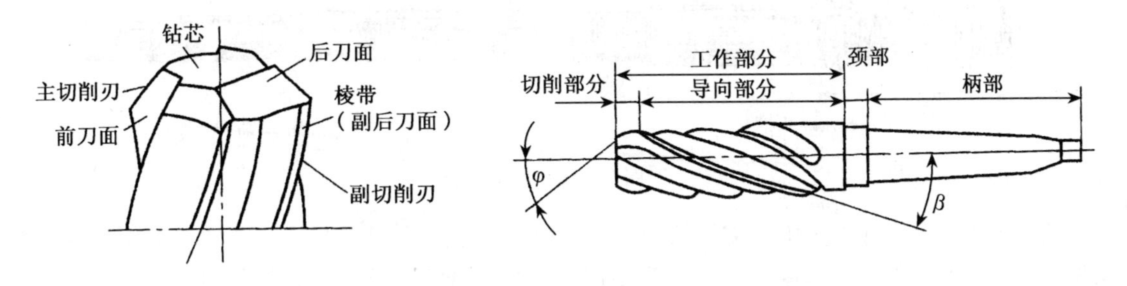

图 7－43 扩孔钻结构

7.4.5 铰 孔

用铰刀从工件孔壁上切除微量金属层,以提高其尺寸精度和降低表面粗糙度的方法称为铰孔。

如图7-44所示,铰刀分机用和手用两种。铰刀一般由工作部分、颈部和柄部三个部分组成,铰刀切削刃有6～12个,容屑槽较浅,横截面大,因此铰刀的刚性和导向性好。

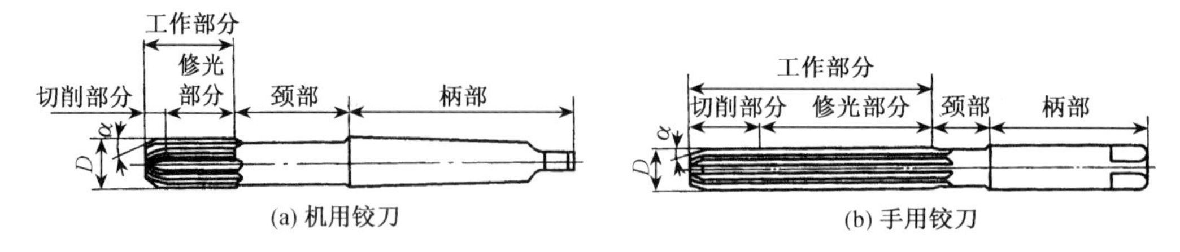

图7-44 铰刀结构及种类

铰孔的加工精度一般可达到IT6～IT7,表面粗糙度可达$Ra0.8\ \mu m$。铰孔铰削余量较小,一般粗铰余量为0.15～0.5 mm,精铰余量为0.05～0.25 mm。铰孔时铰刀不能反转,否则切屑嵌在铰刀后刀面和孔壁之间,划伤孔壁,严重时刀齿崩裂。铰孔时应选用合适的切削液,一般钢件、铜件用乳化液,铸铁件、铝件用煤油。

7.5 攻螺纹和套螺纹

用丝锥加工内螺纹的操作称为攻螺纹(攻丝),用板牙加工外螺纹的操作称为套螺纹(套丝)。

7.5.1 丝锥与铰杠

丝锥是加工内螺纹的刀具,如图7-45所示。它由工作部分和柄部组成。柄部有方头配合铰杠攻丝。工作部分又分切削部分和校准部分。丝锥沿轴向一般开有3～4个容屑槽,以形成切削刃起主切削作用。切削部分有切削锥角,便于切入,切削负荷分布在几个刀齿上,使切削省力。校准部分有完整的牙型,用来修光和校准已切出的螺纹,引导丝锥攻入。

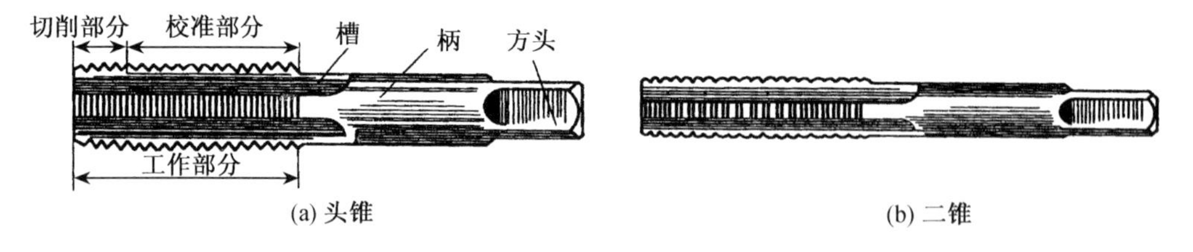

图7-45 丝锥

为减少切削力,延长丝锥的使用寿命,一般将切削总量分配给几支丝锥来完成,分别称为头锥、二锥和三锥。它们的主要不同点是切削部分的长度不一样,头锥的切削部分较长,二锥和三锥的切削部分短一些,在柄部刻有标记加以区别。通常M6～M24的丝锥每组有两支;M6以下,M24以上的丝锥每组有三支;细牙螺纹丝锥为两支一组。

铰杠(如图 7-46 所示)是手工攻丝时用来夹持丝锥的工具。铰杠可分为固定式和可调式两种,常用可调式。

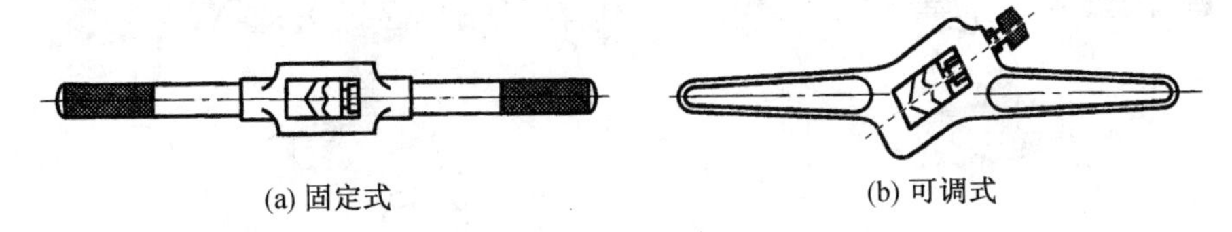

(a) 固定式 (b) 可调式

图 7-46 铰杠

7.5.2 攻螺纹前底孔直径和深度的确定

攻螺纹时丝锥除了对金属切削,同时对金属还有较强的挤压作用,塑性越大的材料越明显。被挤出的金属会将丝锥紧紧抱住,使切削难以进行,甚至折断丝锥。因此,攻螺纹前必须确定螺纹底孔,使底孔直径稍大于螺纹小径,这样攻丝时挤出的金属有足够的容屑空间,使攻丝顺利进行。但底孔也不能太大,否则螺纹牙高度不够,牙型不完整。

底孔直径的大小,可查手册或按下列经验公式计算:

钢及韧性材料 $d_0 \approx D-P$

铸铁及脆性材料 $d_0 \approx D-(1.05 \sim 1.1)P$

式中:d_0——底孔直径,mm;

D——螺纹公称直径,mm;

P——螺距,mm。

攻不通孔螺纹时,由于丝锥顶部有锥角,端部不能切出完整的牙型,钻孔深度要大于螺纹的有效长度。一般可按下列公式计算 L:

$$H=L+0.7D$$

式中:H——钻孔深度,mm;

L——螺纹深度,mm;

D——螺纹公称直径,mm。

7.5.3 攻螺纹操作

(1) 钻螺纹底孔,孔口要倒角,通孔两端都要倒,以使丝锥容易切入,防止孔口挤压出凸边。

(2) 起攻要用头锥,可用一手掌按住铰杠中部轻轻施加压力,另一手顺时针转动铰杠;也可两手握住铰杠两端,轻轻施压均匀旋转,如图 7-47 所示。要确保丝锥中心线与孔中心线重合,在丝锥攻入 1~2 圈前要用 90°角尺从前后左右两个方向进行检查,并不断校正至达到要求,如图 7-48 所示。

(3) 丝锥切削部分全部攻入后,不要再施加压力,只需顺时针旋转靠丝锥的螺旋线自然攻入。并且要经常反转 1/4~1/2 圈使切屑折断脱落,避免因切屑堵塞而使丝锥卡住,如图 7-49 所示。

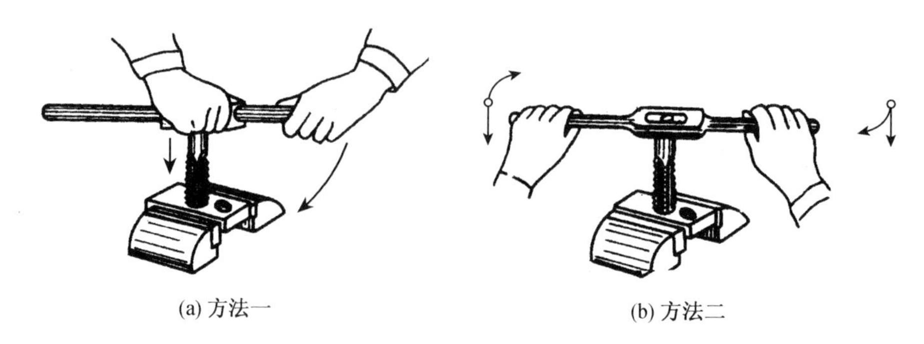
(a) 方法一　　(b) 方法二

图 7-47　起攻方法

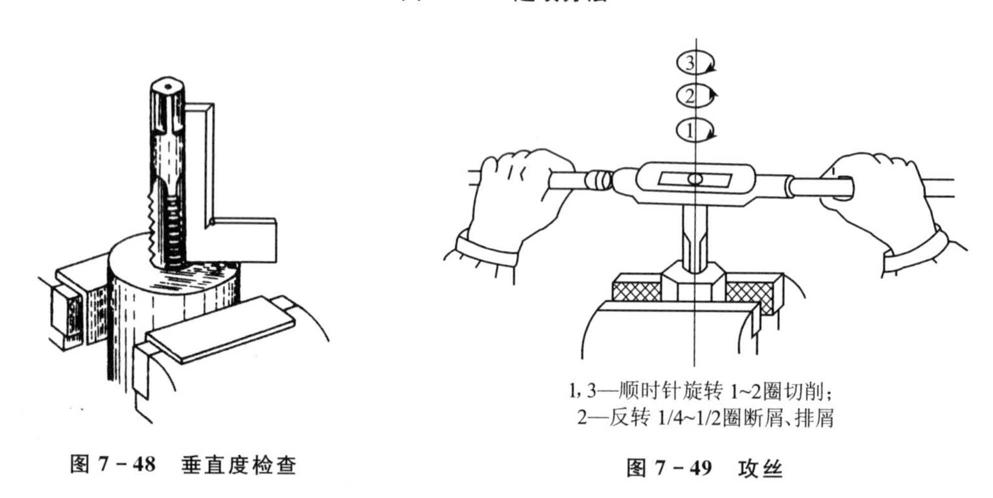

图 7-48　垂直度检查

1,3—顺时针旋转 1~2圈切削;
2—反转 1/4~1/2圈断屑、排屑

图 7-49　攻丝

(4) 头锥攻完,要依次使用二锥、三锥使螺纹达到标准尺寸。丝锥退出时应用手旋出,而不要用铰杠转出以防破坏已攻出的螺纹。

(5) 攻通孔螺纹时,用头锥攻穿即可。

(6) 攻不通孔螺纹时,应经常退出丝锥清除铁屑,否则会因铁屑堵塞使螺纹深度达不到要求或使丝锥折断。

(7) 为减小切削阻力,延长丝锥寿命,提高螺纹的表面粗糙度,要加切削液。攻钢件时可加机油;攻铸铁件时可加煤油。

7.5.4　套螺纹工具

1. 板　牙

板牙是加工外螺纹的刀具,一般由切削部分、校准部分和排屑孔三部分组成。板牙的外形就像一个圆螺母,在它一周开了几个排屑孔而形成切削刃,如图 7-50 所示。

板牙两端是带有 60°切削锥角切削部分,待一端磨损后,可换另一端使用。中间是校准部分,套螺纹时起修光导向作用。在板牙的外圆上有一条 V 形槽和四个锥坑,当板牙磨损使螺纹尺寸变大时,可用锯片砂轮沿 V 形槽切开一条通槽,用铰杠上的两个调整螺钉顶入外圆上的两个偏心的锥坑内,使板牙尺寸缩小,其调节范围为 0.1~0.5 mm。下面两个锥坑是用来紧定螺钉固定板牙传递扭矩的,从而带动板牙转动。

2. 板牙架

板牙架是装夹板牙的工具，如图 7－51 所示。板牙放入后用螺钉紧固。

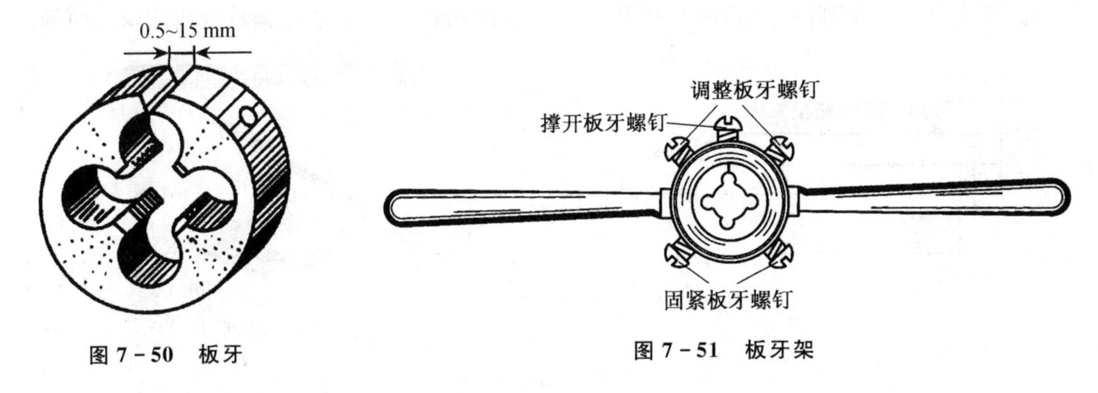

图 7－50　板牙　　图 7－51　板牙架

7.5.5　套螺纹工作要点

(1) 同攻螺纹一样，套螺纹前应先确定圆杆直径，一般圆杆直径用下式计算：

$$d_0 \approx D - 0.13\,P$$

式中：d_0——圆杆直径，mm；

D——螺纹公称直径，mm；

P——螺距，mm。

(2) 圆杆端部要倒角，以使板牙容易切入。套螺纹时切削力矩较大，且工件都为圆杆，一般要用 V 形夹块或厚铜片作衬垫，以保证可靠夹紧。

(3) 起套方法与攻丝相同，可一手按住板牙架中部向下施压，另一手顺时针转动板牙架，并保证板牙端面与圆杆轴线垂直。在切入 2～3 牙时，应及时检查其垂直度并作准确校正，如图 7－52 所示。

(4) 正常套螺纹时，不再施加压力。应靠板牙自然旋进，否则会损坏螺纹和板牙，并要经常倒转以使切屑折断。

(5) 在钢件上套螺纹需加切削液冷却润滑，以提高螺纹的表面质量并延长板牙的使用寿命。

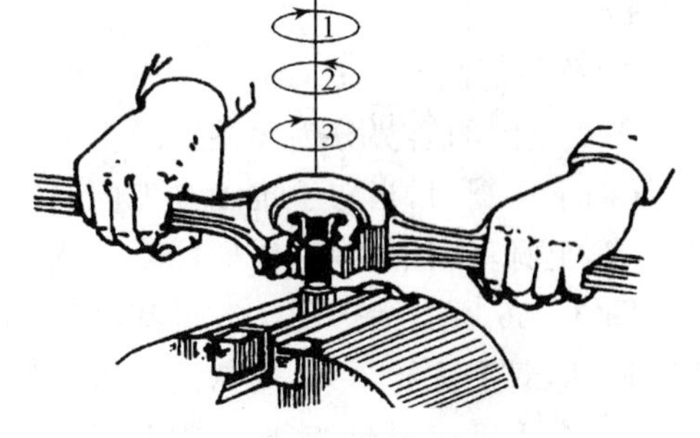

图 7－52　套丝

7.6　刮削与研磨

7.6.1　刮　削

刮削就是用刮刀刮除工件表面一层很薄的金属的加工方法。刮削一般在机加工之后进行，将工件与校准工具(如校准平板)或与其相配合的工件之间涂上一层显示剂，经过对研，使工件上较高的部位显示出来，然后用刮刀刮去较高的金属层，以达到所需要的加工精度。因此，刮削属于精密加工。常用于机床导轨、滑动轴承及密封表面等的精密加工。

1. 刮 刀

刮刀是刮削的刀具。刮刀分为如图7-53(a)所示的平面刮刀及图7-53(b)所示的曲面刮刀两种。平面刮刀用于刮削平面;曲面刮刀用于刮削工件的曲面,如滑动轴承轴瓦的内表面等。

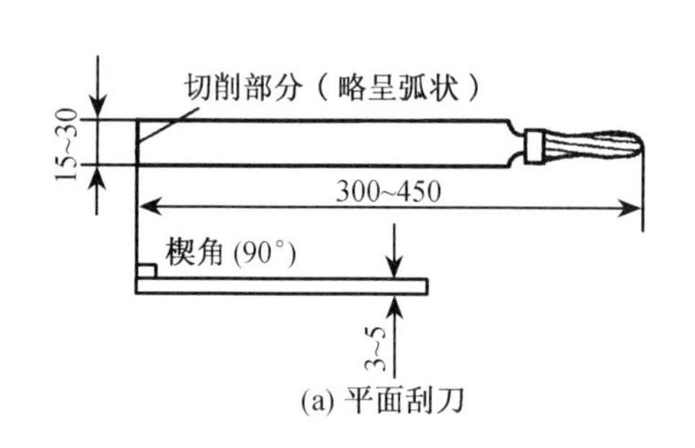

(a) 平面刮刀

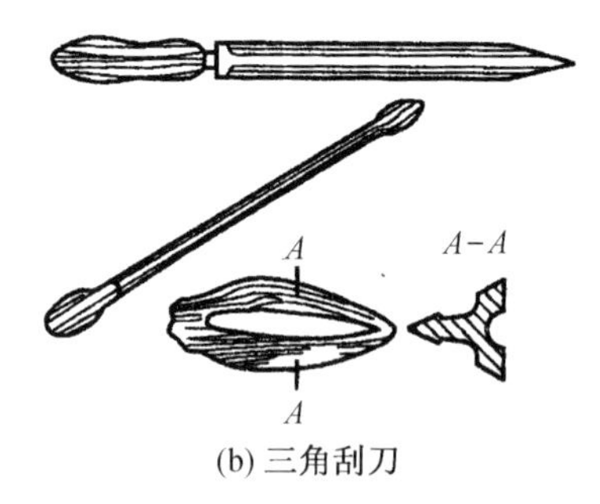

(b) 三角刮刀

图7-53 刮刀种类

2. 刮削精度的检验

刮削精度一般以每25 mm×25 mm方框内研点的多少来表示,如图7-54所示。研点数越多,点子越小则刮削质量越高。刮削精度包括尺寸精度、形状和位置精度、接触精度及贴合程度、表面粗糙度等。

检验时,先将校准工具和工件的刮削表面擦干净,然后在校准工具上均匀涂上一层红丹油,再将工件的刮削面与校准工具配研,如图7-54所示。配研后,工件表面上高点因磨去红丹油而显示出亮点即为研合点。这种显示研合点的方法称为"研点"。

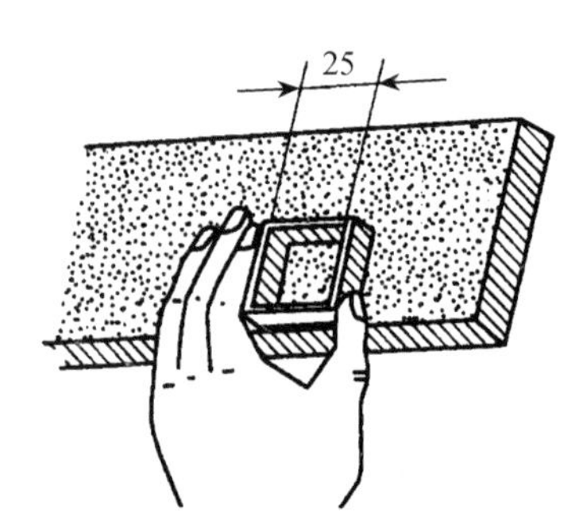

图7-54 刮削精度的检验

3. 平面刮削

平面刮削的姿势分为手刮法及挺刮法两种。如图7-55所示的手刮法,右手握在刮刀前方,并向下压刮刀,当右手推动刮刀向前时,左手引导刮刀方向并迅速提起。在刮削过程中,左脚前跨,上身稍朝前倾斜,以便能看清刮刀前面的凸点子。

图7-56所示为挺刮法。挺刮法时,刮刀柄顶在腹部右下侧肌肉处,双手握住刮刀前端,两腿叉开,双手按压刮刀,用腿部和臀部的力量使刮刀向前。然后,右手引导刮刀方向,两手释放压力,左手迅速提起,完成一次刮削。

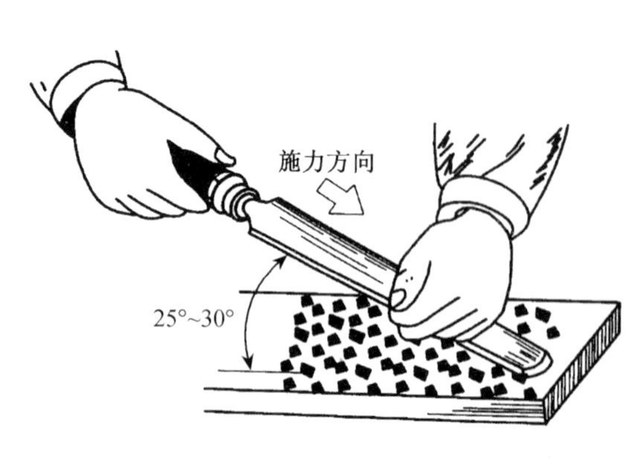

图7-55 手刮法

图7-56 挺刮法

平面刮削一般要经过粗刮、细刮、精刮和刮花四个步骤。粗刮是用粗刮刀消除平面的扭曲和大范围的凸点，当粗刮到每25 mm×25 mm的方框内有2～3个研点时，即可转入细刮；细刮是用细刮刀刮去稀疏的大块研点，增加研点数，一般每25 mm×25 mm内达到8～15个研点时，细刮结束；精刮的目的是使平面的研点数达到规定的要求；刮花是在刮削面上用刮刀刮出装饰性的花纹，目的是使刮削面美观，并使滑动件之间形成良好的润滑条件。

4. 曲面刮削

曲面刮削有内圆柱面、内圆锥面和球面刮削等，如图7－57所示。曲面刮削的原理和平面刮削一样，只是曲面刮削使用的刀具和掌握刀具的方法与平面刮削有所不同。

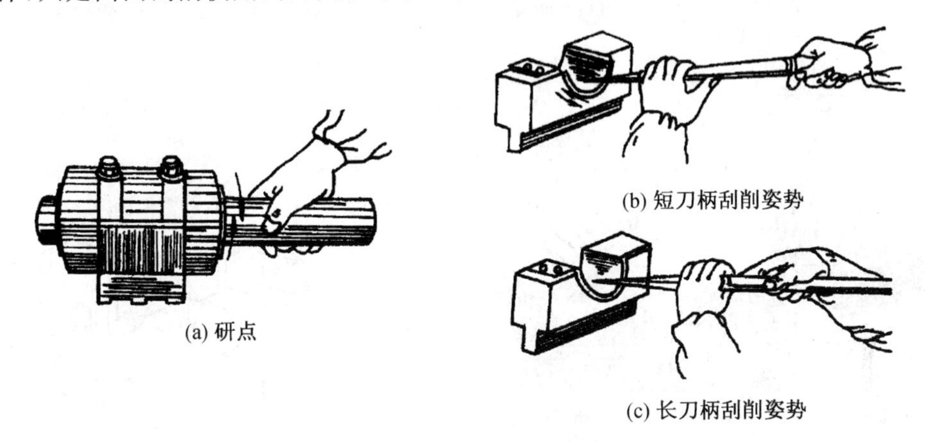

图7－57　内曲面的刮削

7.6.2　研　磨

研磨是用研磨工具和研磨剂从工件上研去一层极薄金属的加工方法。研磨尺寸精度可达0.005～0.001 mm，表面粗糙度为$Ra1.6$～0.1 μm，是一种精密加工方法。

1. 研磨工具

研磨工具一般用较软的材料加工而成，如灰铸铁、球墨铸铁、软钢、铜等。生产中不同形状的工件应用不同类型的研磨工具，如图7－58所示。常用的有研磨平面的研磨平板、研磨外圆柱表面的研磨环、研磨内孔的研磨棒等。

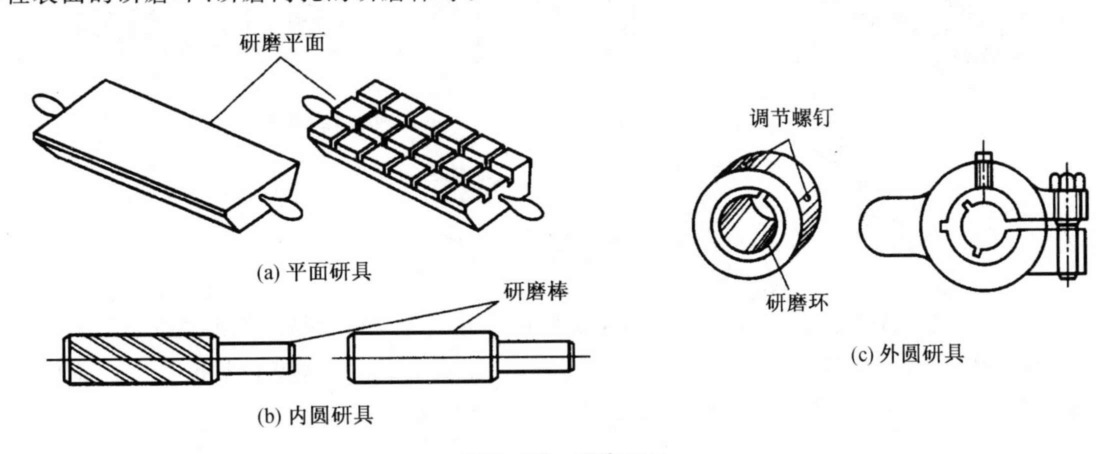

图7－58　研磨工具

2. 研磨剂

研磨剂是由磨料和研磨液调和而成的混合剂。磨料在研磨中起切削作用，常用的磨料有：刚玉、碳化硅、金刚石等；研磨液在研磨中起调和磨料、冷却和润滑的作用，主要有机油、煤油等。

3. 研磨方法

(1) 平面研磨方法

一般平面研磨，通常按图7-59(a)所示的螺旋形轨迹或按图7-59(b)所示的"8"字形运动轨迹在研磨平板上运动；狭窄平面研磨，一般要用"导靠"，采用直线研磨迹，如图7-60所示。

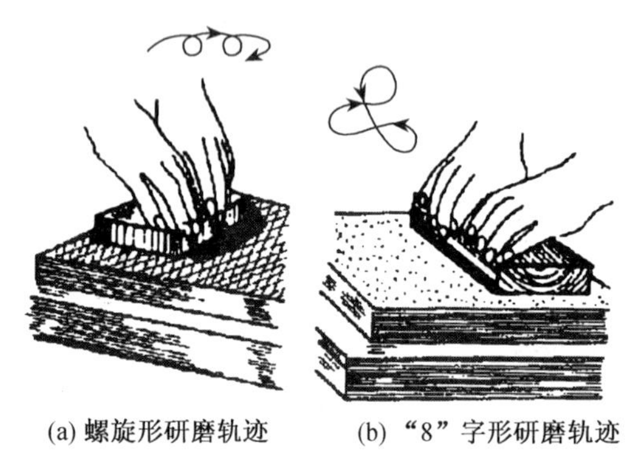

(a) 螺旋形研磨轨迹　(b) "8"字形研磨轨迹

图7-59　平面研磨法

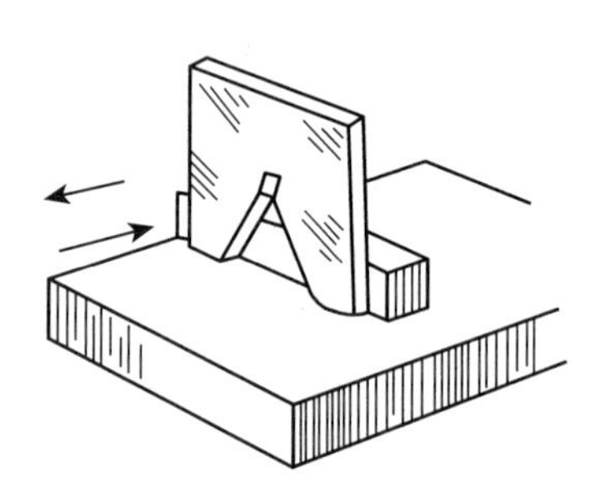

图7-60　窄平面研磨法

(2) 圆柱面研磨

圆柱面的研磨一般是手工与机器配合进行研磨。外圆柱面研磨时，如图7-61(a)所示，将工件装在车床顶尖之间，涂上研磨剂，套上研磨环进行。研磨时工件由车床带动转动，用手握住研磨套作往复运动。研磨圆柱孔时，可将研磨棒用车床卡盘夹紧并转动，工件套在研磨棒上进行研磨。圆柱面研磨应使工件表面研磨出45°交叉网纹，说明研磨时移动速度适宜，如图7-61所示。

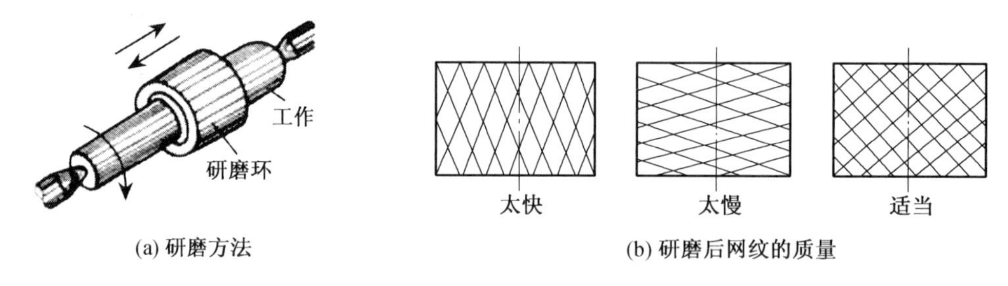

(a) 研磨方法　(b) 研磨后网纹的质量

图7-61　圆柱面研磨

7.7　装　配

装配是将若干个零件按照规定的技术要求装在一起成为合格产品的工艺过程。装配是产品生产过程中最后的工作环节，产品质量的好坏一方面取决于零件的加工质量，另一方面取决于装配质量。因此，装配工作在机械制造过程中占有重要地位。

7.7.1　装配方法

产品的装配过程不是简单地将有关零件连接起来的过程，为保证机器的精度和使用性能，处理好装配精度与零件制造精度二者的关系，便形成了一批不同的装配方法。

1. 完全互换法

在同类零件中任取一个零件，不经修配即可装配起来，并能达到规定的装配精度。这种装配方法称为完全互换装配法。完全互换装配法的特点是装配操作简便，生产效率高，容易确定装配时间，便于组织流水线装配。

2. 分组装配法

将零件的制造公差放大到经济可行的程度，按零件的实际尺寸的大小分成若干组，然后将尺寸大的包容件和被包容相配，尺寸小的包容件和被包容件相配，以达到规定的配合精度。

3. 修配法

采用修配法装配时，选择容易加工修配，并且对其他尺寸没有影响的零件的某个尺寸修配，以达到规定的装配精度，如图7－62所示。车床两顶尖不等高，相差 ΔA 时，通过修刮尾座底板量 ΔA 后，达到精度要求（$\Delta A=A_1-A_2$）。

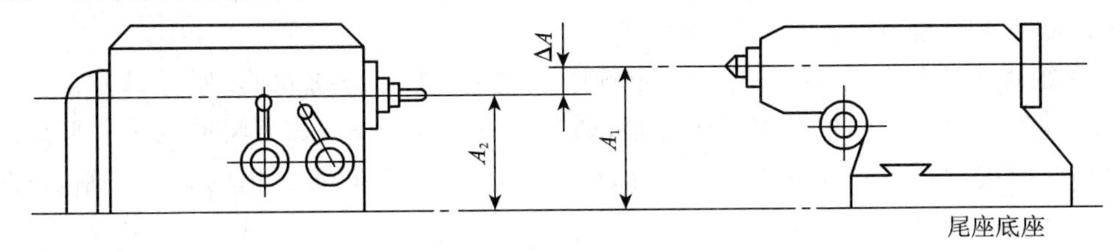

图7－62　修配法

4. 调整法

装配时，通过调整某一个零件的位置或尺寸来达到装配要求。例如，用改变零件位置来达到装配精度的方法，如图7－63(a)所示。此处以套筒作为调整件，装配时使套筒沿轴向移动以达到规定的间隙 ΔA。用不同尺寸的垫片等达到规定的间隙 ΔA，如图7－63(b)所示。

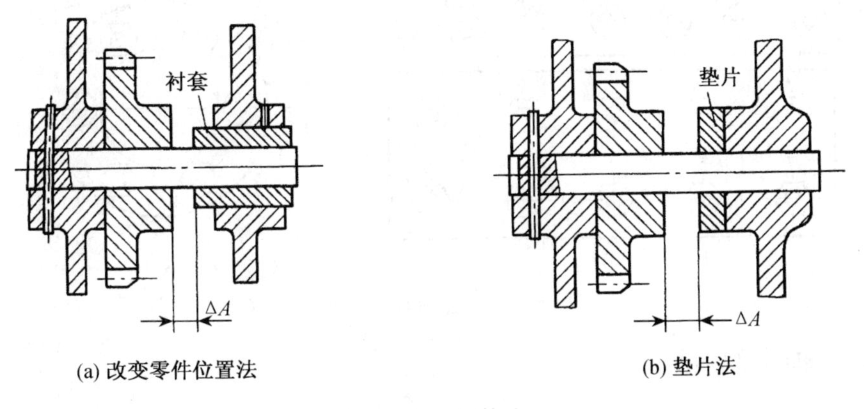

(a) 改变零件位置法　　(b) 垫片法

图7－63　调整法

7.7.2 装配过程

1. 装配前的准备工作

装配前要研究和熟悉装配图、工艺文件和技术要求，了解产品的结构、工作原理、各零部件的作用、相互关系和相互连接方式。确定装配方法，准备所需的工具，并对装配零件进行清理和洗涤等。

2. 装　配

按组件装配—部件装配—总装配的次序进行，并经调整、试验、喷漆、涂油、装箱等步骤。

7.7.3 螺纹联接件的装配

螺纹联接是一种可拆的固定联接，它具有结构结简单，联接可靠，装拆方便等优点，因而在机械中得到普遍应用。通常螺纹联接可分螺栓联接、双头螺柱联接、螺钉联接等。

(1) 要保证有一定的拧紧力矩，为达到螺纹联接紧固可靠，螺纹牙间必须有足够的摩擦力矩，因此螺纹联接装配时应有一定的拧紧力矩。拧紧力矩的大小应根据使用要求确定，一般螺纹联接不要求十分准确的拧紧力矩，而重要的螺纹联接(如内燃发动机的缸盖螺栓、连杆螺栓等)需达到规定的拧紧力矩。

(2) 成组螺栓或螺母拧紧时，应按一定顺序逐次(一般为2～3次)拧紧螺母。在拧长方形成组螺母时，应从中间向两边对称逐次拧紧，如图7-64(a)所示；如为圆形或正方形成组螺母时，必须对称地进行，如图7-64(b)所示，如有定位销，应从靠近定位销的螺栓开始，以防止螺栓受力不一致引起变形。

(3) 要有可靠的防松装置，虽然螺纹联接具有一定的自锁性，但在冲击、震动等情况下，也会引起螺纹联接松动。因此，螺纹联接应有可靠的防松装置。

(4) 螺纹联接还应达到一定的配合精度，被联接件受压应均匀，贴合紧密。螺钉头部，螺母底面与联接件接触应良好。

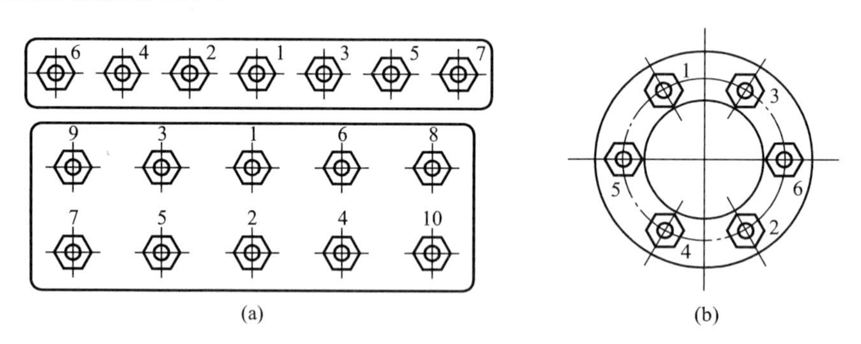

图7-64　成组螺母的拧紧

7.7.4 滚动轴承的装配

滚动轴承一般由内圈、外圈、滚动体和保持架构成。外圈与轴承座配合，内圈与轴配合，一般外圈不动，内圈随轴一起转动。滚动轴承是机器中的重要部件之一。

滚动轴承的装配方法：

(1) 准备好装配的轴承所需的工具和量具，检查轴承型号与图样是否相符，检查与轴承相配的零件尺寸是否符合图样的要求。

(2) 将轴承、轴承座孔、轴用汽油或煤油清洗；对于两面带防尘盖、密封圈或涂有防锈和润滑两用油脂的轴承，则不需要进行清洗。

(3) 轴承装到轴上或座孔里时，不能用手锤直接敲打轴承外圈或内圈。应使用铜或软钢做成的套筒垫在轴承的内圈或外圈上，敲击套筒装到轴上或座孔里，如图7-65所示。

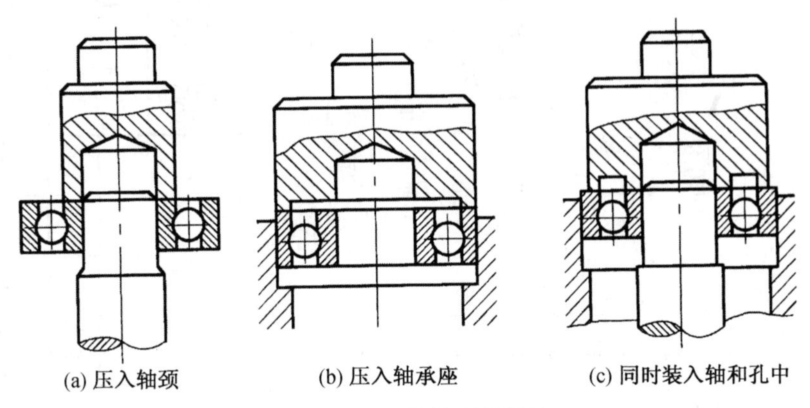

图7-65　用套筒安装轴承

(4) 当配合的过盈量较大时，应用压力机械将轴承压入轴和轴承座孔内；当配合过盈量很大时，可用温差法装配，即将轴承放到80～100 ℃的机油中加热，使轴承孔胀大后与轴装配。

7.7.5　拆卸的基本要求

机器长期使用后，零件必然要磨损，就必须对机器进行调整或更换零件。修理时要对机器进行拆卸，拆卸工作应注意如下基本要求：

(1) 拆卸前应熟悉机器的装配图，了解机器的工作原理、零部件的结构，并确定拆卸方案。

(2) 拆卸工作应按照一定的顺序进行，即先装的零件后拆，后装的零件先拆；先外后内，先上后下的原则。

(3) 拆卸时应使用专用工具，以防止损坏零件，如需直接敲击零件时要用铜锤或木锤。

(4) 拆卸螺纹联接件时要搞清螺纹的旋向(左、右旋螺纹)，对重要的丝杠、长轴类零件必须用绳索将其吊起，以防弯曲变形和碰伤。

(5) 拆下来的部件和零件必须按次序、有规则地放好，对配套加工或不能互换的零件，应作好配对标记，以防装配时装错。

7.8　钳工综合训练

钳工综合训练1

制作复合样板(图7-66)。

1. 使用的刀具、量具和辅助工具

钳工锉、整形锉、手锯、划针、样冲、90°直角尺、游标卡尺、千分尺、麻花钻、铰刀、丝锥等。

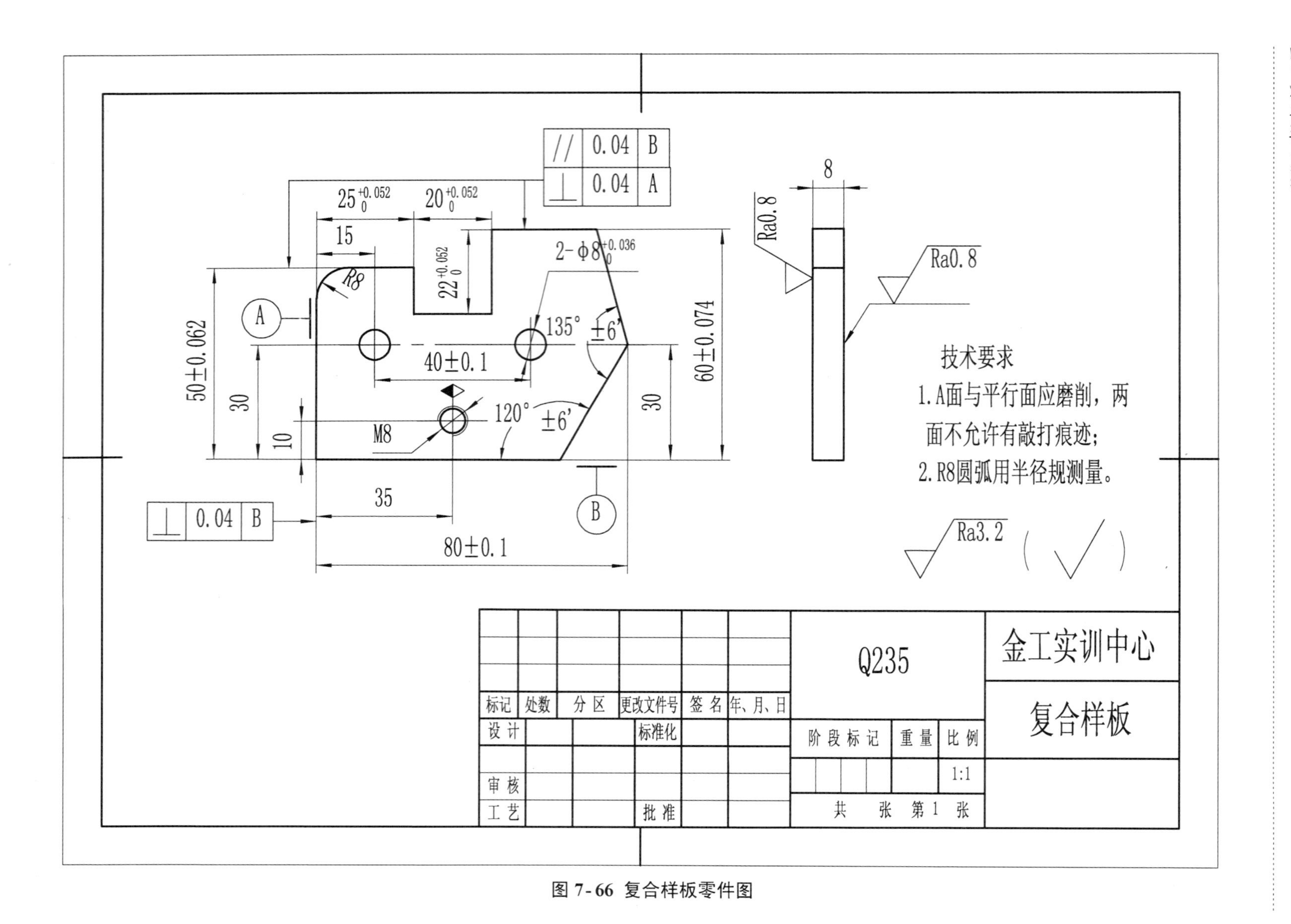

图7-66 复合样板零件图

2. 步　骤

(1) 备料 80×60 钢板一块(厚度按规定要求选取),材料为 Q235,留有 0.5～1 mm 加工余量。

(2) 加工外形基准面和垂直面。

(3) 根据图样的尺寸要求划出所有的加工线,检验无误后,打上样冲眼。

(4) 粗、精加工外形尺寸 60、50 及 25,凹槽宽 20,深 22 达到公差要求。

(5) 加工 80 的尺寸、120°和 135°的角度达到精度要求。

(6) 加工 R8 圆弧,并用 R8 的半径规进行检验。

(7) 在钻床上用 Φ7.8 和 Φ7.6 的钻头钻出底孔。

(8) 铰孔 Φ8 和攻丝 M8 达到要求。

(9) 清理工件、去毛刺、复检校验。

钳工综合训练 2

制作鸭嘴锤头(图 7-67)。

1. 使用的刀具、量具和辅助工具

钳工锉、整形锉、异形锉、手锯、麻花钻、划针、样冲、90°直角尺、游标卡尺、千分尺等。

2. 实习步骤

(1) 根据图样要求下 Φ30 mm,长 112 mm,留 2～3 mm 加工余量的 45 圆钢一段。

(2) 按图样尺寸划出 20 mm×20 mm 的长方体一面的加工线。用手锯按划线锯去多余的材料,用粗、细钳工锉分别进行粗、细加工,使此面的平面度、表面粗糙度达到要求。

(3) 以此面作基准面划对面的加工线,留锉削余量锯去多余的材料,然后进行粗、细锉削加工以使尺寸精度、平面度、表面粗糙度达到要求。

(4) 按同样的方法加工另外两面,使 20 mm×20 mm 的长方体的各项精度达到要求。

(5) 以一长面为基准锉一端面,达到基本垂直,表面粗糙度 $Ra \leqslant 3.2\ \mu m$。

(6) 以长面及端面为基准,划出形体加工线,并按尺寸划出 3.5×45°倒角加工线。

(7) 锉 3.5×45°倒角达要求。先用异形锉粗锉 R3.5 mm 的圆弧,再用钳工锉粗锉、细锉倒角,然后精锉 R3.5 mm 的圆弧,最后用推锉法修整。

(8) 按图划出腰孔检查线,并用 Φ9.8 mm 钻头钻孔。

(9) 用异形锉锉通两孔,然后按图样要求锉好腰孔。

(10) 按划线在 R12 mm 处钻 Φ5 mm 孔,用手锯按加工线锯去多余部分(留余量)。

(11) 用异形锉锉 R12 mm 内圆弧面,用钳工锉粗锉斜面与 R8 mm 圆弧面至划线条。

(12) 锉 R2.5 mm 圆头,并保证工件总长 112 mm。

(13) 八角端部棱边倒角 3.5×45°。

(14) 用砂布将各加工面全部打光,交件待验。

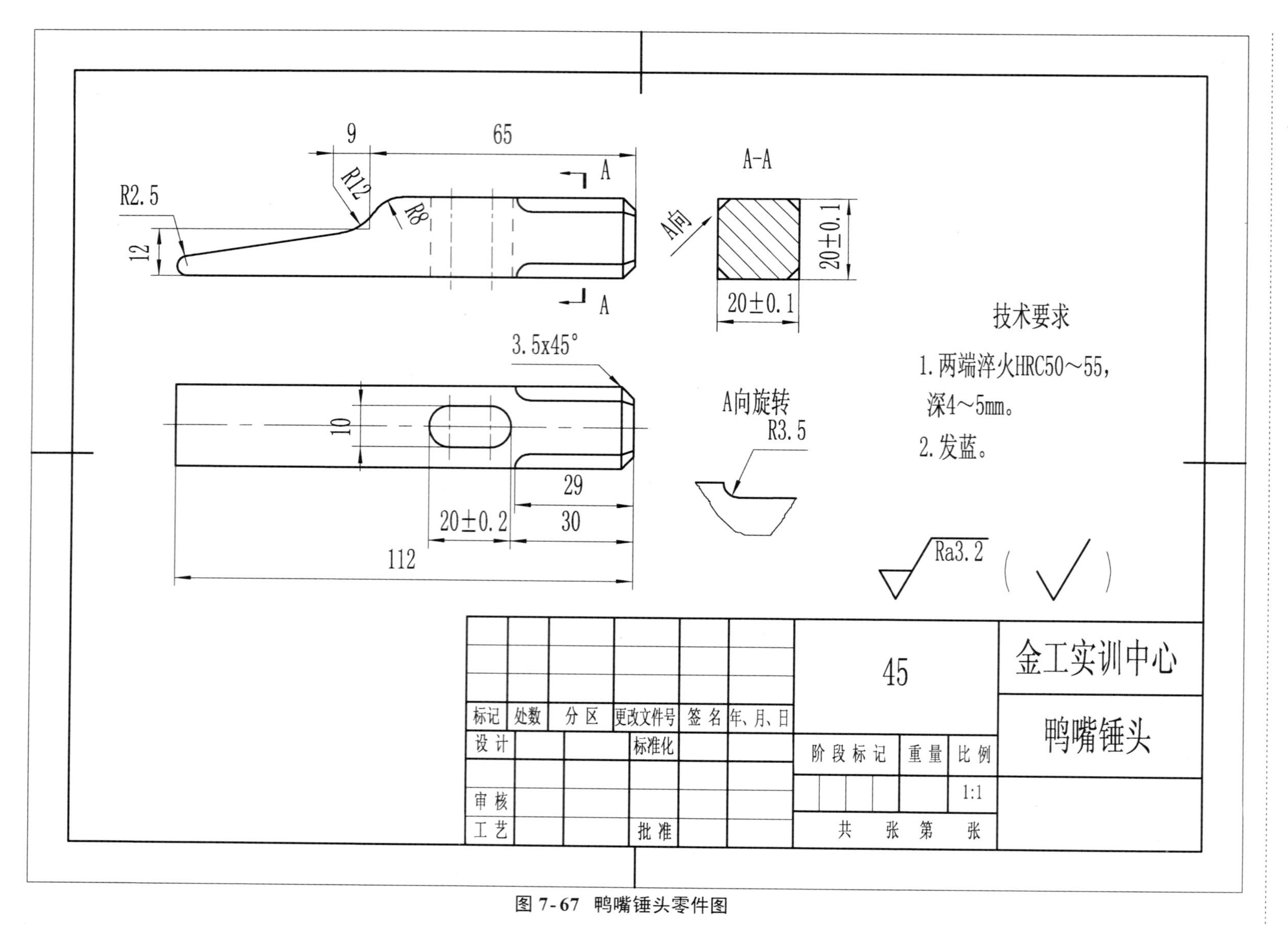

图 7-67 鸭嘴锤头零件图

复习题

1. 划线的作用是什么？划线可分哪两种？
2. 什么叫锯路？它有何作用？
3. 锉刀的种类有哪些？各应用何场合？
4. 平面锉削有哪几种方法？各自有何特点？
5. 麻花钻是由哪几部分组成的？各自的作用怎样？
6. 钻孔时，选择转速、进给量的原则是什么？
7. 扩孔钻在结构上与麻花钻有什么不同？扩孔比钻孔在切削性能上有哪些优点？
8. 简述圆柱手用铰刀的各部分名称和作用？
9. 铰削余量为什么不能太大或太小？铰削时应注意哪些问题？
10. 什么叫攻螺纹？什么叫套螺纹？
11. 试简述丝锥和板牙的构造？
12. 试述攻螺纹的工作要点。
13. 用计算法确定下列螺纹攻螺纹前底孔的直径：
    (1) 在钢料上攻 M16 的螺纹；
    (2) 在铸铁上攻 M18 的螺纹。
14. 套螺纹前的圆杆直径如何确定？
15. 套螺纹前圆杆直径为什么要比螺纹直径小一些？
16. 刮削有什么特点和用途？
17. 什么是刮削？平面刮削一般分几个步骤？
18. 粗刮、精刮、细刮有什么区别？
19. 什么是研磨？常用的研具材料有几种？
20. 什么叫装配？装配的作用如何？
21. 常用的装配方法有哪几种？各自有什么特点？
22. 螺纹连接常用的防松方法有几种？

第 8 章　车削加工

本章导读

1. 主要内容

车削加工基础知识。车床、车刀。典型零件的车削加工方法、加工特点及应用。

2. 重点、难点提示

重点为车削加工的基本知识。卧式车床、车刀。典型表面加工的操作方法。难点为螺纹的车削。

8.1　车削加工基础

车削加工是在车床上利用工件的旋转运动和刀具的移动来改变毛坯形状和尺寸，将其加工成所需零件的一种切削加工方法，如图 8－1 所示。为了使车刀能够从毛坯上切下多余的金属，车削加工时，车床的主轴带动工件做旋转运动，称主运动；车床的刀架带动车刀做纵向、横向或斜向的直线移动，称进给运动。通过车刀和工件的相对运动，毛坏被切削成一定的几何形状、尺寸和具有一定表面质量的零件，以达到图纸上所规定的要求。

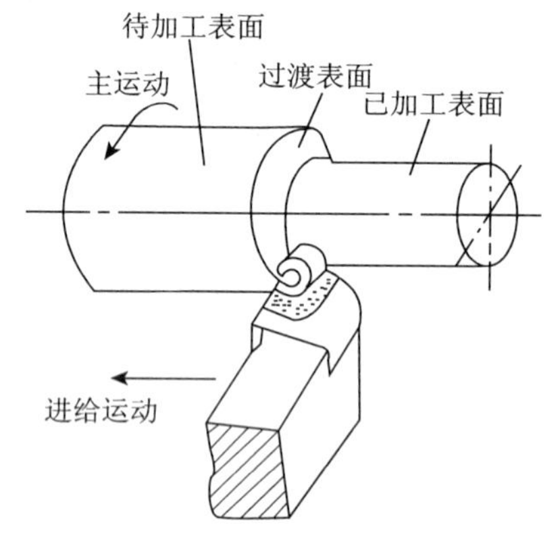

图 8－1　车削加工

车削加工的加工范围很广，主要加工各种回转表面，其中包括端面、内外圆柱面、内外圆锥面、内外成形面、内外螺纹、回转沟槽、回转成形面和滚花等。车床的加工尺寸精度一般为 IT11～IT6，表面粗糙度 Ra 值为 12.5～0.8 μm。其主要加工范围如表 8－1 所示。另外，在车床上安装上夹具和附件还可以进行镗孔、铣削、磨削、研磨、抛光等加工。

表 8－1　车削的主要加工范围

名　称	加工简图	名　称	加工简图
车外圆	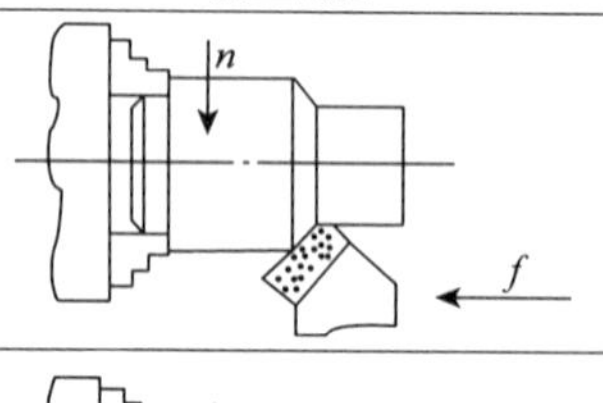	车端面	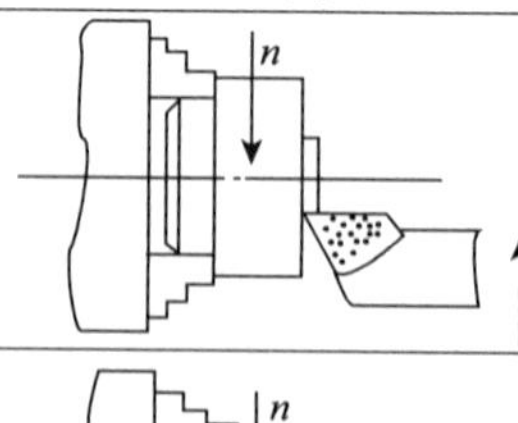
车锥体	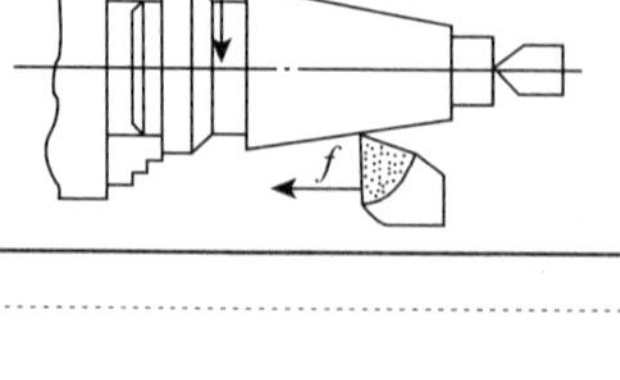	切槽、切断	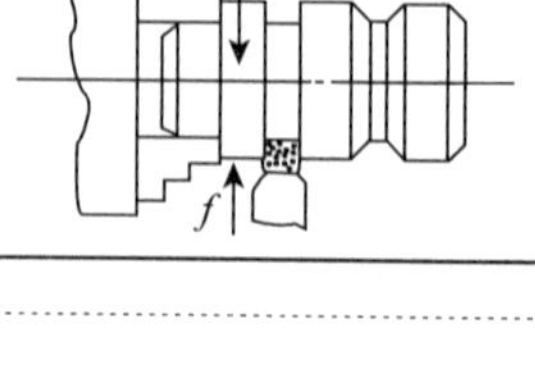

续表 8-1

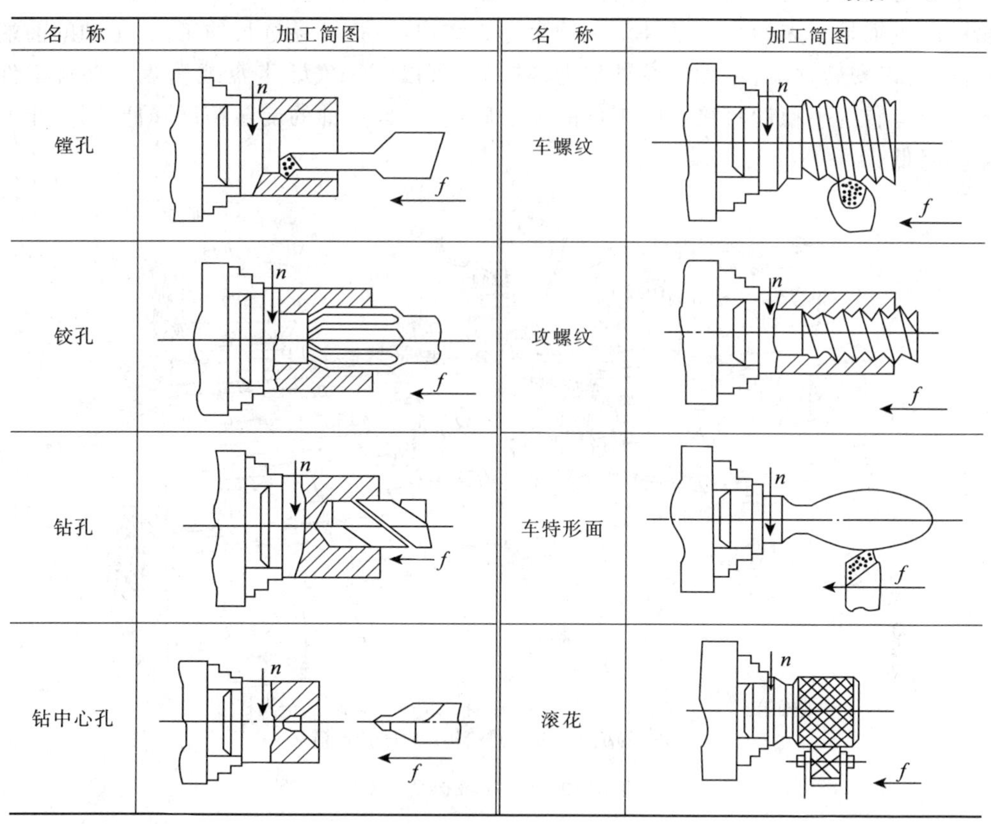

8.1.1　车　床

车床的种类很多，卧式普通车床是车床中应用最广泛的一种，因其主轴以水平方式放置故称为卧式车床。

1. 车床的型号

机床的型号是机床产品的代号，用以表明机床的类型、通用和结构特性、主要技术参数等。我国的机床型号由汉语拼音字母和阿拉伯数字按一定规律组合进行编号。

常用的普通车床型号有 CA6140、C6140、C6132 等。以 CA6140 为例，其型号的含义为：C 为机床类别代号，表示车床类机床；两位阿拉伯数字 61 为机床的组别、系别代号，表示卧式车床组、系，前者表示组，后者表示系；40 为主参数代号，表示最大车削直径为 400 mm；为了区别主参数相同而结构不同的机床，在型号中用汉语拼音字母区分，如 CA6140 型普通车床型号中的 A，可理解为 CA6140 型普通车床，在结构上区别于 C6140 型普通车床。其他机床的型号见《金属切削机床型号编制方法》(GB/T15375－94)。

2. 车床各部分的名称和用途

图 8－2 所示为 CA6140 卧式车床。其主要组成部件有：主轴箱、进给箱、溜板箱、刀架、尾座、光杠、丝杠和床身等。

(1) 主轴箱

又称床头箱，它的主要任务是用来支承主轴，将主电机传来的旋转运动经过一系列的变速机构使主轴得到所需的正反两种转向的不同转速,同时主轴箱的部分动力将运动传给进给箱。主轴箱中的主轴是车床的关键零件。主轴为空心结构,内孔可穿过长的工件;主轴的前端内孔为内锥面,可以安装顶尖;主轴前端外部为外锥面,可以用来安装卡盘或拨盘来夹持工件。主轴在轴承上运转的平稳性直接影响工件的加工质量,一旦主轴的旋转精度降低,则机床的使用价值就会降低。

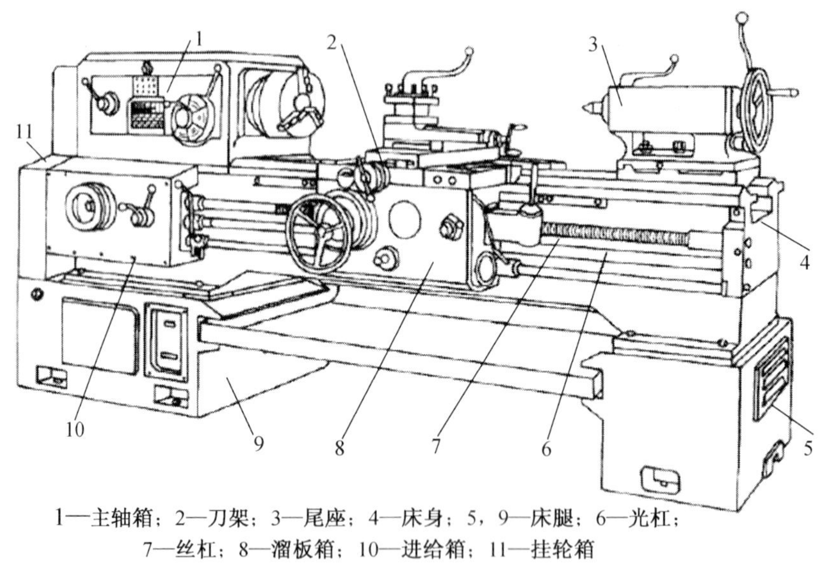

1—主轴箱;2—刀架;3—尾座;4—床身;5,9—床腿;6—光杠;
7—丝杠;8—溜板箱;10—进给箱;11—挂轮箱

图8-2 CA6140卧式车床

(2)进给箱

又称走刀箱,用来改变进给量。进给箱中装有进给运动的变速机构,利用变速手柄调整其变速机构,使光杠或丝杠获得不同的转速;通过光杠或丝杠将运动传至刀架以进行切削,得到所需的进给量或螺距。

(3)丝杠与光杠

丝杠能带动大拖板作纵向移动,专门用来车削各种螺纹。丝杠是车床中主要的精密件之一,一般不用丝杠自动进给,以便长期保持丝杠的精度。光杠用于机动进给时传递运动。通过光杠可把进给箱的运动传递给溜板箱,使刀架作纵向或横向进给运动。在进行工件的其他表面车削时,只用光杠,不用丝杠。

(4)溜板箱

是车床进给运动的操纵箱,内装有将光杠和丝杠的旋转运动变成刀架直线运动的机构,通过光杠传动实现刀架的纵向进给运动、横向进给运动和快速移动,用于一般的车削;通过丝杠带动刀架作纵向直线运动,以便车削螺纹。溜板箱中设有互锁机构,使光杠和丝杠两者不能同时使用。

(5)刀 架

刀架的组成如图8-3所示。其用来夹持车刀并使其作纵向、横向或斜向进给运动。它包括以下各部分:

大拖板(大滑板、大刀架、纵溜板)与溜板箱连接,带动车刀沿床身导轨纵向移动,其上面有横向导轨;中拖板(中滑板、横刀架、横溜板)可沿大拖板上的导轨横向移动,用于横向车削工件及控制切削深度。转盘与中溜板用螺栓紧固，松开螺栓便可在水平面上旋转任意角度，其上有小刀架的导轨；小拖板（小滑板、小刀架、小溜板）可沿转盘上面的导轨作短距离移动，将转盘偏转若干角度后，可使小刀架作斜向进给，车削出圆锥体；方刀架，它固定在小刀架上，可同时安装多把车刀，松开锁紧手柄即可转动方刀架，把所需要的车刀更换到工作位置上。

(6) 尾　座

安装在床身导轨上。尾座的结构如图 8－4 所示，它主要由底座、尾座体、套筒等几部分组成。

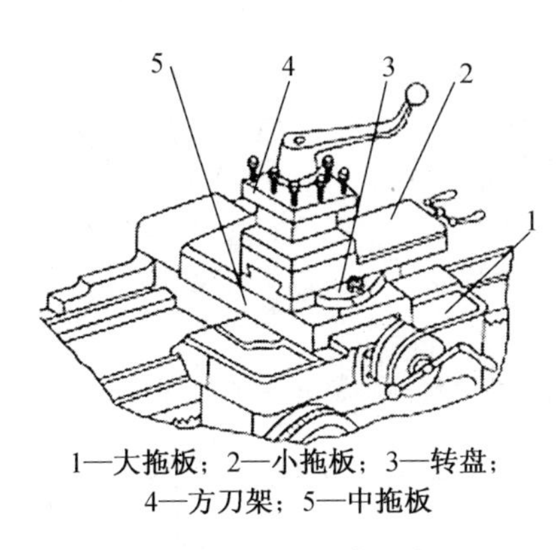

1—大拖板；2—小拖板；3—转盘；
4—方刀架；5—中拖板

图 8－3　刀架的组成

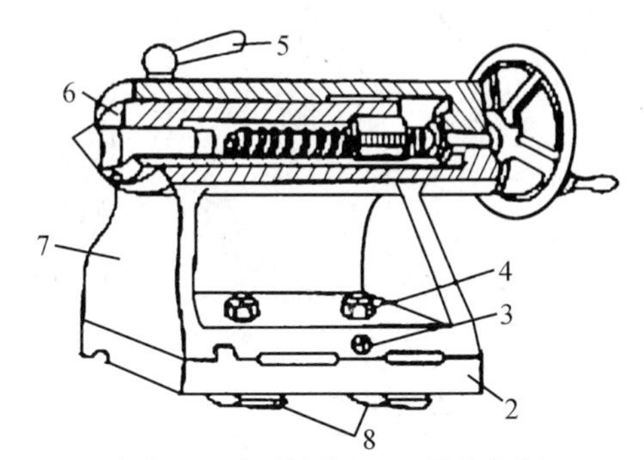

1—底座；2—调节螺钉；3—固定螺钉；
4—套筒锁紧手柄；5—套筒；6—尾座体；7—压板

图 8－4　尾座的结构

在尾座的套筒内孔中可以安装顶尖，支承工件；也可安装钻头、铰刀等刀具进行孔加工；转动手轮，可调整套筒伸缩一定距离，并且尾座还可沿床身导轨推移至所需位置，以适应不同工件加工的要求。将尾座偏移，还可用来车削圆锥体。使用尾座时注意：用顶尖装夹工件时，必须将固定位置的手柄扳紧，使尾座套筒锁紧；尾座套筒伸出长度一般不应过长；一般情况下尾座的位置与床身端部平齐，在摇动拖板时严防尾座从床身上落下，造成事故。

(7) 床　身

是车床的基本支承件。床身固定在床腿上，用来支承和安装车床的各部件，如主轴箱、进给箱、溜板箱等。床身具有足够的刚度和强度；床身表面精度很高，以保证各部件之间有正确的相对位置。床身上有平行的导轨，供大拖板（刀架）和尾座相对于床头箱进行正确的移动。

8.1.2　车　刀

1. 车刀的组成

如图 8－5 所示，车刀由刀头和刀杆两部分组成，刀头是车刀的切削部分，刀杆是用来将车刀夹持在刀架上的，也称为刀体。

车刀刀头上切削部分由一尖、二刃、三面组成，其各部分的名称及其意义如下：

(1) 前面——切屑脱离工件后流出所经过的表面，也就是车刀的上面。

(2) 主后面——与工件加工面相对的表面。

(3) 副后面——与工件已加工面相对的表面。

(4) 主切削刃——前面与主后面相交的刀刃，它担负着主要的切削工作。

(5) 副切削刃——前面与副后面相交的刀刃，它担负着一小部分切削工作。

(6) 刀尖——主切削刃和副切削刃的相交处。为了增加刀尖的强度,实际上都磨成一小段圆或直线。

2. 车刀的分类

(1) 按结构形式分类

如图 8-6 所示,常用车刀从结构上分为三种形式,即整体式、焊接式及机夹式。

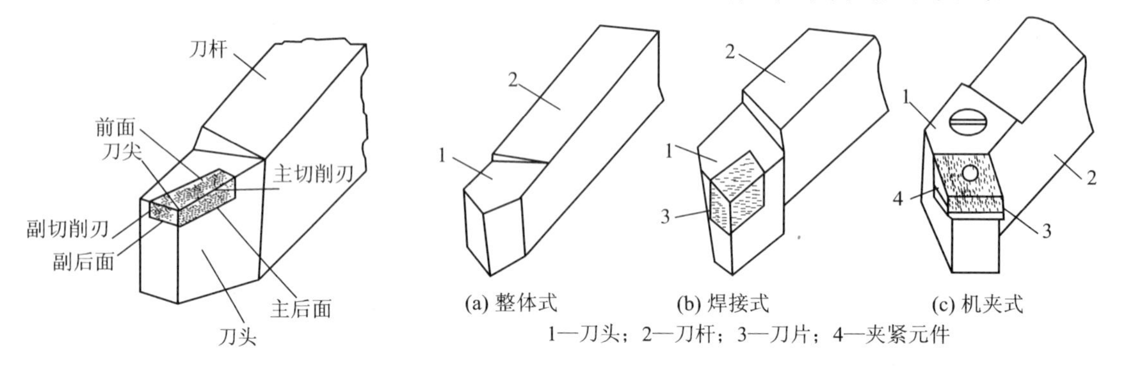

图 8-5 车刀的组成

图 8-6 车刀按结构形式分类

① 整体式车刀:刀头和刀杆用同一种材料制成一个整体,常用的材料为高速钢,刃口可磨得较锋利。

② 焊接式车刀:用焊接的方法将刀片焊接在刀体上。常见的是把硬质合金刀片焊接在碳素结构钢的刀体上,其结构紧凑,使用灵活。

③ 机夹式车刀:将刀片用机械夹固的方法紧固在刀体上。机夹式车刀又分为机夹重磨式和机夹可转位式车刀两种。其中,机夹重磨式车刀采用普通刀片(硬质合金),当切削刃磨钝后,只要把刀片重磨一下,适当调整位置仍可继续使用;机夹可转位式车刀所用的刀片有若干个切削刃,当一个切削刃用钝后,只须松开夹紧元件,将刀片转换一个切削刃,重新夹紧,即可继续使用,生产率高。

(2) 按用途分类

如图 8-7 所示,车刀按用途可分为外圆车刀、内孔车刀(内孔镗刀)、端面车刀、切断车刀、螺纹车刀、成形车刀等,可以根据工件和被加工表面的不同选择使用。

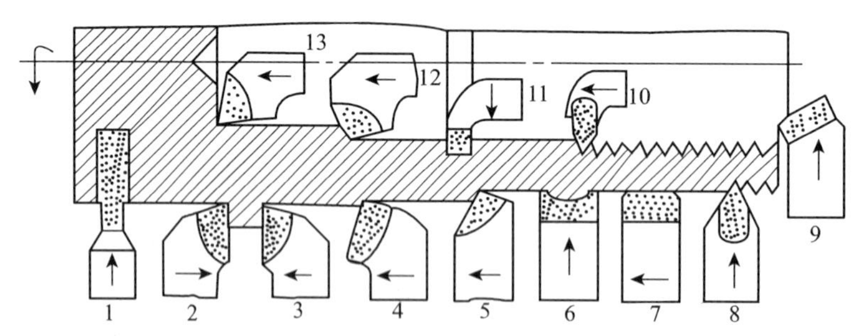

1—切断刀; 2—左偏刀; 3—右偏刀; 4—弯头外圆车刀; 5—直头外圆车刀; 6—成形车刀; 7—宽刃精车刀; 8—外螺纹车刀; 9—端面车刀; 10—内螺纹车刀; 11—内槽车刀; 12—通孔车刀; 13—不通孔车刀

图 8-7 车刀按用途分类

3. 常用车刀的材料

车刀在切削过程中将承受着很大的切削力和强烈的摩擦,工件温度很高,因此车刀切削部分的材料必须具备硬度高、耐磨、耐高温、韧性好和红硬性高等性能。刀具材料有高速钢、硬质合金、陶瓷及金刚石等。常用的车刀材料有下述两类：

（1）高速工具钢类：高速工具钢是含有较多W、Cr、V等合金元素的合金工具钢。一般整体式车刀用高速钢制造，具有制造简单，刀具刃口锋利，并能承受较大的冲击等特点。

（2）硬质合金类：硬质合金是由WC、TiC、Co等进行粉末冶金而成的。它硬度高，耐高温；但性脆，不能承受冲击，一般制成刀片装在碳钢的刀头上使用。

4. 车刀的刃磨

车刀（不重磨车刀除外）用钝后需要重新刃磨，达到所需要的锋利程度才能进行车削。车刀一般是在砂轮机上刃磨的，磨高速钢车刀用氧化铝砂轮（白色），磨硬质合金车刀用碳化硅砂轮（绿色）。如图8-8所示，外圆车刀主要刃磨主后面、副后面、前面及刀尖圆弧等部位。

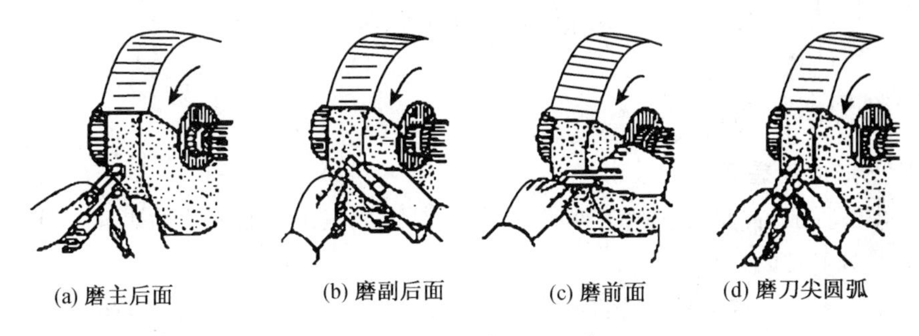

(a) 磨主后面　(b) 磨副后面　(c) 磨前面　(d) 磨刀尖圆弧

图8-8　外圆车刀的刃磨

刃磨车刀时应注意：

（1）人要站立在砂轮机的侧前方，以防砂轮碎裂时，碎片飞出伤人。

（2）两手握稳车刀，轻轻接触砂轮，不得用力过猛。两肘夹紧腰部，以减小磨刀时的抖动。

（3）车刀接触砂轮后，应在砂轮的圆周表面上左右移动着磨，防止砂轮出现沟槽。应避免在砂轮的侧面用力粗磨车刀，防止砂轮受力后偏摆、跳动、破裂。

（4）当车刀离开砂轮时，车刀需向上抬起，以防磨好的刀刃被砂轮碰伤。

（5）刃磨高速钢车刀时，发热后应蘸水冷却，使磨削温度下降，防止刃口变软。磨硬质合金车刀时，不能蘸水，以免刀片突然受冷收缩而碎裂。

5. 车刀的安装

车刀必须正确牢固地安装在刀架上。车刀安装的正、误对比如图8-9所示。

安装车刀时要注意以下几点：

（1）刀头不宜伸出太长，否则切削时容易产生振动，影响工件加工精度和表面粗糙度。一般刀头伸出长度不超过刀杆厚度的两倍。

（2）刀尖应与车床主轴中心线等高。车刀装得太高，后刀面与工件加剧摩擦；装得太低，切削时工件会被抬起。刀尖的高低，可根据尾架顶尖的高低来调整。车刀的安装如图8-9(a)所示。

（3）车刀底面的垫片要平整，垫片的形状尺寸应与刀体形状尺寸相一致，最好用厚垫片，以减少垫片数量。调整好刀尖高低后，至少要用两个螺钉交替将车刀拧紧。

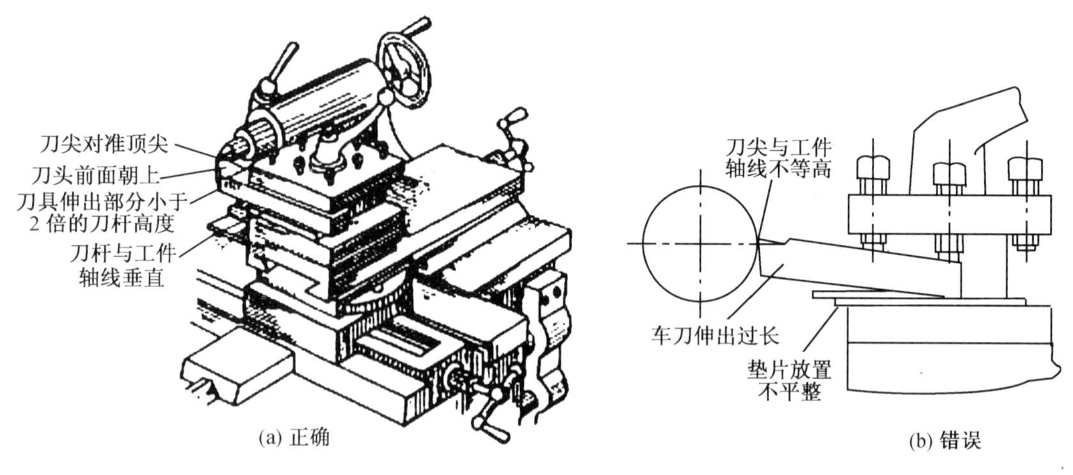

(a) 正确　　(b) 错误

图8-9　车刀的安装

8.1.3　切削用量

1. 工件上形成的表面

如图8-10所示,在车刀切削工件时,工件上会形成三个不断变化的表面,即已加工表面、过渡表面和待加工表面。

(1) 已加工表面:工件上经刀具切削后产生的表面。

(2) 过渡表面:工件上正在被切削的表面。

(3) 待加工表面:工件上即将被切去切屑的表面。

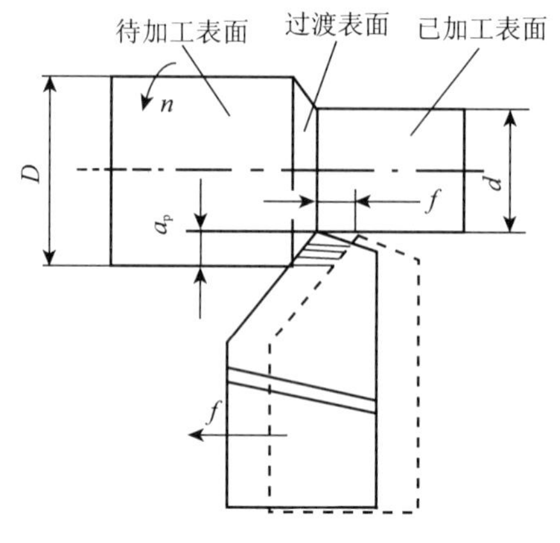

图8-10　切削用量

2. 切削用量三要素

切削用量包括切削速度 v_c、进给量 f、背吃刀量 a_p 三要素。切削用量的合理确定与加工表面质量和生产效率密切相关,它们是调整机床运动的依据。

(1) 背吃刀量 a_p

背吃刀量又称为切削深度,指工件上已加工表面和待加工表面之间的垂直距离,也就是每次进给时车刀切入工件的深度,单位mm。车削外圆时

$$a_p = (D - d)/2$$

式中:D——工件待加工表面的直径,mm;

d——工件已加工表面的直径,mm。

(2) 进给量 f

工件每转一周车刀沿进给方向移动的距离,是衡量进给运动大小的参数,单位mm/r。沿车床床身导轨方向的进给量称为纵向进给量,垂直于车床床身导轨方向的进给量称为横向进给量。

习惯上把进给运动称为走刀运动,进给量称为走刀量。

(3) 切削速度 v_c

是指切削刃选定点相对于工件主运动的瞬时速度。切削速度是衡量主运动大小的参数。

在进行车削加工时，一般将工件切削部位最大直径处的线速度视为切削速度。

$$v_c=\pi Dn/1\,000$$

式中：v_c——切削速度，m/min ；

D——工件直径，mm；

n——车床主轴转速，r/min。

8.1.4　车削加工实训安全规范

（1）学生进行车削加工实训前必须学习车床操作工的一般安全操作制度。

（2）工作前要认真查看机床有无异常，在规定的加油部位加注润滑油。开车前，应检查各手柄的位置是否到位，确认正常后才准许开车试运转；再查看油窗是否有油液喷出，油路是否通畅，试运转时间一般2～5 min，夏季可短些，冬季宜长些。

（3）必须夹紧刀具和工件，夹紧后立即取下扳手并放入指定位置，以免机床开动后飞出伤人。禁止把工具、夹具或工件放在车床床身上和主轴箱上。

（4）开车后手和身体不准触及运转部分。中途停车及在惯性运转时，不得用手强行刹住转动的卡盘。

（5）两人共同在一台机床实训时，一定要密切配合，分工明确，不准两人同时操作。操作时必须精力集中，不准与别人闲谈，要注意纵、横行程的极限位置，不允许坐在凳子上操作，不得委托他人看管机床。工作时，不得将身体和手脚倚靠或放在机床上，不要站在切屑飞出的方向，不要将头部靠近工件，以免受伤。

（6）夹持工件的卡盘、拨盘、鸡心夹头的凸出部分如无防护罩，操作时应注意距离，不要靠近，以免绞住衣服及身体的其他部位。

（7）除车床上装有运转中自动测量装置外，均应停车测量工件，并将刀架移动到安全位置。不准在开车时安装刀具及用棉纱等物擦拭工件。主轴变速必须停车，严禁在运转中变速。变速手柄必须到位，以防松动脱位。

（8）对切削下来的带状切屑、螺旋状长切屑，应用钩子及时清除。不准用手去抓切屑，不准用嘴吹切屑。

（9）切断大料时，应留有足够余量，卸下砸断，以免切断时料掉下伤人。小料切断时，不准用手接。

（10）在下列情况下应该停车或关闭电源：离开工作岗位时；工作中发现工件松动或设备有异声时；停电时；操作完毕及更换工件时。

（11）下班前，必须认真清扫机床，将切屑倒入规定地点。在各外露导轨面上加注防锈油，并把大刀架、尾座移至床尾。

8.1.5　工件的装夹及附件

在车床上安装工件时，应使工件的被加工表面的回转中心和机床主轴的回转中心相重合，以保证工件在机床上有正确的位置；同时还要将工件夹紧，以承受切削力，保证切削时安全。但由于工件的形状、大小、加工数量和质量的具体要求不同，所采用的装夹工具也不一样。常用的车床附件有：三爪卡盘、四爪卡盘、中心架、跟刀架、顶尖（活顶尖、死顶尖）、拨盘、鸡心夹、花盘、心轴等。

1. 用三爪卡盘安装工件

三爪卡盘又称三爪自定心卡盘,它根据工件装夹部分的圆周确定工件的回转中心。三爪卡盘的结构如图8-11所示,当用卡盘扳手转动圆周上三个小锥齿轮中的任一个时,大锥齿轮也随之转动。在大锥齿轮背面平面螺纹的作用下,使三个爪同时向心移动或退出,以夹紧或松开工件。它的特点是装卸工件方便,对中性好,自动定心精度约为0.05~0.15 mm,但三爪自定心卡盘由于夹紧力不大,所以一般只适宜于中小型工件。

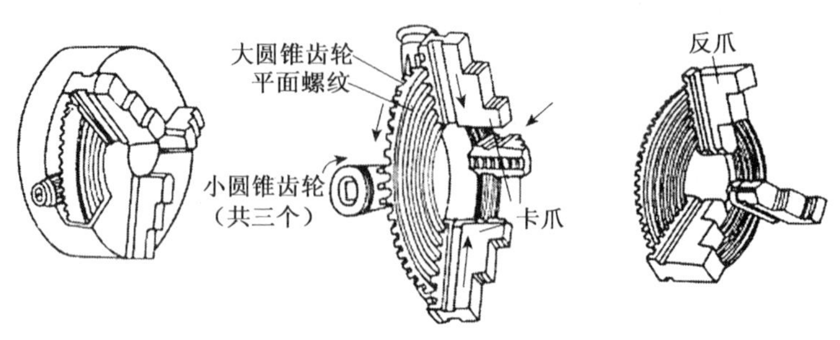

图8-11 三爪卡盘的结构

2. 用四爪卡盘安装工件

四爪卡盘如图8-12所示。它的四个单动卡爪的径向位置是由四个螺杆单独调节的,转动一个螺杆,该卡爪就可沿槽移动。由于四个卡爪是用卡盘扳手分别调整的,所以四爪卡盘安装工件不能自动定位。工件的安装需要根据工件精度的不同要求,采取不同的找正方法。在加工截面形状为方形或椭圆形零件及较重、较大的零件时,通常使用四爪卡盘。

常用的找正方法有:

(1) 目测找正,简单方便,精度低。

(2) 划针找正,较常用,精度较高。

(3) 百分表找正,高精度操作,可以精确到0.01 mm。

3. 用花盘安装工件

如图8-13所示。花盘直接安装在车床主轴上,盘面上有若干个通孔及槽,用来安装各种螺钉和压板以紧固工件。有时花盘和角铁配合使用,花盘的平面必须和主轴中心线垂直,盘面平整。花盘主要用于四爪卡盘不能装夹的、形状不规则的零件。使用时需加平衡块,且找正较费时。

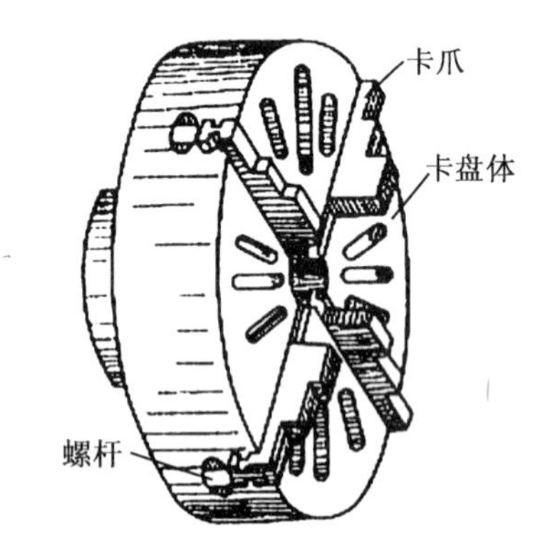

图8-12 四爪卡盘

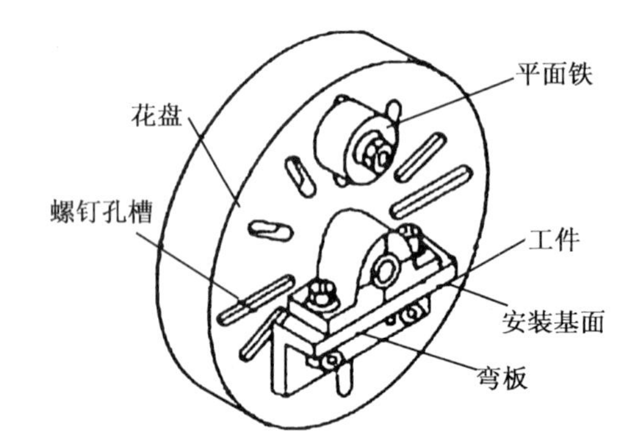

图8-13 用花盘安装工件

4. 用顶尖、拨盘和鸡心夹头安装工件

顶尖、拨盘、鸡心夹头是三种不同的小型车床附件。如图8-14所示为用双顶尖加拨盘和鸡心夹头的安装工件。加工工件较长或加工工序较多的轴类零件常采用此方法。

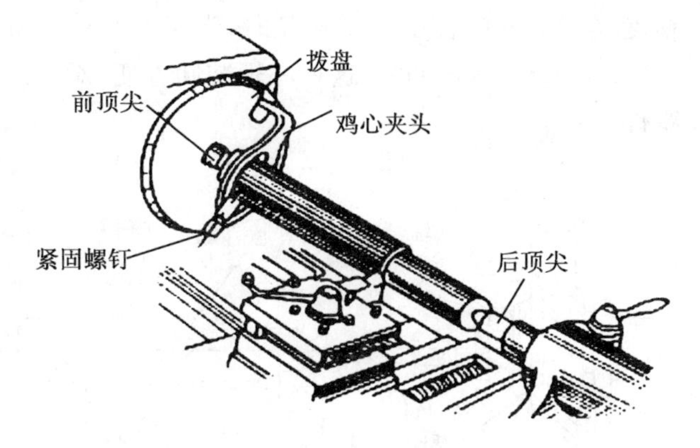

图 8－14　用双顶尖、拨盘和鸡心夹头安装工件

5. 用卡盘、顶尖、跟刀架安装工件

如图 8－15 所示为用卡盘、顶尖、跟刀架安装工件，主要用来辅助加工细长的轴，如光杠、丝杠等。它固定在刀架上与车刀一起移动。使用时，先用三爪卡盘和顶尖装夹工件，并在工件右端车出一段圆表面，然后使跟刀架的支撑爪与此段圆表面接触，并调整松紧程度。在工件的支撑处应加润滑油，以防车削时摩擦产生热量而抱死。

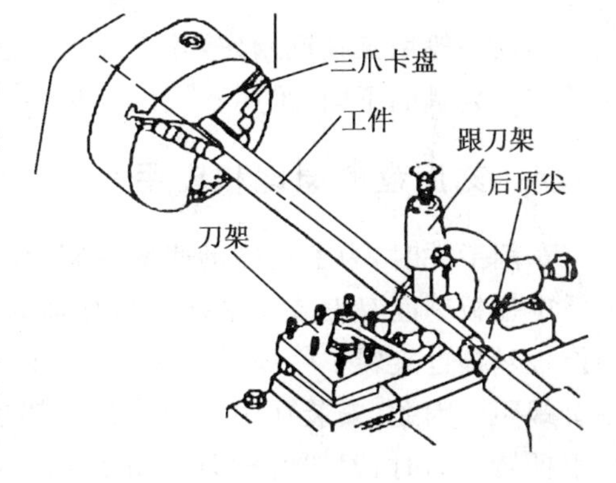

图 8－15　用卡盘、顶尖、跟刀架安装工件

6. 用卡盘、顶尖、中心架安装工件

如图 8－16 所示为用卡盘、顶尖和中心架安装工件，主要用来车削台阶轴，车端面、镗孔、切断及需调头车削的细长轴。中心架固定在车床导轨上，用三个可调的卡爪来支撑工件。对于较直的加工工件可不必预先加工即可安装在中心架上，对于铸件或粗加工的棒料，一定要先在支撑处车出一段光滑表面，然后安装中心架并调节支撑爪和工件接触，并在工件的支撑处加润滑油润滑。

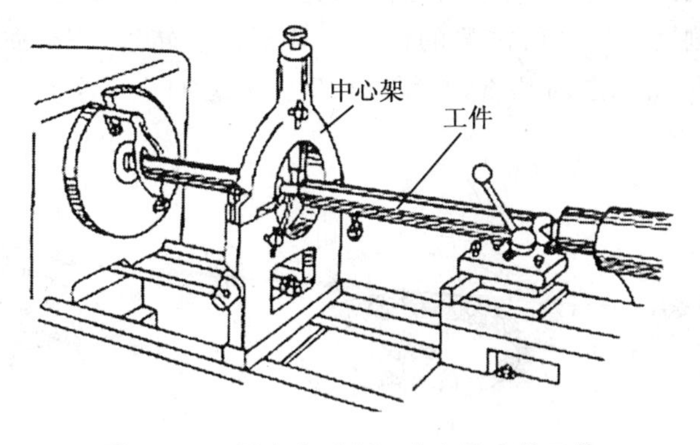

图 8－16　用卡盘、顶尖、中心架安装工件

7. 用心轴安装工件

如图 8－17 所示为用心轴安装工件。心轴的种类很多，最常用的有圆柱心轴和锥度心轴。当工件的长度比孔径小时，常用图 8－17(a)所示的圆柱心轴进行装夹。这种心轴夹紧力较

大,多用于加工盘类零件,但对中性较差,为了保证孔和外圆的同轴度,孔与轴的间隙配合应尽量小些,以确保加工的精度。当工件的长度大于孔径时,常用图 8 - 17(b)所示的锥度心轴安装,锥度心轴的锥度为 1∶1 000 至 1∶5 000。这种心轴装卸方便,对中准确,但切削力不宜太大,多用于加工盘套类零件。

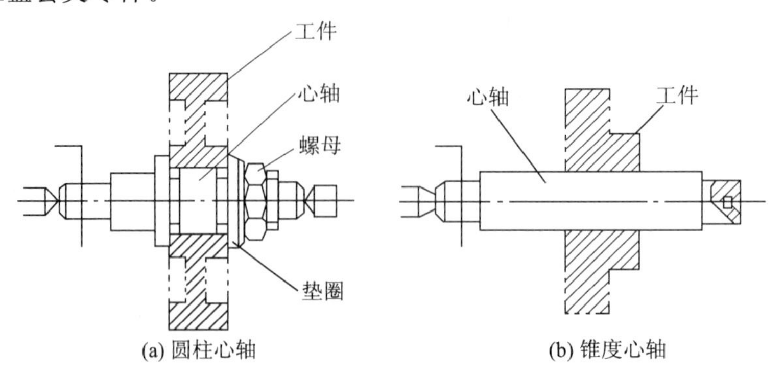

图 8 - 17 用心轴安装工件

心轴一般用工具钢制作,淬火后进行表面磨削。工作中应根据工件的形状、尺寸、精度要求及加工数量的不同,采用不同的心轴。

8.1.6 刻度盘的原理和应用

车削工件时,为了正确迅速地控制背吃刀量,必须掌握中拖板上刻度盘的使用。

中拖板刻度盘安装在中拖板丝杠轴的端部。当摇动中拖板手柄带动刻度盘旋转一周时,中拖板丝杠也旋转了一周。这时,固定在中拖板上与丝杠配合的螺母沿丝杠轴线方向移动了一个螺距。因此,安装在中拖板上的刀架也移动了一个螺距。如果中拖板丝杠螺距为 4 mm,当手柄转一周时,刀架就横向移动 4 mm。若刻度盘圆周上等分 200 格,则当刻度盘转过一格时,刀架就移动了 0.02 mm。由于中拖板刻度盘控制的背吃刀量是工件直径变化量的二分之一,所以使用中拖板刻度盘进刀切削时,通常将每格读作 0.04 mm。

由于丝杠和螺母之间有间隙存在,因此会产生空行程(即刻度盘转动,而刀架并未移动)。使用时必须慢慢地把刻度盘转到所需要的位置。若不慎多转过几格,如图 8 - 18(a)所示,不能简单地如图 8 - 18(b)所示退回几格,必须向相反方向退回全部空行程,再转到所需位置,如图 8 - 18(c)所示。

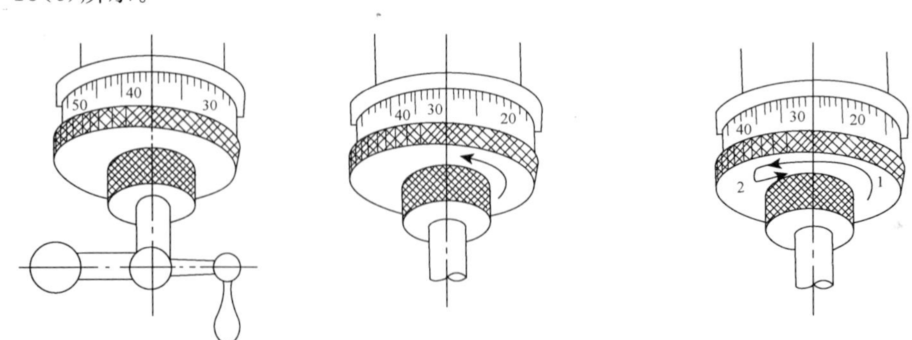

(a) 要求手柄转至30,但转过头成40　(b) 错误:直接转至30　(c) 正确:反转约一周后再转至所需位置30

图 8 - 18 手柄摇过头后的纠正方法

8.2　车外圆、端面及台阶

8.2.1　车外圆

在普通车床上车外圆可按下列步骤进行。

1. 选择车刀

将工件车削成圆柱形表面的加工称为车外圆，这是车削加工最基本、也是最常见的操作。车外圆可用图 8－19 所示的各种车刀。直头车刀（尖刀）的形状简单，制造方便，主要用于粗车外圆。弯头车刀不仅可以车外圆，还可以车端面。加工台阶轴或细长轴常用 90°偏刀。

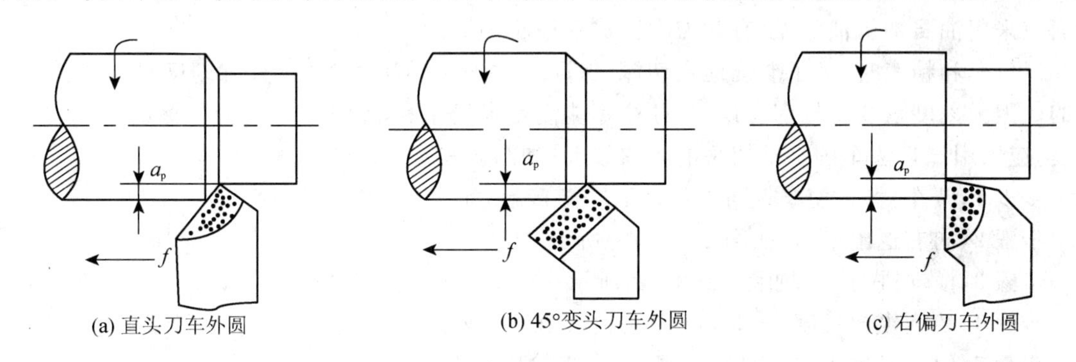

(a) 直头刀车外圆　(b) 45°变头刀车外圆　(c) 右偏刀车外圆

图 8－19　车外圆

2. 安装和校正工件

工件的装夹方法应根据工件的尺寸形状和加工要求选择。一般用三爪自定心卡盘。若用四爪卡盘等，常用划针或者百分表校正工件。装夹时，必须准确、牢固可靠，例如用三爪卡盘装夹时，应用扳手依次将三个卡爪拧紧，使卡爪受力均匀。夹紧后，及时取下扳手，以免开车时飞出伤人或砸坏设备。

3. 选择切削用量和调整车床

车削时，应根据加工要求和切削条件，合理选择背吃刀量、进给量和切削速度。实际操作时可参考表 8－2 选取。

表 8－2　外圆车削时切削用量的推荐值

加工阶段	背吃刀量 a_p/mm	进给量 f/(mm·r^{-1})	切削速度 v_c/(m·min^{-1})		
			高速钢车刀	硬质合金车刀	加工钢件时取较大值，加工铸铁件时取较小值
粗车	1.5～3	0.3～1.2	12～60	30～80	
精车	0.1～0.5	0.05～0.2	＞75 或＜5	＞75 或＜5	

选定切削用量后，可按以下步骤调整机床。车床的调整包括选择主轴转速和车刀的进给量。

（1）根据选定的切削速度计算出车床主轴的转速

$$n=1\,000v_c/(\pi D)$$

式中：D——工件待加工表面的直径，mm。

然后对照车床主轴转速铭牌，选取车床上最接近计算值而偏小的一档，扳动手柄调整主轴的转速。但特别要注意的是,必须在停车状态下扳动手柄。

(2) 根据选定的进给量扳动进给量控制手柄,调节进给量。

(3) 根据选取的背吃刀量,调整横向进给手柄。第一刀的背吃刀量应大于工件表面的硬化层厚度,使刀尖避开硬皮,防止刀尖磨损过快或被硬皮打坏。

4. 车 削

车削分为粗车、半精车和精车三个步骤,或粗车和精车两个步骤。

粗车的目的是尽快地切去多余的金属层,使工件接近于最后的形状和尺寸。粗车后应留下0.5~1 mm的加工余量。

精车是切去余下少量的金属层,使零件达到较高的精度和较低的表面粗糙度,因此背吃刀量较小,约0.1~0.2 mm,切削速度则较高。为了降低工件表面粗糙度,用于精车车刀的前、后面应采用油石加机油磨光,有时刀尖磨成一段小圆弧。

半精车和精车时,为了准确地定切深,保证工件加工的尺寸精度,只靠刻度盘来进刀是不行的。因为刻度盘和丝杠都有误差,往往不能满足半精车和精车的要求,为了保证加工的尺寸精度,应采用试切法车削。试切法的步骤如下(如图8-20所示)。

步骤1,开车对刀,使车刀与工件表面轻微接触,如图8-20(a)所示;

步骤2,向右退出车刀,如图8-20(b)所示;

步骤3,横向进刀a_{p1},如图8-20(c)所示;

步骤4,切削纵向长度1~3 mm,如图8-20(d)所示;

步骤5,向右退出车刀,测量,如图8-20(e)所示;

步骤6,如果尺寸不到,再进刀a_{p2},自动进刀车外圆,如图8-20(f)所示。

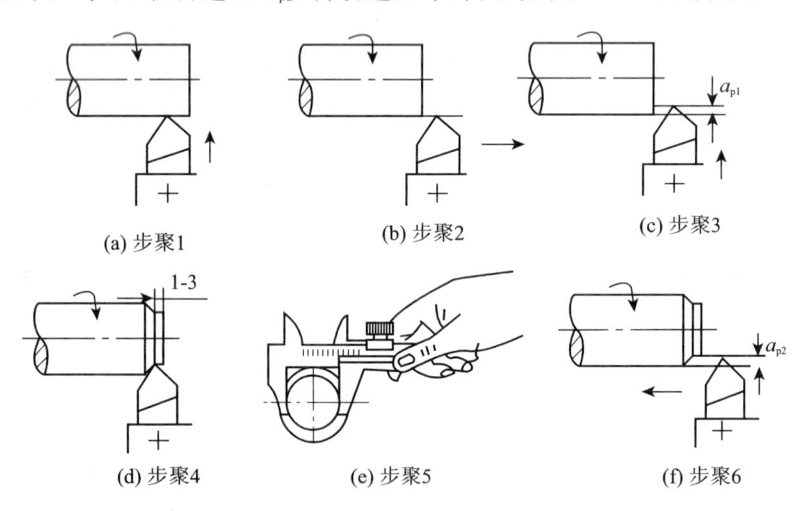

图8-20 试切法车外圆的步骤

以上是试切的一个循环,如果尺寸还大,则进刀仍按以上的循环进行试切;如果尺寸合格了,就按确定下来的切深将整个表面加工完毕。

5. 检 验

车削完毕应采用合适的量具检验。外圆主要是检验直径是否在公差范围之内。测量时需要多量几个部位,注意是否有椭圆和锥形误差。

8.2.2　车端面

用车刀对工件的端面进行车削的方法叫车端面。常用的端面车刀和车端面的方法如图 8－21所示。

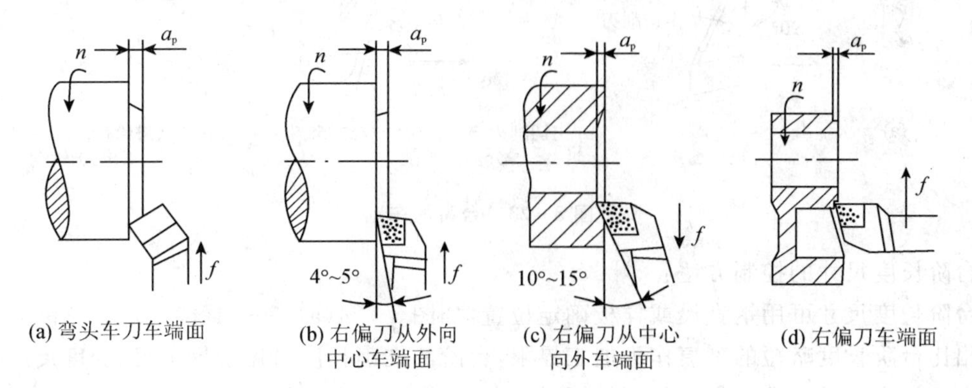

(a) 弯头车刀车端面　(b) 右偏刀从外向中心车端面　(c) 右偏刀从中心向外车端面　(d) 右偏刀车端面

图 8－21　车端面

车端面时应注意以下几点：

(1) 车刀的刀尖应对准工件中心，否则车出的端面中心会留有凸台，并极易崩刃打刀，如图 8－22 所示。

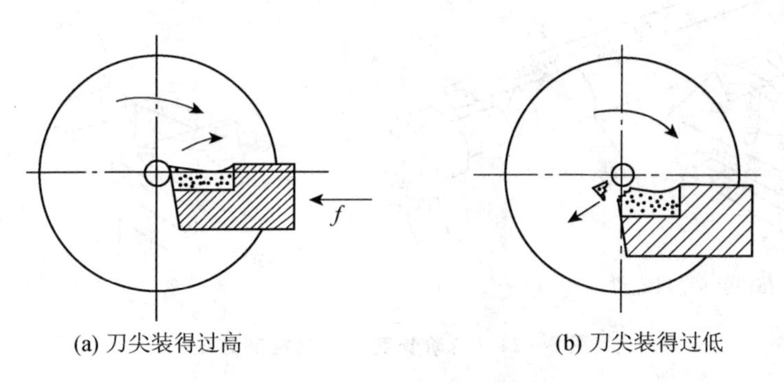

(a) 刀尖装得过高　(b) 刀尖装得过低

图 8－22　车端面刀尖位置的影响

(2) 端面的直径从外到中心是变化的，切削速度也在改变，在计算切削速度时应按端面的最大直径计算。

(3) 精度要求高的端面，应分粗车和精车加工。

(4) 车直径较大的端面，若出现凹心或凸肚时，应检查车刀和方刀架，以及大拖板是否锁紧。用小拖板调整背吃刀量。

8.2.3　车台阶

车削台阶的方法与车削外圆基本相同，但在车削时应兼顾外圆直径和台阶长度两个方向的尺寸要求，还必须保证台阶平面与工件轴线的垂直度要求。

如图 8－23 所示，车高度在 5 mm 以下的台阶时，可用主偏角为 90°的偏刀在车外圆时同时车出；车高度为 5 mm 以上的台阶时，应分层进行切削，在车外圆几次走刀后用主偏角大于 90°的偏刀沿径向向外走刀车出。

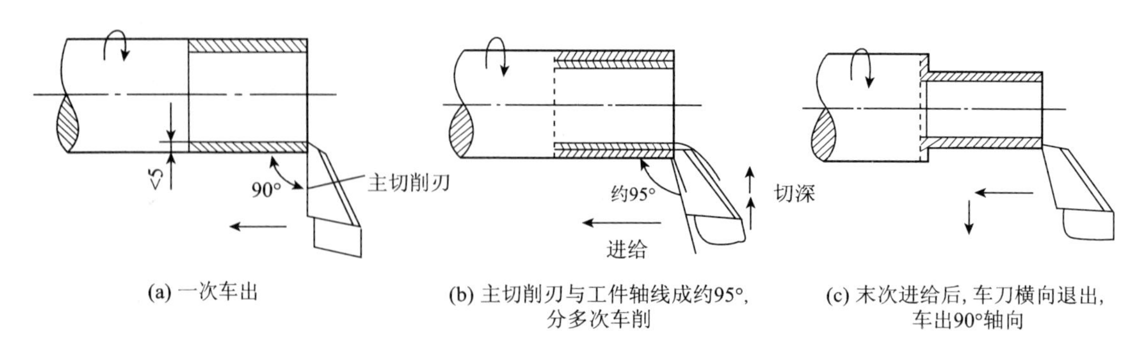

(a) 一次车出　(b) 主切削刃与工件轴线成约95°，分多次车削　(c) 末次进给后，车刀横向退出，车出90°轴向

图8-23　台阶的车削

台阶长度尺寸的控制方法：

台阶长度尺寸可用钢直尺或样板确定位置，如图8-24(a)、8-24(b)所示。车削时先用刀尖车出比台阶长度略短的刻痕作为加工界限，台阶的准确长度可用游标卡尺、深度尺或样板测量。台阶长度尺寸要求较高且长度较短时，可用小滑板刻度盘控制其长度。

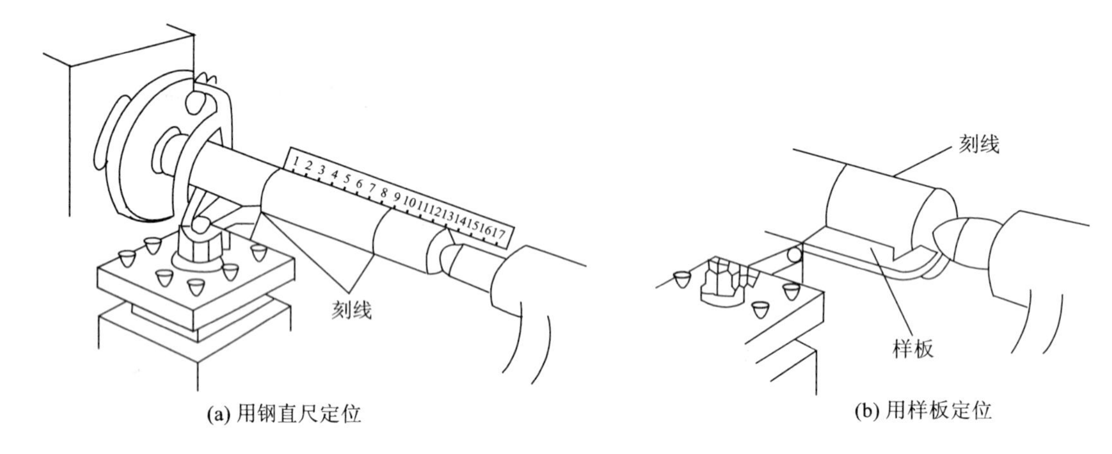

(a) 用钢直尺定位　(b) 用样板定位

图8-24　台阶长度尺寸的控制方法

8.3　切槽和切断

8.3.1　切　槽

在工件表面上车沟槽的方法叫切槽，槽的形状有外槽、内槽和端面槽。切槽加工如图8-25所示。

1. 切槽刀的选择

常选用高速钢切槽刀切槽，切槽刀的几何形状和角度如图8-26所示。

2. 切槽的方法

车削精度不高且宽度较窄的矩形沟槽，可用刀头宽度等于槽宽的切槽刀一刀车出。车削精度要求较高的沟槽，一般分二次车成。

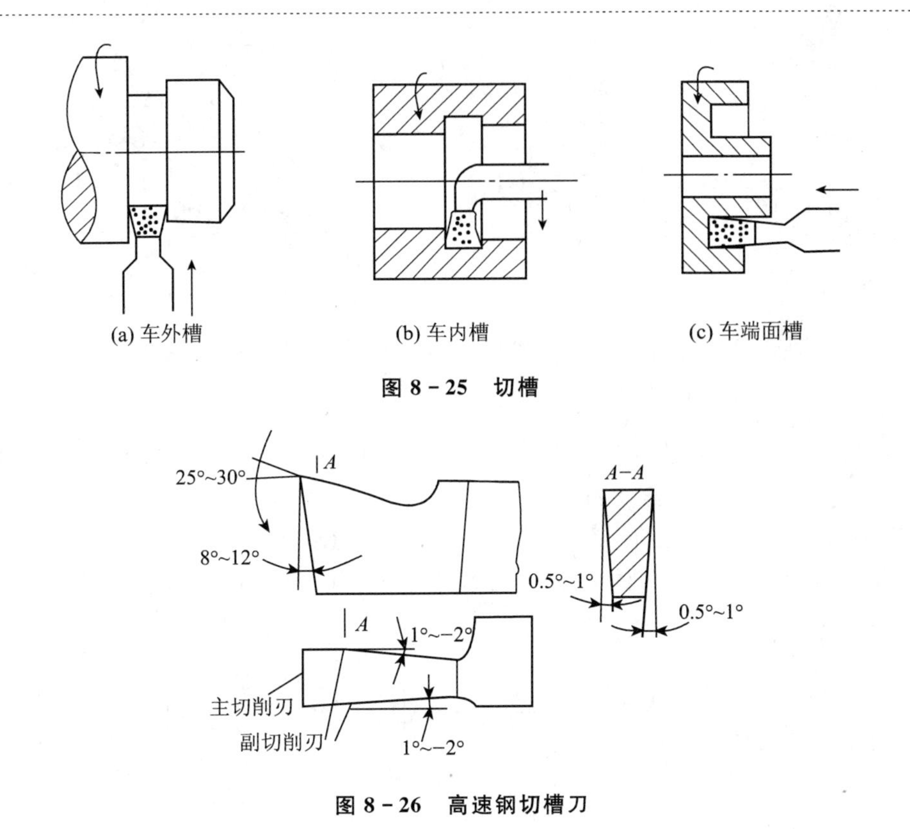

图 8－25　切槽

图 8－26　高速钢切槽刀

在车削较宽的沟槽时，应先用外圆车刀的刀尖在工件上刻两条线，把沟槽的宽度和位置确定下来，然后用切槽刀在两条线之间进行粗车，但这时必须在槽的两侧面和槽的底部留下精车余量，最后根据槽宽和槽底进行精车。

车削较小的梯形槽，一般用成形车刀完成，较大的梯形槽，通常先车直槽，然后用梯形刀直进法或左右切削法完成。

8.3.2　切　断

在车削加工中，有时需要把长的原材料切成一段一段的毛坯，然后再进行加工，也有一些工件在车好以后，再从原材料上切下来，这种加工方法叫切断。切断时，刀具作横向进给运动，工件作旋转运动。

切断要用切断刀。切断刀的形状与切槽刀相似，由于刀头窄而长，很容易折断，所以操作时要特别小心。

常用的切断方法有正车及反车两种切断方法。正车切断即主轴正转，横向走刀车削，横向走刀可以手动亦可机动，切断一般采用这种方法；反车切断常用于切断大而重的工件，切断刀成弓形，反向装在刀架上，工件反转，如图 8－27 所示。反车切断时，卡盘应有防松装置，刀架应有足够的刚性。

切断时应注意以下几点：

(1) 切断一般在卡盘上进行，如图 8－28 所示。切断直径小于主轴孔的棒料时，可把棒料插在主轴孔中，并用卡盘夹住，切断刀离卡盘的距离应小于工件的直径，否则容易引起振动或将工件抬起来而损坏车刀。

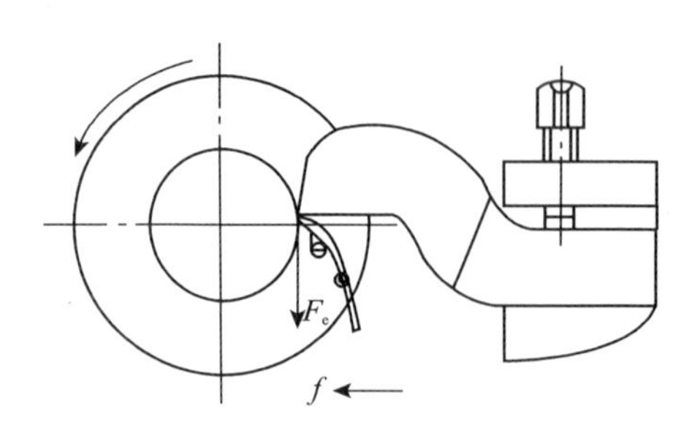

图 8-27 反车切断法

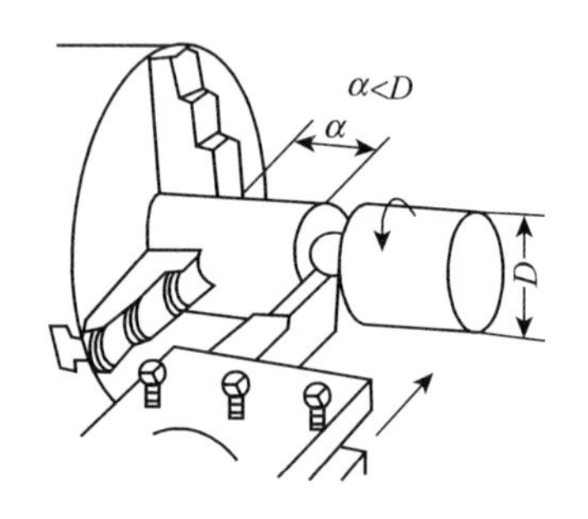

图 8-28 在卡盘上切断

(2) 尽量避免在顶尖安装的工件上切断。切断在两顶尖或一端卡盘夹住,另一端用顶尖顶住的工件时,不可将工件完全切断。

(3) 安装切断刀时,刀尖必须与工件中心等高,否则切断处将剩有凸台;刀尖低于工件中心时,切断刀易被压断;刀尖高于工件中心时,切断刀后面顶住工件,不易切削(如图 8-29 所示)。

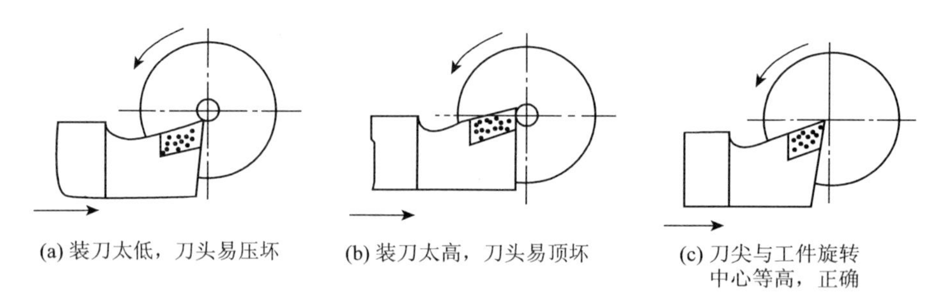

(a) 装刀太低,刀头易压坏　(b) 装刀太高,刀头易顶坏　(c) 刀尖与工件旋转中心等高,正确

图 8-29 切断刀刀尖必须与工件中心等高

(4) 切断刀伸出刀架的长度不要过长。应采用较低的切削速度,进给要缓慢均匀。快要切断时,必须放慢进给速度,以免刀头折断。

(5) 切断钢件时需要加切削液进行冷却润滑,切铸铁时一般不加切削液,但必要时可用煤油进行冷却润滑。

8.4 钻孔与镗孔

在车床上可以用钻头、扩孔钻、铰刀和镗刀进行钻孔、扩孔、铰孔和镗孔等工作。

8.4.1 钻孔、扩孔和铰孔

在实体材料上加工出孔的工作叫做钻孔。如图 8-30 所示,在车床上钻孔,把工件装夹在卡盘上,钻头安装在尾座套筒锥孔内。工件的旋转运动为主运动,尾座上的套筒推动钻头所作的纵向移动为进给运动。

钻孔前先车平端面,并在端面中心定出一个小凹坑,调整好尾座位置并紧固于床身上,然后开动车床,摇动尾座手柄使钻头慢慢进给。钻孔结束后,应先退出钻头,然后再停车。钻深孔时应经常将钻头退出,排出切屑。钻钢料时要不断注入冷却液。钻孔进给不能过猛,以免折断钻头,一般钻头越小,进给量也越小,但切削速度可加大。钻大孔时,进给量可大些,但切削速度应放慢。当孔将钻穿时，因横刃不参加切削，应减小进给量，否则容易损坏钻头。

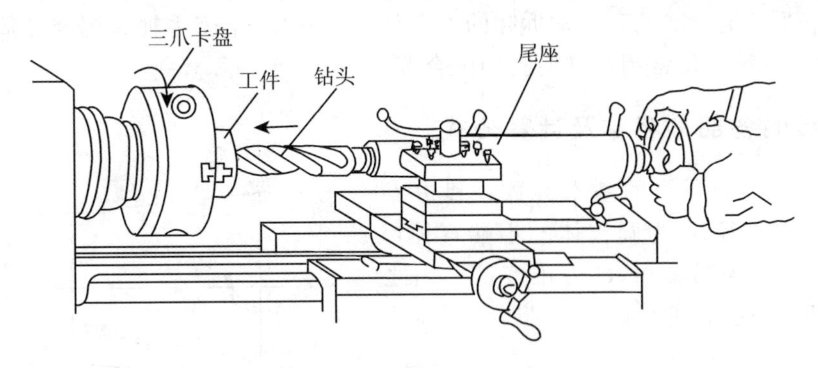

图 8－30　在车床上钻孔

钻孔的精度较低、表面粗糙，多用于对孔的粗加工。扩孔常用于铰孔前或磨孔前的预加工，常使用扩孔钻作为钻孔后的预精加工。为了提高孔的精度和降低表面粗糙度，常用铰刀对钻孔或扩孔后的工件再进行精加工。在车床上加工直径较小，精度要求较高的孔，通常采用钻、扩、铰的加工工艺来进行。

8.4.2　镗　孔

镗孔是对钻出、铸出或锻出的孔进一步加工，图 8－31 所示为在车床上镗孔加工。在车床上镗孔要比车外圆困难，因镗刀要进入孔内切削加工，所以镗刀杆比较细，而且伸出很长，因此往往由于刀杆刚性不足而引起振动。所以切深和进给量都要比车外圆时小些，切削速度也要低一些。镗不通孔时，由于排屑困难，进给量则应更小些。

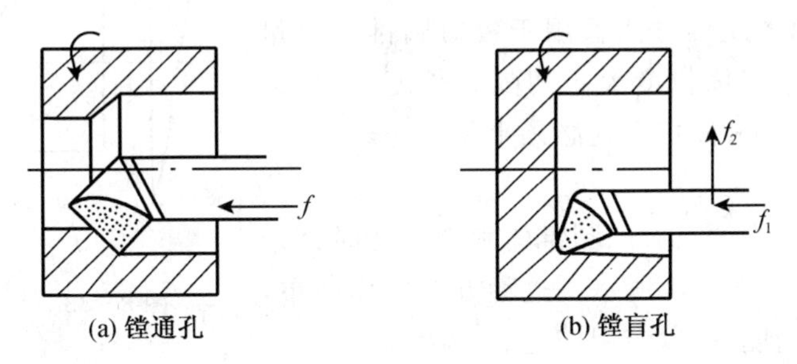

图 8－31　车床镗孔

镗孔刀尽可能选择粗壮的刀杆，刀杆装在刀架上时伸出的长度只要约等于孔的深度即可，这样可减少因刀杆太细而引起的振动。装刀时，刀杆中心线必须与进给方向平行，刀尖应对准中心，精镗或镗小孔时可略微装高一些。

粗镗和精镗时，应采用试切法调整切深。为了防止因刀杆细长而让刀所造成的锥度。当孔径接近最后尺寸时，应用很小的切深重复镗削几次，消除锥度。另外，在镗孔时一定要注意，手柄转动方向与车外圆时相反。

8.5　车圆锥面

锥面有外锥面和内锥面之分。在机器中常用锥面作为配合表面。锥面相配具有配合紧密，定位准确，装卸方便等优点，并且即使发生磨损，仍能保持精密地定心和配合作用。因此，锥面广泛用于要求定位准确和经常拆卸的配合件上。例如，车床主轴和尾架套筒的锥孔与顶尖锥柄的配合，各种定位锥销与锥销孔的配合等。

8.5.1 圆锥的各部分名称及计算公式

图8-32所示为圆锥的基本参数。其中D为圆锥体的大端直径，d为圆锥体的小端直径，l为圆锥的长度，2α为圆锥角，C为锥度。它们之间的关系可用如下公式进行计算：

$$C=\frac{D-d}{l}=2\tan\alpha$$

在上面的四个基本参数中，只要知道任意三个量，就可以求出另外的一个未知量。

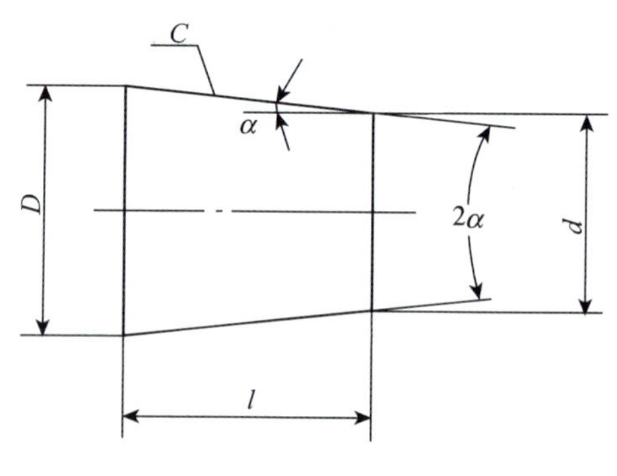

图8-32 圆锥的主要尺寸

8.5.2 车圆锥面的方法

将工件车削成圆锥表面的方法称为车圆锥。常用车削锥面的方法有宽刀法、转动小刀架法、偏移尾座法、靠模法等几种。这里介绍宽刀法、转动小刀架法和偏移尾座法。

1. 宽刀法

车削较短的圆锥时，可以用宽刃刀直接车出，如图8-33所示。其工作原理实质上是属于成形法，所以要求切削刃必须平直，切削刃与主轴轴线的夹角应等于工件圆锥半角α。同时要求车床有较好的刚性，否则易引起振动。此种方法适用于较短圆锥的批量生产。当工件的圆锥斜面长度大于切削刃长度时，可以用多次接刀的方法加工，但接刀处必须平整。

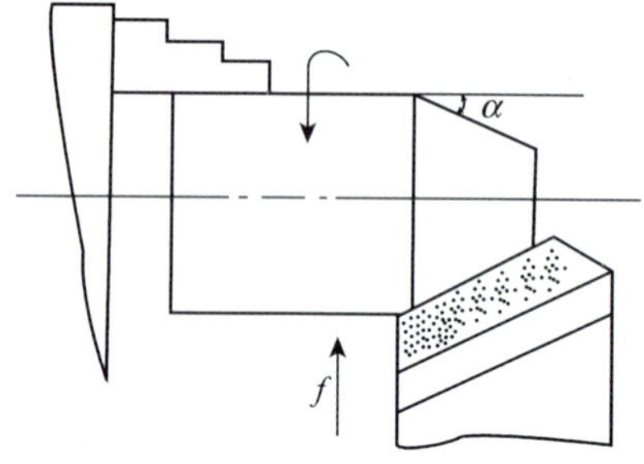

图8-33 用宽刃刀车削圆锥

2. 转动小刀架法

车削长度较短和锥度较大的圆锥体和圆锥孔时常采用转动小刀架法，如图8-34所示。这种方法操作简单，能保证一定的加工精度，所以应用广泛。

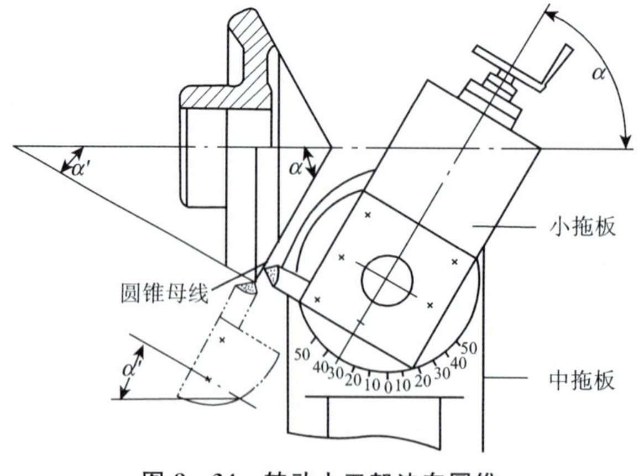

图8-34 转动小刀架法车圆锥

车削前，将小滑板下面转盘上的螺母松开，把转盘转至所需要的圆锥半角 α 的刻线上，与基准零线对齐，然后固定转盘上的螺母，车削时，摇动小刀架手柄开始车削，使车刀沿着锥面母线移动，即可车出所需要的圆锥面。

这种方法的优点是能车出整锥体和圆锥孔，能车角度很大的工件，但只能用手动进刀，劳动强度较大，表面粗糙度也难以控制，且由于受小刀架行程的限制，因此只能加工锥面不长的工件。

3. 偏移尾座法

当车削锥度小，锥形部分较长的圆锥面时，可以用偏移尾座的方法。将尾座上滑板横向偏移一个距离 S，使偏移后两顶尖连线与原来两顶尖中心线相交一个 α 角度。尾座的偏向取决于工件大小头在两顶尖间的加工位置。如图 8-35 所示，L 为工件的总长度，l 为工件锥体部分的长度，D 及 d 分别为锥体大头直径和小头直径，则尾座的偏移量 S 可用下列公式计算：

$$S=(D-d)L/(2l)$$

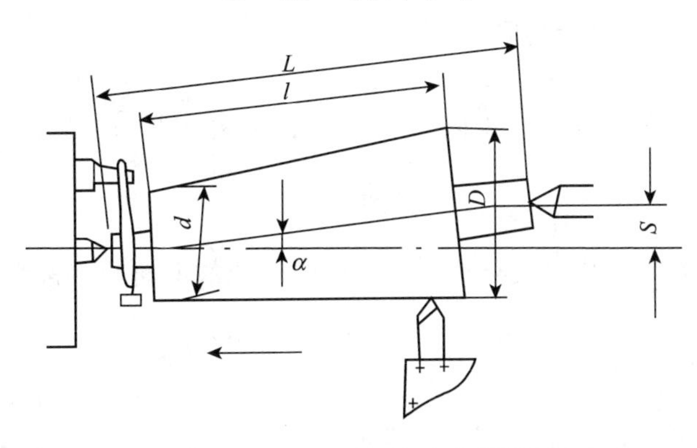

图 8-35 偏移尾座法车锥面

偏移尾座法能车出较长的圆锥面，并能自动进刀。但由于受尾座的偏移量的限制，不能车锥度较大的工件，而且不能车锥孔，且调整偏移量费时间，适用于单件或小批量生产。

8.6 车螺纹

8.6.1 螺纹的基本知识

带有螺纹的零件很多，常用来作为连接件、紧固件、传动件及测量工具上的零件。

1. 螺纹的类型

(1) 按牙型分有三角形螺纹、方牙螺纹、梯形螺纹和锯齿形螺纹等，其中普通三角螺纹应用最广。

(2) 按螺旋线的绕行方向，可分为左旋螺纹和右旋螺纹。规定将外螺纹轴线直立时螺旋线向右上升为右旋螺纹，向左上升为左旋螺纹。一般采用右旋螺纹，有特殊要求时，才采用左旋螺纹。

(3) 根据螺旋线的数目，可分为单线螺纹和多线螺纹，为了制造方便，螺纹一般不超过 4 线。

2. 螺纹的主要参数

现以图 8-36 所示的圆柱普通螺纹为例，说明螺纹的主要几何参数。

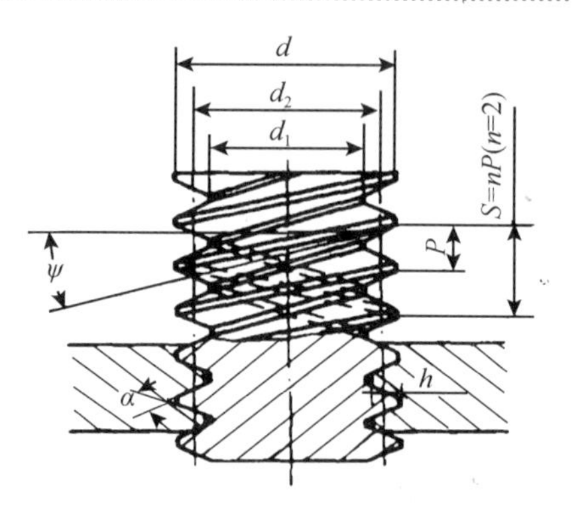

图 8-36 螺纹的主要几何参数

(1) 大径 d

与外螺纹牙顶相重合的假想圆柱面直径，在标准中规定为公称直径。

(2) 小径 d_1

与外螺纹牙底相重合的假想圆柱面直径，在强度计算中作危险剖面的计算直径。

(3) 中径 d_2

在轴向剖面内牙厚与牙间宽相等处的假想圆柱面直径，近似等于螺纹的平均直径 $d_2 \approx 0.5(d+d_1)$。

(4) 螺距 P

相邻两牙对应两点间的轴向距离。

(5) 线数 n

螺纹的螺旋线数目，为便于制造，一般取 $n \leqslant 4$。

(6) 导程 S

同一条螺旋线上的相邻两牙对应两点间的轴向距离。螺距、导程、线数之间关系为 $S=nP$。

(7) 螺旋升角 ψ

在中径圆柱面上螺旋线的切线与垂直于螺旋线轴线的平面的夹角为

$$\psi=\arctan[S/(\pi d_2)]=\arctan\frac{nP}{\pi d_2}$$

(8) 牙型角 α、牙型斜角 β

在轴向剖面内螺纹牙形两侧边的夹角称为牙型角 α；牙型斜角 β 指螺纹牙形的侧边与螺纹轴线的垂直平面的夹角。对称牙型 $\beta=\frac{\alpha}{2}$。

8.6.2 螺纹车刀

将工件表面车削成螺纹的方法称为车螺纹。车螺纹是螺纹加工的基本方法。其优点是设备和刀具的通用性大，并能获得精度高的螺纹，所以任何类型的螺纹都可以在车床上加工。其缺点是生产率低，要求工人技术水平高。

车螺纹时，螺纹的截面形状由车刀保证。车刀的形状必须与螺纹截面相吻合。螺纹截面的精度取决于螺纹车刀的刃磨精度及其在车床上的正确安装。

安装螺纹车刀时，应使刀尖与工件轴线等高，否则会影响螺纹的截面形状，并且刀尖的平分线要与工件轴线垂直。如果车刀装得左右歪斜，车出来的牙形就会偏左或偏右。为了使车刀安装正确，可采用样板对刀，如图 8-37 所示。

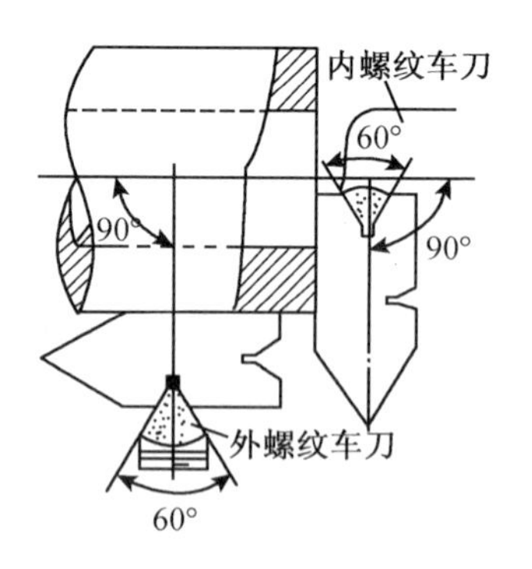

图 8-37 螺纹车刀的形状及对刀方法

8.6.3 调整机床

车削螺纹时，螺距是由车床传动系统保证的。为了得到准确的螺距，必须保证工件转一圈，刀具准确地沿纵向移动一个螺距或导程。一定的螺纹螺距或导程要求工件(主轴)转速与丝杠转速之间保持一定的传动比，这种传动比是通过进给箱内的变速齿轮及挂轮(交换齿轮)的合理搭配来实现的。图 8-38 所示为某车床车螺纹时的传动系统示意简图。

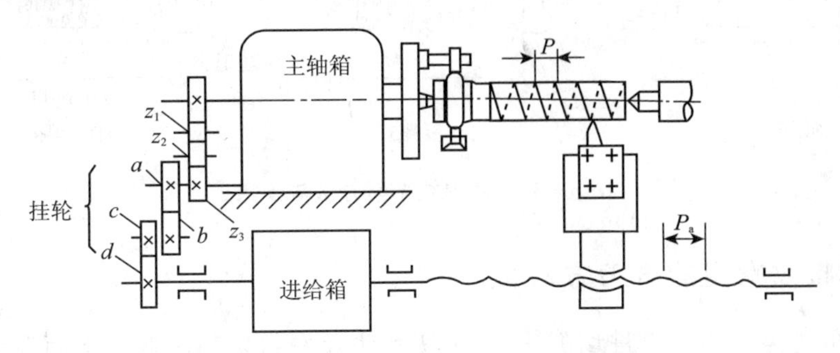

图 8-38　简化的车螺纹的传动系统示意图

车削标准螺纹时，可以根据工件的螺距，查机床进给箱的标牌，调整进给箱上手柄的位置获得所需要的工件螺距。对于特殊螺距的螺纹有时需要更换挂轮才能获得所需的螺距。

车床调整好后，选择较低的主轴转速，初学者应将车床主轴转速调到最低转速。开动车床，合上开合螺母，开正反车数次后，检查丝杠与开合螺母的工作状态是否正常，为使刀具移动较平稳，需消除车床各拖板的间隙及丝杠螺母的间隙。

8.6.4 车削外螺纹的操作方法与步骤

车螺纹前要做好准备工作，首先把工件的螺纹外圆直径按要求车好，然后用刀尖在工件上的螺纹终止处刻一条微可见线，以它作为车螺纹的退刀标记，最后将端面处倒角，装夹好螺纹车刀后，就可以按图 8-39 所示的方法与步骤进行车削：

步骤 1，开车，使刀尖轻微接触工件表面，记下刻度盘读数，向右退出车刀，其切削过程的路线如图 8-39(a)所示；

步骤 2，合上开合螺母，在工件表面上车出一条螺旋线，至螺纹终止线处横向退出车刀，停车，其切削过程的路线如图 8-39(b)所示；

步骤 3，开反车把车刀退到工件右端，停车，用钢直尺检查螺距是否正确，其切削过程的路线如图 8-39(c)所示；

步骤 4，利用刻度盘调整背吃刀量，开车切削，其切削过程的路线如图 8-39(d)所示；

步骤 5，车刀将至行程终了时，应做好退刀停车准备，先快速退出车刀，然后开反车退出刀架，其切削过程的路线如图 8-39(e)所示；

步骤 6，再次横向切入，继续切削至车出正确的牙型，其切削过程的路线如图 8-39(f)所示。

螺纹车削的特点是刀架纵向移动比较快，因此操作时既要胆大心细，又要精力集中，动作迅速协调。

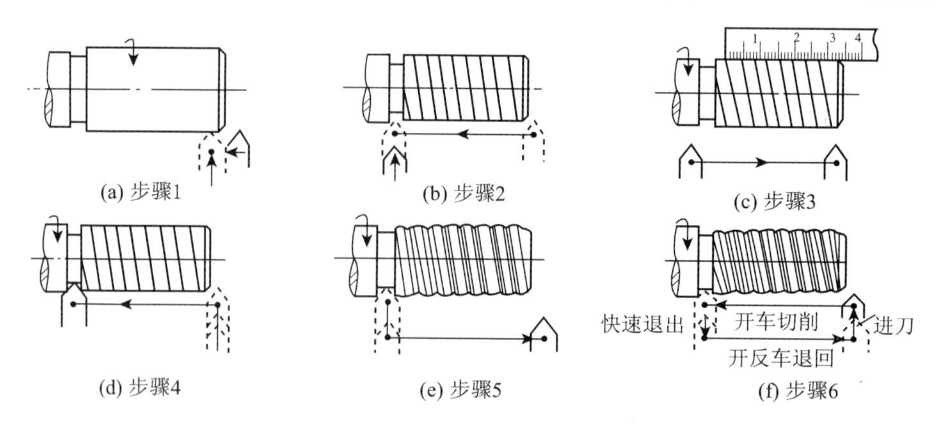

图 8-39　外螺纹车削方法与步骤

8.6.5　车削螺纹常用的进刀方法

车削螺纹的进刀方法有直进切削法、斜进切削法及左右切削法等。下面介绍常见的直进切削法及斜进切削法。

直进切削法如图 8-40(a)所示,进刀方向垂直工件轴线,在车削螺纹时车刀的左右两侧都参加切削。每次加深进刀时,只由中刀架作横向进给,直至把螺纹工件车好为止。这种方法操作简单,能保证牙形准确,且车刀两侧刃所受的轴向切削分力有所抵消。但用这种方法车削时,排出的切屑会绕在一起,造成排屑困难。如果进给量过大,还会产生扎刀现象。由于车刀的受热和受力情况严重,刀尖容易磨损,螺纹表面粗糙度不易保证,所以直进切削法一般用来车削螺距较小和脆性材料的螺纹。

斜进切削法如图 8-40(b) 所示,进刀方向斜向轴线。用此法车削时,车刀车削条件好,可增大每次进给量。但加工面粗糙度值较大,并且螺纹牙形不够准确,适用于粗加工,最后精车时应采用直进切削法进刀,以保证螺纹牙形准确。

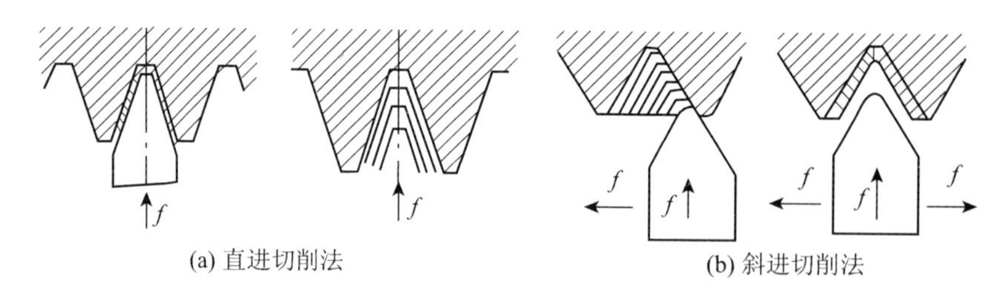

图 8-40　车削三角螺纹的进刀方法

8.6.6　乱扣及其防止方法

在车削螺纹时,有时出现乱扣现象。所谓乱扣就是前后两次走刀车出的螺旋槽轨迹不重合,刀尖偏左或偏右,出现车坏螺纹的现象。为了避免乱扣,若车床丝杠的螺距除以工件螺距的比值为整数,可采用提闸(提开合螺母)的加工方法防止乱扣。即在第一条螺纹槽车好以后,退刀提闸,然后用手将大拖板摇回螺纹头部,再合上开合螺母车第二刀,直至螺纹车好为止。

如果丝杠的螺距与工件的螺距之比不为整数,若采用提闸的加工方法,则会乱扣。为避免乱扣,在车削过程和退刀时,应始终保持主轴至刀架的传动系统不变。即不能随意打开开合螺母,每车一刀后必须开反车将车刀退回到起点,然后再进刀开正车切削,直至螺纹合格。如中途需拆下刀具刃磨,磨好后应重新对刀。对刀必须再合上开合螺母使刀架移到工件的中间停车进行。此时移动刀架使车刀切削刃与螺纹槽相吻合且工件与主轴的相对位置不能改变。

8.7 车成形面

有些机器零件,如手柄、手轮、圆球、凸轮等,它们不像圆柱面、圆锥面那样母线是一条直线,而是一条曲线,这样的零件表面叫做成形面。在车床上加工成形面的方法有双手控制法、用样板刀法和用靠模板法等。

8.7.1 双手控制法车成形面

单件或小批加工成形面时,通常采用双手控制法车削成形面,所谓双手控制法,就是左手摇动中拖板手柄,右手摇动小拖板手柄,两手配合协调动作,使刀尖走过的轨迹与所要求的成形面曲线相同。在操作时,左右摇动手柄要熟练,配合要协调,最好先做个样板,对照它来进行车削,如图8-41所示。当车好以后,如果表面粗糙度达不到要求,可用砂布或锉刀进行抛光。双手控制法的优点是不需要其他附加设备,灵活方便,缺点是不容易将工件车得很光整,需要较高的操作技术,生产率也很低。

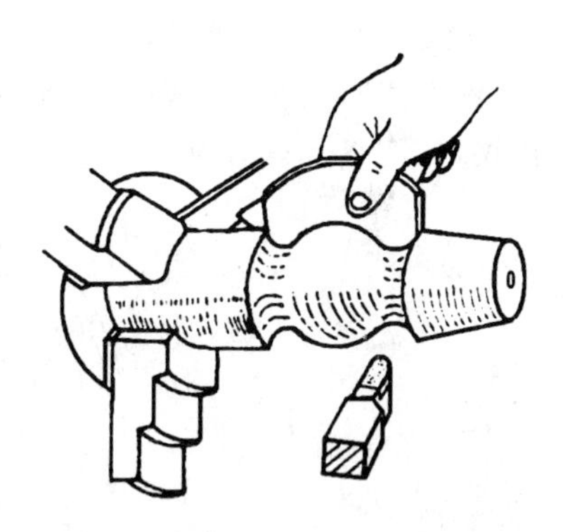

图8-41 用样板对照车削车成形面

8.7.2 用成形刀车成形面

用成形刀车成形面,如图8-42所示。用成形刀车成形面时,其加工精度主要靠刀具保证,要求刀刃形状与工件表面吻合,装刀时刃口要与工件轴线等高。由于切削时车刀和工件接触面大,切削抗力也大,容易引起振动,因此需要采用小切削量,只作横向进给,且要有良好润滑条件。此法操作方便,生产率高,且能获得精确的表面形状。但由于受工件表面形状和尺寸的限制,且刀具制造、刃磨较困难,因此只在成批生产较短成形面的零件时采用。

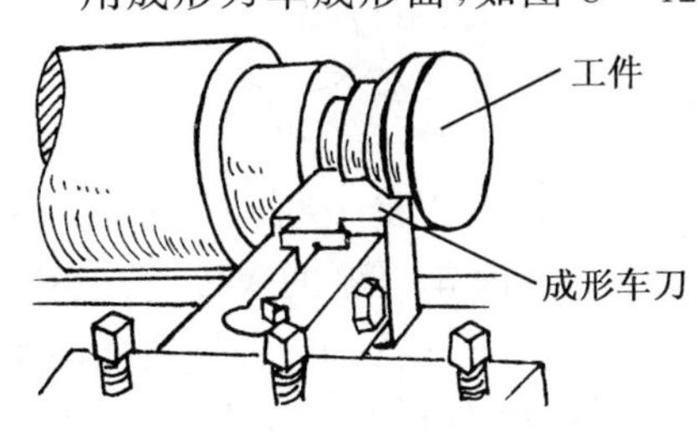

图8-42 用成形刀车成形面

8.7.3 用靠模法车成形面

如图8-43所示为用靠模法加工手柄的成形面。车削时刀架的横向滑板已经与丝杠脱开,其前端的连接板上装有滚柱。当大拖板纵向走刀时,滚柱即在靠模的曲线槽内移动,从而使车刀刀尖也随着曲线移动,同时用小刀架控制切深,即可车出手柄的成形面。这种方法加工成形面,操作简单,生产率较高,加工精度高,主要用于成批量生产中。当靠模的槽为直槽时,将靠模扳转一定角度,即可用于车削锥度。

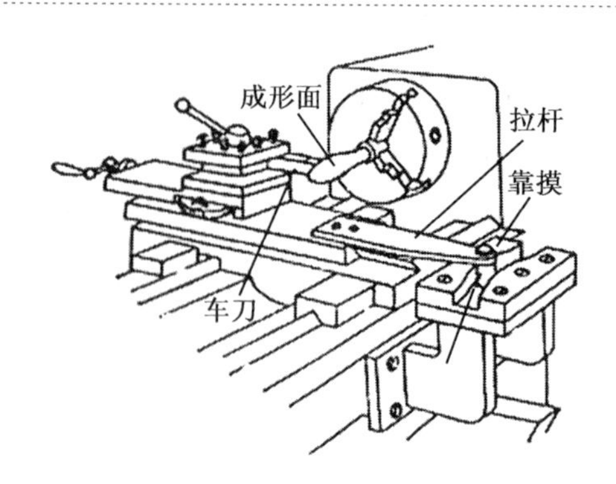

图 8-43　用靠模法车成形面

8.8　滚　花

有些机器零件或工具，为了便于握持和外形美观，往往在工件表面上滚出各种不同的花纹，这种工艺叫滚花。滚花一般是在车床上用滚花刀来挤压工件，使其表面产生塑性变形而形成花纹，如图 8-44 所示。花纹有直纹和网纹两种，滚花刀相应有直纹滚花刀和网纹滚花刀两种。

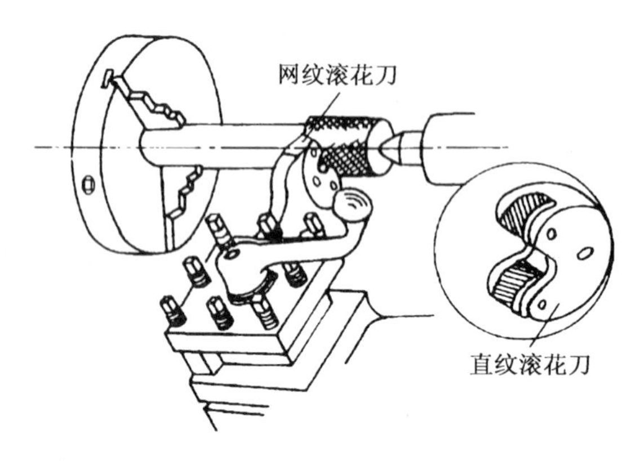

图 8-44　在车床上滚花

滚花前，将工件直径车到比需要的尺寸略小 0.5 mm 左右，表面要粗糙一些。车床转速也要低一些(一般为 200～300 r/min)。然后将滚花刀装在刀架上，使滚花刀轮的表面与工件表面平行接触，滚花刀对着工件轴线开动车床，使工件转动。当滚花刀刚接触工件时，要用较大较猛的压力，使工件表面刻出较深的花纹，否则会把花纹滚乱。这样来回滚压几次，直到花纹滚凸出为止。在滚花过程中，需要充分供给冷却润滑液。并且应经常清除滚花刀上的铁屑，以免研坏滚花刀和防止细屑滞塞在滚花刀内而产生乱纹。此外，由于滚花时径向挤压力很大，所以工件和滚花刀必须装夹牢固，工件不可以伸出太长，如果工件太长，就要用后顶尖顶紧。

8.9　其他车床

为了满足零件加工的需要以及提高切削加工的生产率，除用卧式普通车床外，还有六角(转塔)车床、立式车床、多刀车床、自动和半自动车床及数控车床等各种类型的车床。下面仅介绍六角车床和立式车床的主要特点。

8.9.1 六角车床(转塔车床)

六角车床如图 8-45 所示,适宜于外形复杂而且多半具有内孔的中小型零件的成批生产。

六角车床与普通车床的不同之处是有一个如图 8-45(b)所示的可转动六角(转塔)刀架,代替了普通车床上的尾座。在六角刀架上可以装夹多把刀具,如钻头、铰刀、板牙等。根据预先的工艺规程,调整刀具位置和行程距离,依次进行加工。六角刀架每转 60°便更换一组刀具,而且与横刀架的刀具可同时对工件进行加工。此外,机床上有定程装置,可控制尺寸,节省了很多度量工件的时间。

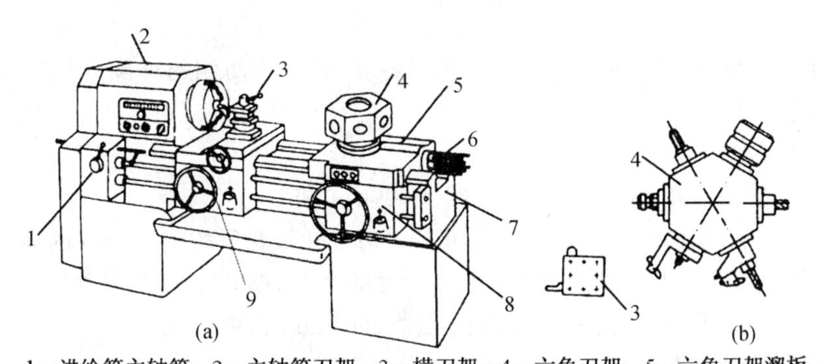

1—进给箱主轴箱;2—主轴箱刀架;3—横刀架;4—六角刀架;5—六角刀架溜板;
6—定程装置;7—床身;7—丝杠;8—六角刀架溜板箱;9—横刀架溜板箱

图 8-45 六角车床

8.9.2 立式车床

图 8-46 所示为常见的单柱立式车床。

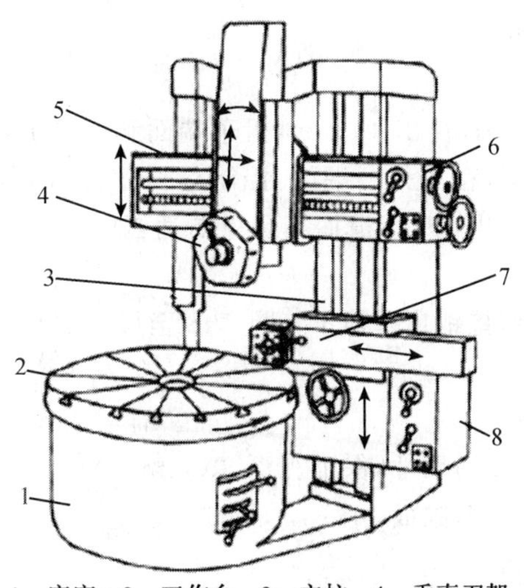

1—底座;2—工作台;3—立柱;4—垂直刀架;
5—横梁;6—垂直刀架进给箱;7—侧加架;
8—侧刀架进给箱;9—顶梁

图 8-46 立式车床

它的主轴处于垂直位置,安装工件用的工作台(花盘)处于水平位置。即使安装大型零件,运转仍很平稳。立柱上装有横梁,可上下移动;立柱及横梁上都装有刀架,可上下、左右移动。立式车床主要用来加工大型圆盘类零件,常用于单件、小批量生产及维修中。

8.10 车削加工综合训练

车削加工综合训练1

车削加工如图8-47所示的传动轴零件,毛坯是材料为45的圆钢,尺寸为Φ45×165 mm。

图样中两侧的Φ35 mm外圆之间有同轴度要求,因此这两侧的外圆精加工应在一次装夹中完成才能保证要求。

车削加工步骤如下:

1. 用三爪卡盘夹毛坯Φ45外圆,车平端面,钻中心孔。
2. 安装同上。车Φ40×100,Φ35×67,Φ30×32外圆,各段均留1 mm的余量。
3. 调头,用三爪卡盘夹Φ40的外圆,车外圆Φ35×35,Φ30×33,各段均留1 mm的余量。
4. 安装同上。车平端面,控制工件全长尺寸160 mm,钻中心孔。
5. 用双顶尖及鸡心夹头装夹工件,精车各外圆尺寸至要求,倒角1.5×45°共三处。

思考一下,能否采用不同的加工步骤加工这一零件?

车削加工综合训练2

在车床上加工图8-48所示的接头零件,毛坯是尺寸为Φ50×90 mm,材料为45的圆钢。

图样中的Φ35 mm内孔与Φ48 mm外圆之间有同轴度要求,因此应先车外圆再加工内孔并一次装夹完成,才能保证要求。

车削加工步骤如下:

① 用三爪卡盘夹毛坯外圆,伸出40 mm,粗车端面和Φ48 mm外圆,留精加工余量。

② 调头夹Φ48 mm外圆,粗车另一端面,控制总长90 mm,留余量。

③ 粗车、精车Φ28×30,粗车时留精加工余量要适当。

④ 车3×2槽。

⑤ 调头夹Φ28 mm外圆(垫铜皮),精车外圆Φ48至尺寸,精车外圆Φ45 mm到尺寸和端面,保证零件总长90 mm。

⑥ 用钻头钻通孔Φ16 mm。

⑦ 粗车、精车孔Φ35 mm到尺寸,保证孔深30 mm。

⑧ 调头夹Φ45 mm外圆,车锥面。

⑨ 车螺纹M28×2,并倒角1×45°。

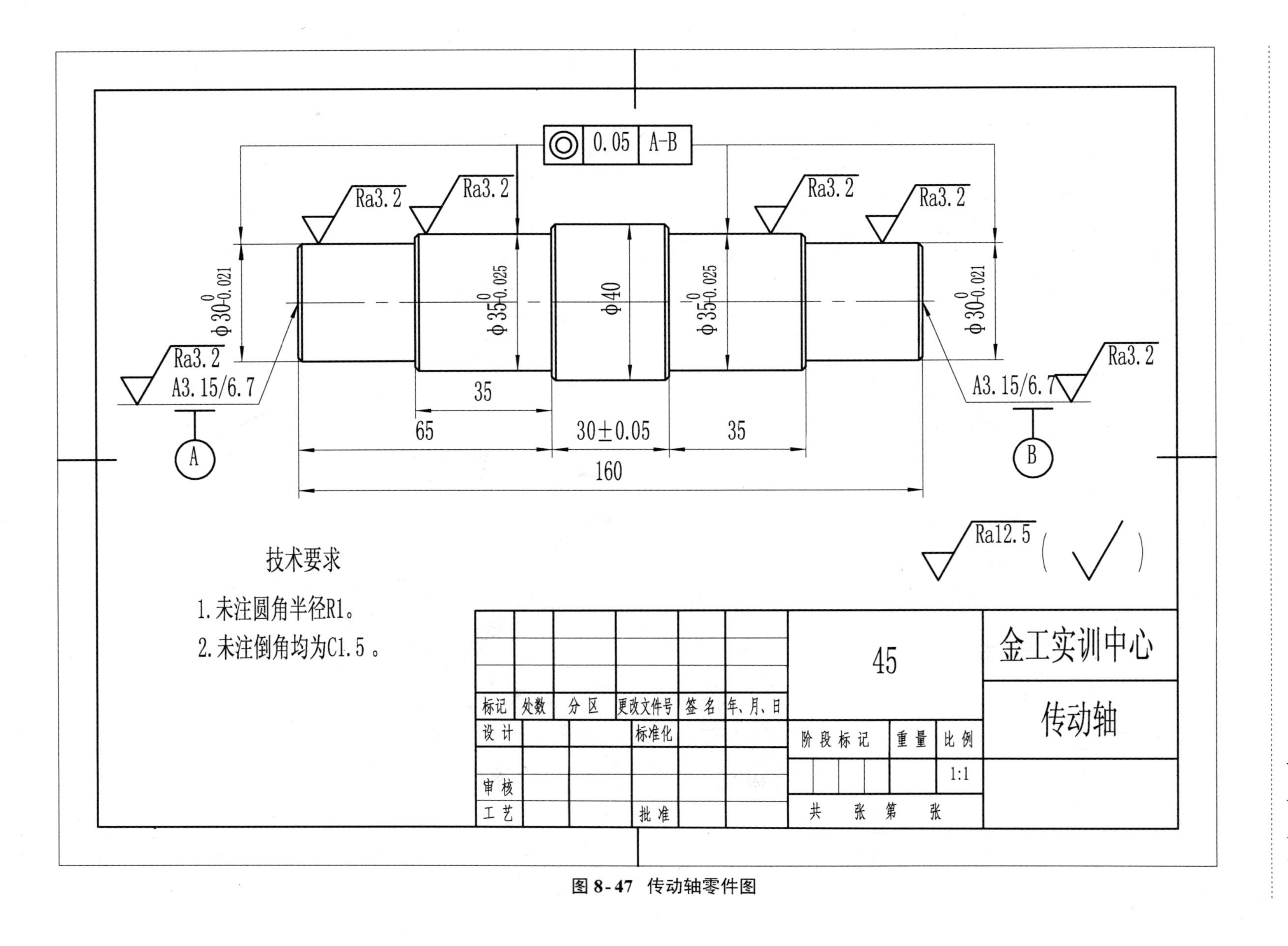

0.05
A-B
Ra3.2
Ra3.2
Ra3.2
Ra3.2
φ30$^{0}_{-0.021}$
φ35$^{0}_{-0.025}$
φ40
φ35$^{0}_{-0.025}$
φ30$^{0}_{-0.021}$
Ra3.2
A3.15/6.7
A3.15/6.7
Ra3.2
35
65
30±0.05
35
160
A
B
Ra12.5
技术要求
1.未注圆角半径R1。
2.未注倒角均为C1.5。
45
金工实训中心
传动轴
标记
处数
分区
更改文件号
签名
年、月、日
设计
标准化
阶段标记
重量
比例
1:1
审核
工艺
批准
共　张　第　张

图 8-47　传动轴零件图

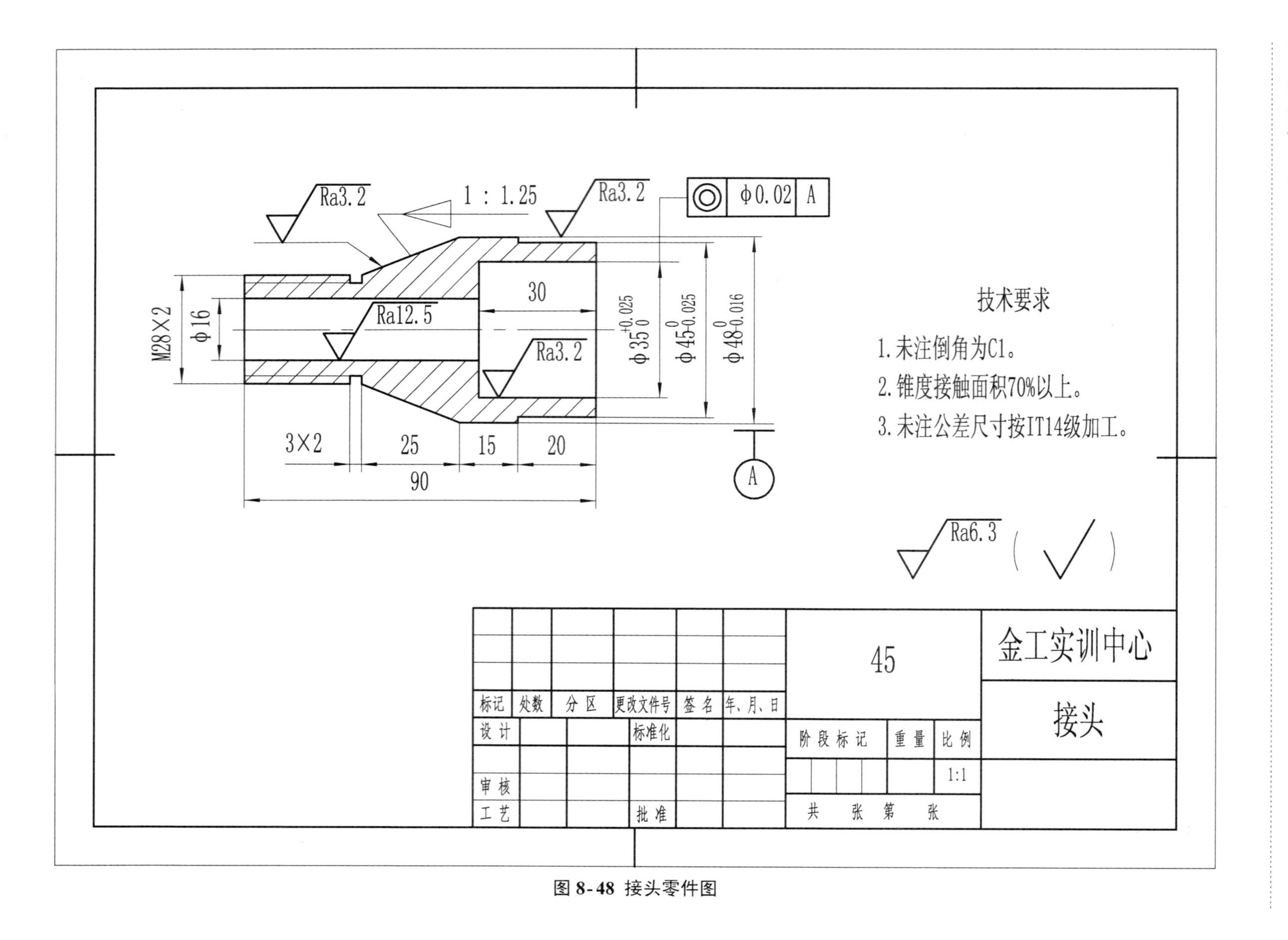
Ra3.2
1:1.25
Ra3.2
Φ0.02
A
M28×2
Φ16
Ra12.5
30
Ra3.2
Φ35+0.025 0
Φ45 0 -0.025
Φ48 0 -0.016
3×2
25
15
20
90
A
技术要求
1.未注倒角为C1。
2.锥度接触面积70%以上。
3.未注公差尺寸按IT14级加工。
Ra6.3
45
金工实训中心
接头
标记
处数
分区
更改文件号
签名
年、月、日
设计
标准化
审核
工艺
批准
阶段标记
重量
比例
1:1
共 张 第 张

图8-48 接头零件图

复习题

1. 车床上能加工哪些表面？各用什么刀具？

2. 解释C6132A、C6140的含义。

3. 车削时，工件和刀具需作哪些运动？

4. 丝杠和光杠的作用是什么？

5. CA6140车床的光杠是通过什么传动方式将旋转运动变成刀具的纵向直线运动的？用什么方法改变自动走刀的方向？丝杠是通过什么传动方式把旋转运动变为刀具的直线运动的？

6. 车床尾座起到什么作用？

7. 车削的切削用量有哪些？

8. 试切的目的是什么？调整背吃刀量时为什么要用试切法？如何进行？

9. 车削外圆时，工件已加工表面直径为30 mm，待加工表面直径为40 mm，切削速度为1.5 m/s。求：(1)背吃刀量a_p；(2)车床主轴转速n。

10. 刀架由哪几部分组成？各起什么作用？

11. 常用车刀有哪几种？各有何用途？

12. 车刀切削部分由哪些刀面、刀尖组成？它们是如何定义的？

13. 为什么车削时一般先要车端面？为什么钻孔前也要先车端面？

14. 试比较粗车和精车在加工目的、加工质量、切削用量和使用刀具上的差异。

15. 为什么要停车变速？

16. 为什么要开车对刀？

17. 切断刀容易断裂的原因何在？

18. 镗孔与车外圆相比较在切削特点、刀具结构、装刀要求、切削用量上有何不同？

19. 在车床上加工圆锥面有哪几种方法？特点如何？

20. 在什么情况下使用偏移尾座法？

21. 车削锥角较大，长度较短的锥体时常用什么方法？

22. 螺纹车刀的形状和一般外圆车刀有何区别？如何安装？

23. 车螺纹时为什么要用丝杠传动？切削时为什么一般要开反车使刀架退回？

24. 如何防止车螺纹时的乱扣？试说明车螺纹的步骤。

25. 三爪自定心卡盘装夹十分方便，但为何又出现用四爪卡盘和花盘进行装夹？在使用四爪卡盘和花盘装夹时如何对工件进行找正？

26. 何种工件适合用双顶尖安装？工件上的中心孔有何作用？

27. 什么样的工件需要采取心轴安装？

28. 中心架和跟刀架起到什么作用？在什么场合下使用？

29. 图8-49所示为带孔圆锥螺纹轴零件，材料45钢，加工数量5件，请制定其加工工艺过程，并按工艺过程的步骤把零件加工出来。

30. 图8-50所示为梯形螺杆轴零件，试把该零件加工出来。

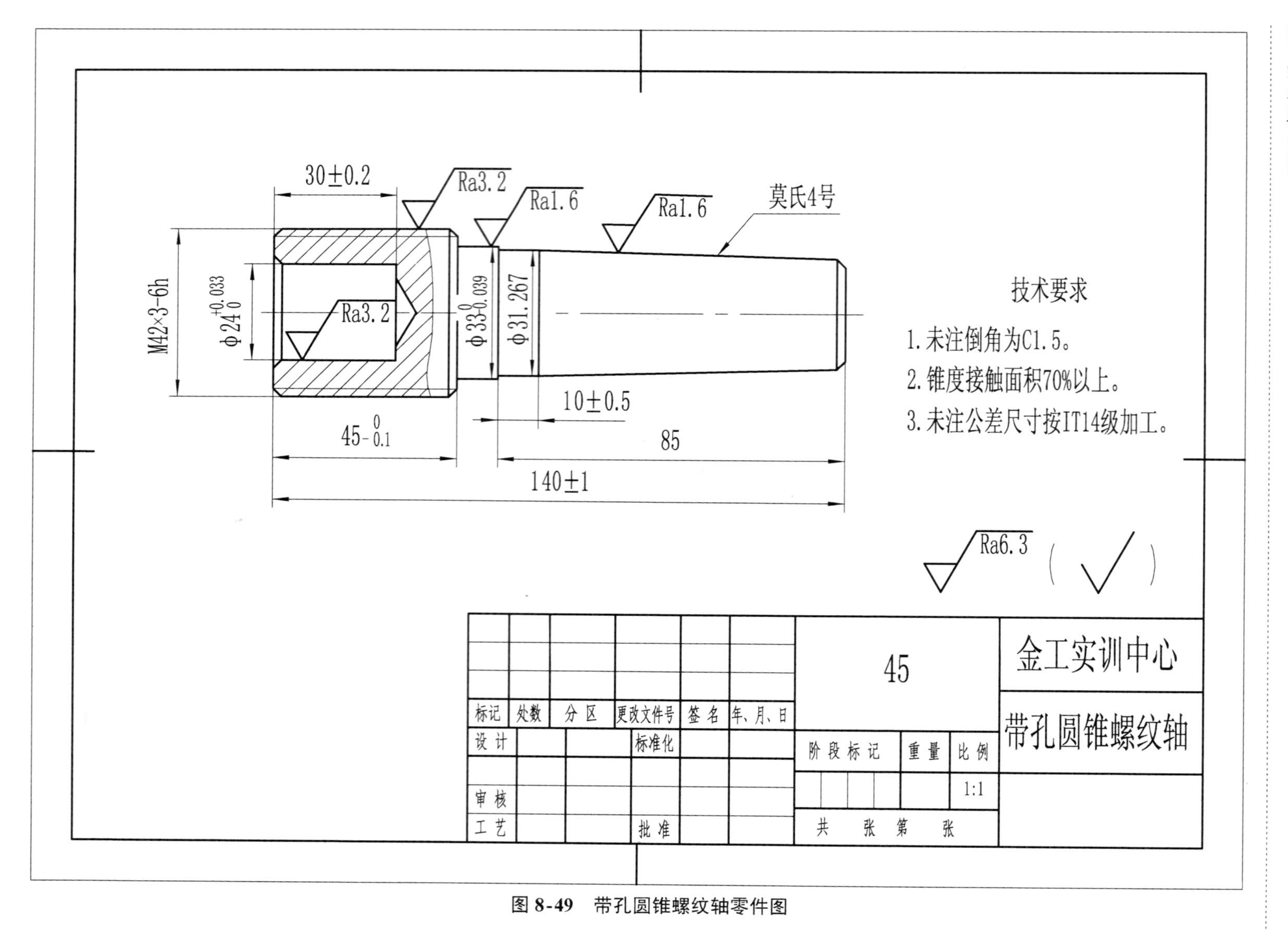

图 8-49 带孔圆锥螺纹轴零件图

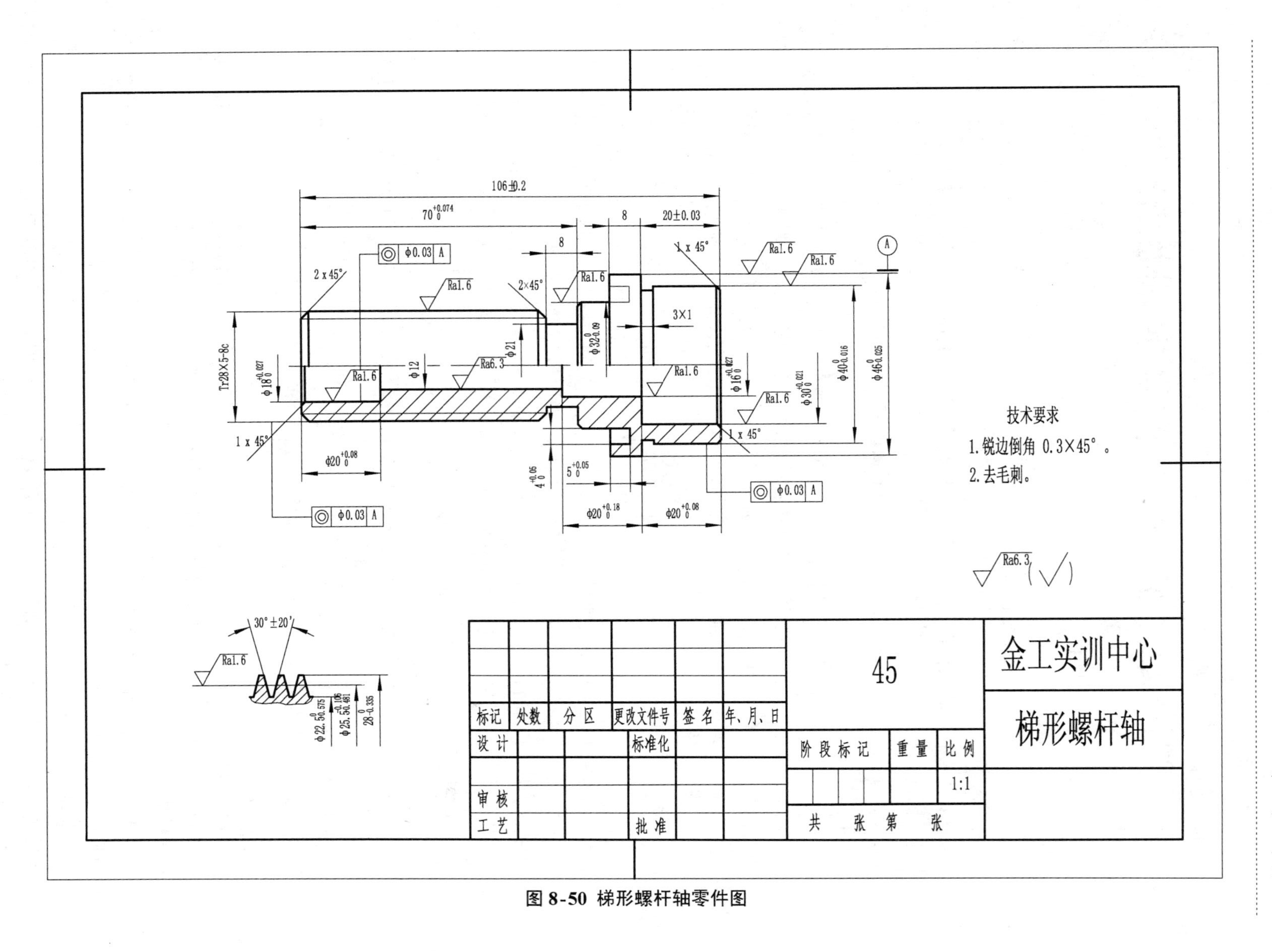

图 8-50　梯形螺杆轴零件图

第9章　铣削、刨削及磨削加工

本章导读

1. 主要内容

铣削、刨削及磨削加工机床。典型零件的铣削、刨削、磨削加工方法、加工特点及应用。

2. 重点、难点提示

铣削、刨削及磨削加工的基本知识。典型表面的加工方法。

铣削、刨削及磨削加工都是常用的机械加工方法。铣削、刨削及磨削都可以完成普通平面以及简单斜面的加工；铣削、磨削还可以完成轴孔类表面的加工，同时铣削还可以完成复杂曲面的加工。而且，综合运用铣削、刨削及磨削，可以完成不同的加工工艺要求，获得不同的加工精度。因此，铣削、刨削及磨削加工的应用范围非常广泛，是重要的机械加工手段。

9.1　铣削加工基础

铣削加工是一种常用的金属切削加工方法。铣削加工是利用铣刀与铣床工作台上工件的相对运动，切去工件表面的多余金属，获得一定尺寸精度、表面形状、位置精度和表面粗糙度要求的零件的加工方法。通常，铣削运动中是以刀具的旋转运动作为主运动，工件的直线运动作为进给运动。铣削加工具有加工范围广，生产效率及加工精度较高等特点，在机械行业中得到广泛的应用。

9.1.1　铣　床

铣床可分为：卧式升降台铣床、立式升降台铣床、龙门铣床、工具铣床以及各种专门化铣床等。

1. 卧式万能铣床

卧式万能铣床的主要组成部分及作用如图9-1所示。

(1) 床身

床身用来支撑和连接各部件，安装在底座上。床身顶面的水平导轨支撑横梁，前侧导轨供升降台移动。床身内部装有主轴变速系统、主运动变速系统及润滑系统。

(2) 横梁

横梁上装有刀杆挂架，用以支撑刀杆的一端，以增强刀杆的刚性。横梁在床身上的位置可根据刀杆的长度进行调整。

(3) 主轴

主轴是空心轴，一般与工作台面平行，前端有锥孔，用以安装铣刀杆和刀具。

(4) 工作台

工作台安装在回转盘的上面。工作台上有T形槽，可直接安装工件，也可安装附件或夹具，它可沿转台的导轨作纵向移动和进给。

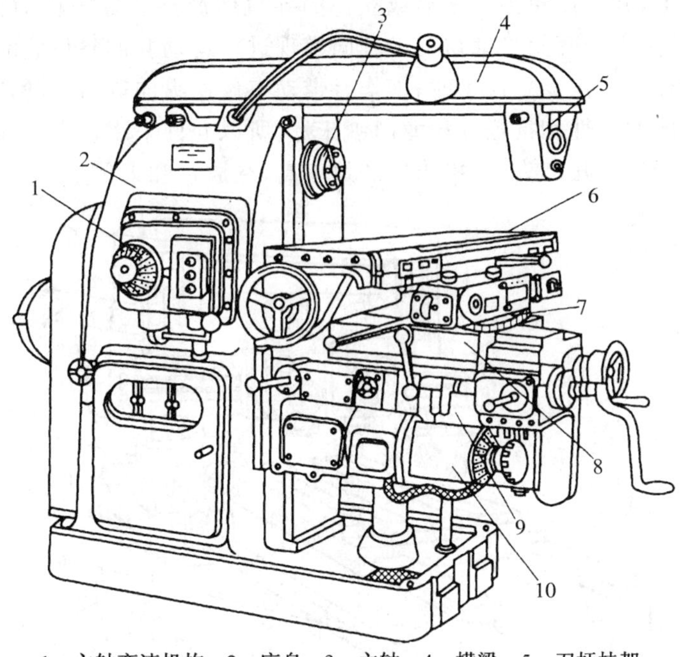

1—主轴变速机构；2—床身；3—主轴；4—横梁；5—刀杆挂架；
6—工作台；7—回转盘；8—床鞍；9—升降台；10—进给变速机构

图 9-1　卧式万能铣床

(5) 升降台

升降台安装在床身正面垂直的导轨上，可沿导轨作垂直移动，调整工作台与铣刀的距离，升降台内部装有进给电动机和进给变速机构。

(6) 主轴变速机构

主轴变速机构的操纵部分设在床身左侧，它的作用是将主轴电动机的固定转速通过齿轮变速机构转换成不同的转速传递给主轴，满足不同的加工需要。

(7) 进给变速机构

进给变速机构装在升降台内部，它将进给电动机的固定转速通过其齿轮变速机构变换成不同的转速，获得不同的进给速度。

2. 立式铣床

如图 9-2 所示立式铣床，与卧式铣床在结构上的主要区别是它的主轴与工作台面垂直，可用各种端铣刀或立铣刀加工平面、斜面、沟槽、台阶、齿轮、凸轮以及封闭的轮廓表面等。

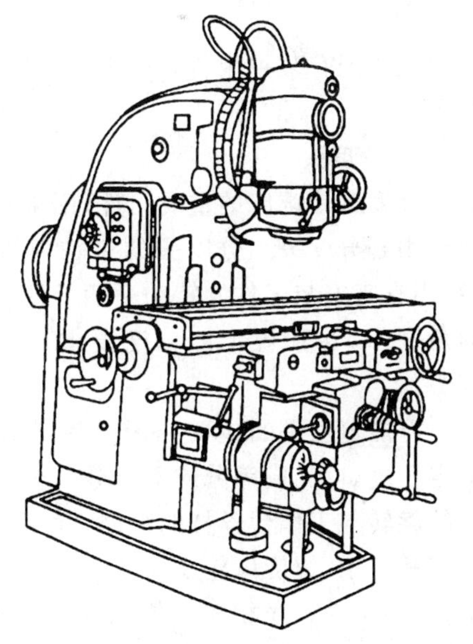

图 9-2　立式铣床

3. 龙门铣床

图 9-3 为龙门铣床。龙门铣床是一种大型高效能通用机床，主要用于加工各类大型工件上的平面和沟

槽,它不仅可以对工件进行粗铣、半精铣,也可以进行精铣加工。龙门铣床的铣刀头可以分别安装在横梁和立柱上,并可以单独沿横梁或立柱的导轨作调整位置的移动。每个铣头都可以独立运动,又能由铣头主轴套筒带动铣刀沿轴向实现进给运动和调整位置的移动,根据加工需要每个铣头还能旋转一定角度。加工时,工作台带动工件作纵向进给运动,其余运动由铣头的运动实现。龙门铣床的刚性和抗振性比龙门刨床好,所以允许采用较大切削量,并可用几个铣头同时在不同的方向加工几个表面,机床生产效率高,在成批和大量生产中广泛应用。

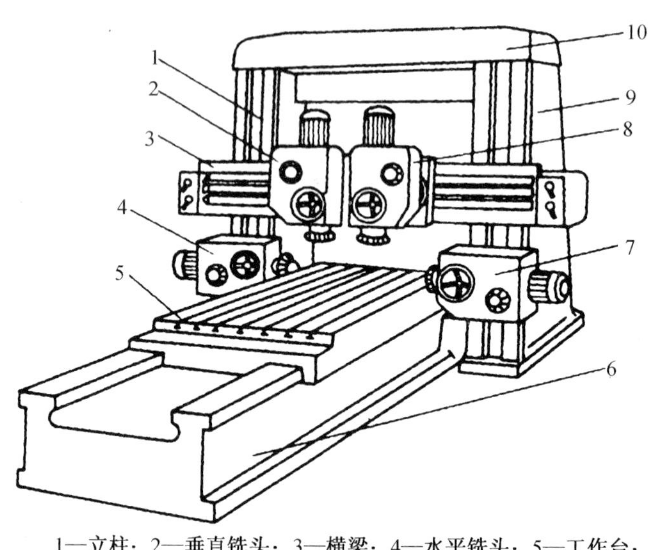

1—立柱;2—垂直铣头;3—横梁;4—水平铣头;5—工作台;
6—床身;7—水平铣头;8—垂直铣头;9—立柱;10—顶梁

图9-3 龙门铣床

9.1.2 铣床附件

铣床配有多种附件,用来扩大加工工艺范围,其中主要的附件有回转万能分度头和工作台。

1. 分度头

分度头是铣床的重要附件,用来扩大铣床的工艺范围。铣削多边形、花键、齿轮等工件时,都要用到分度头。分度头的主轴前端一般装有三爪卡盘或顶尖,用它来安装工件。转动手柄可使主轴带动工件转过所需要的角度,以达到规定的分度要求。如图9-4所示为万能分度头。

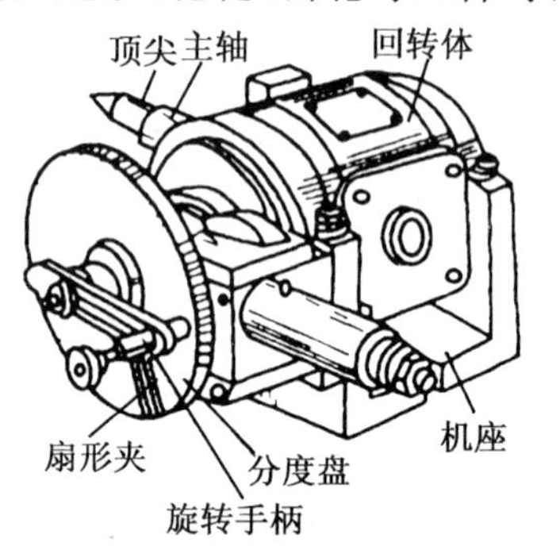

图9-4 万能分度头

万能分度头的主要作用是使工件绕分度头主轴轴线回转一定角度,以完成等分或不等分的分度工作。通过分度头使工件的旋转与工作台丝杠的纵向进给保持一定的运动关系,可以加工螺旋槽、螺旋齿轮及阿基米德螺旋线凸轮等。用卡盘夹持工件,使工件轴线相对于铣床工作台倾斜一定角度,以加工与工件轴线相交成一定角度的平面、沟槽及直齿锥齿轮等。

万能分度头常用的分度方法有直接分度法、简单分度法及差动分度法。下面介绍最常用的简单分度法。

简单分度法是直接利用分度盘进行分度的方法。图 9-5 所示为万能分度头传动系统，蜗轮蜗杆副的传动比为 1∶40。分度时用分度盘紧定螺钉锁定分度盘，拔出定位插销转动分度手柄，通过传动系统使分度头实现一定角度的旋转。

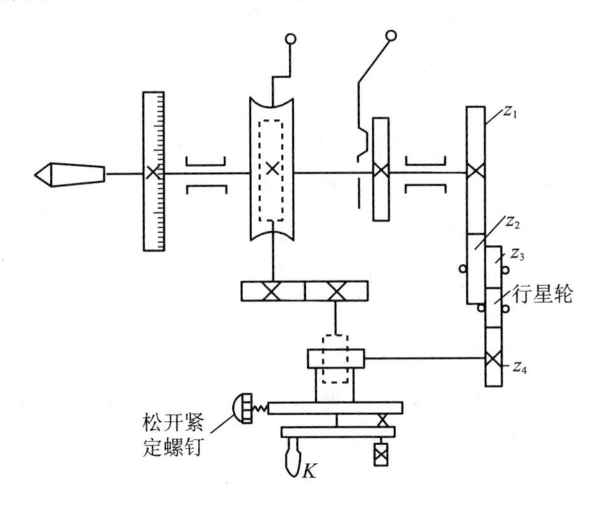

图 9-5　万能分度头传动系统

如要将工件分成 z 等分，每次工件(主轴)要转过 $1/z$ 转，则分度头手柄所转圈数为 n 转，它们应满足如下比例关系：

$$n=\frac{1}{z}\times\frac{40}{1}\times\frac{1}{1}=\frac{40}{z}$$

可见，只要把分度手柄转过 $40/z$ 转，就可以使主轴转过 $1/z$ 转。

如图 9-4 所示，分度盘上有很多圈均匀分布的定位小孔，以适应不同的分度要求。

一般情况，分度头上通常有两块分度盘。分度盘正反两面上有许多数目不同的等距孔圈，用来满足不同等份或不同角度的分度需求。

第一块分度盘正面各孔圈数依次为：24、25、28、30、34、37；

反面各孔圈数依次为：38、39、41、42、43。

第二块分度盘正面各孔圈数依次为：46、47、49、51、53、54；

反面各孔圈数依次为：57、58、59、62、66。

例 9-1　现要铣齿数 $z=17$ 的齿轮，问在加工时如何用分度头分度？

解　每次分度时，分度手柄转数为

$$n=\frac{1}{17}\times\frac{40}{1}\times\frac{1}{1}=\frac{40}{17}=2+\frac{6}{17}$$

这就是说，每分一齿，分度手柄需转过 2 整圈再多转 6/17 圈，此处的 6/17 圈是通过分度盘来控制的。

分度前，先在上面找到分母 17 倍数的孔圈(例如：34、51)从中任选一个，如选 51，拔出定位销，转过 2 整圈之后，再沿孔圈数为 51 的孔圈转过 18 个孔距 。这样主轴就转过了 6/17 转，达到分度目的。

例 9-2　现要铣两条夹角是 106°的槽，问铣好一条以后，分度手柄应如何旋转？

解 已知分度手柄转 40 转,主轴转 1 转,即 360°。则分度手柄转 1 转,主轴转过 360°/40=9°,所以

$$n=\frac{106^\circ}{9^\circ}=11+\frac{7}{9}$$

由此可见,手柄需转过 11 整圈,然后再转 7/9 圈。

分度前,先找到 54 孔圈,拔出定位销,使手柄转过 11 圈之后,再沿孔圈数为 54 的孔圈转过 42 个孔距 。

为了避免每次分度时重复数孔之烦和确保手柄转过孔距准确,把分度盘上的两个扇形夹 1、2 之间的夹角调整到正好为手柄转过非整数圈的孔间距。这样每次分度就可做到快又准。

上述是运用分度盘的整圈孔距与应转过孔距之比,来处理分度手柄要转过的一个分数形式的非整数圈的转动问题。这种属简单分度法。

2. 回转工作台

回转工作台安装在铣床工作台上,用来装夹工件,以铣削工件上的圆弧表面或沿圆周分度。如图 9-6 所示,用手轮转动蜗杆轴,通过回转工作台内部的蜗杆蜗轮机构使转盘转动,转盘的中心为圆锥孔,利用它可以方便地确定工件的中心。利用 T 型槽、螺钉将工件夹紧在转盘上。传动轴和铣床的传动装置相连接,可进行机动进给。扳动手柄可接通或断开机动进给。调整挡铁的位置,可使转盘自动停止在所需要的位置上。

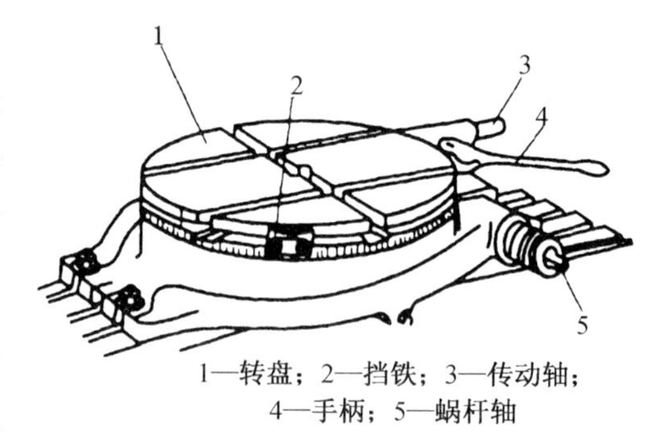

1—转盘;2—挡铁;3—传动轴;4—手柄;5—蜗杆轴

图 9-6 回转工作台的安装

9.1.3 铣 刀

铣刀是一种应用广泛的多刃回转刀具,其种类很多,图 9-7 所示为常用的铣刀。按用途分有:加工平面用的,如圆柱平面铣刀、端铣刀等;加工沟槽用的,如立铣刀、T 形铣刀和角度铣刀等;加工成形表面用的,如凸半圆和凹半圆铣刀;以及加工其他复杂成形表面用的铣刀。下面介绍几种常用铣刀的特点及其使用范围。

1. 圆柱铣刀

圆柱铣刀一般都是用高速钢整体制造。直线或螺旋形切削刃分布在圆柱表面,没有副切削刃,主要用在卧式铣床上铣平面。

2. 锯片铣刀

锯片铣刀本身很薄,只在圆周上有刀齿,它用于切断工件和铣狭槽。为了避免夹刀,其厚度由边缘向中心减薄使两侧形成副偏角。

3. 键槽铣刀

键槽铣刀主要用来铣轴上的键槽。它的外形与立铣刀相似,不同的是它在圆周上只有两个螺旋刀齿,并且端面刀齿的刀刃延伸至中心,因此在铣两端不通的键槽时,可以作适量的轴向进给。

4. 面铣刀

又称端铣刀,主切削刃位于圆柱或圆锥表面上,副切削刃位于圆柱或圆锥的端面上。铣刀

的轴线垂直于被加工表面，因此非常适合在立式铣床上加工平面。用面铣刀加工平面，同时参加切削的刀齿数多，又有副切削刃的修光作用，所以加工表面粗糙度小，因此在大平面铣削时采用面铣刀铣削，可以用较大的切削用量，生产效率高。

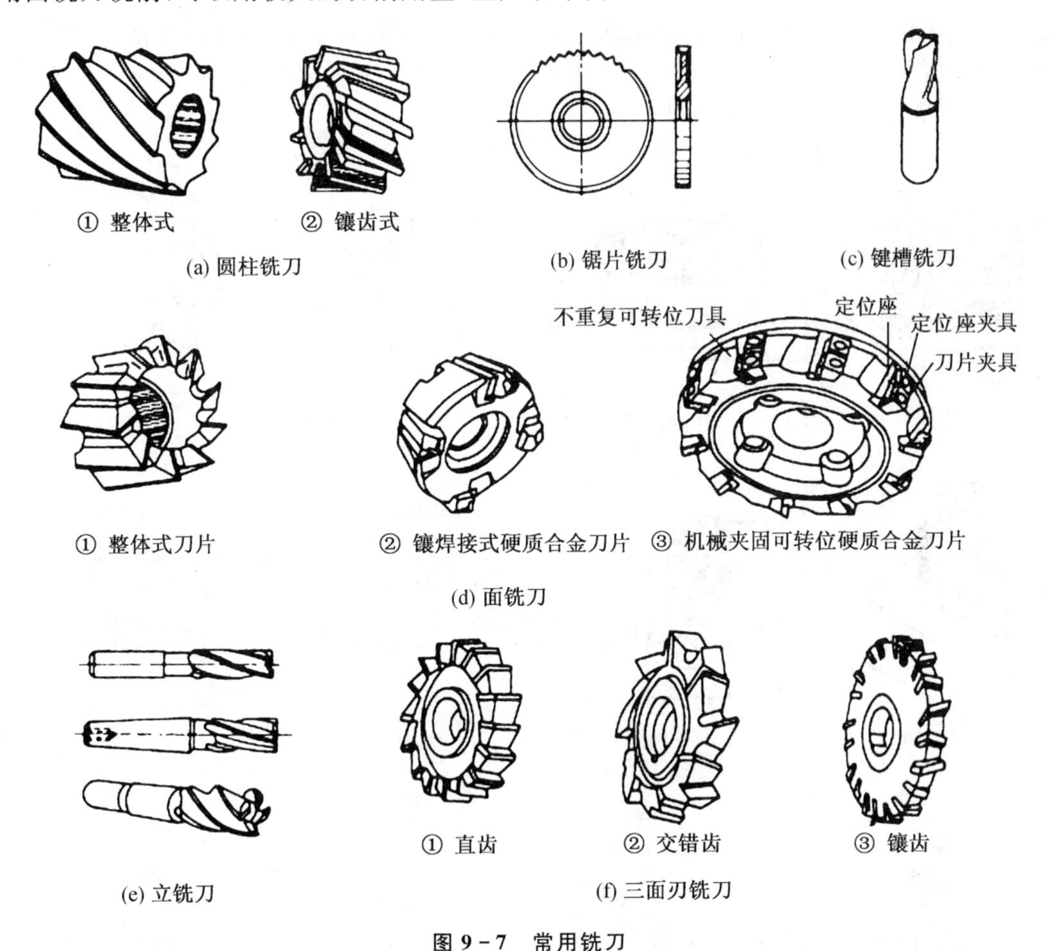

图 9－7　常用铣刀

5. 立铣刀

圆柱上的切削刃是主切削刃，端面上分布着副切削刃。立铣刀相当于带柄的小直径圆柱铣刀，工作时不能沿铣刀轴线方向作进给运动。它主要用于加工台阶面、平底槽以及利用靠模加工成形面等。

6. 三面刃铣刀

三面刃铣刀又称盘铣刀，在刀体的圆周上及两侧环形端面上均有刀刃，所以称为三面刃铣刀。它主要用在卧式铣床上加工台阶面和凹槽。三面刃铣刀除圆周有切削刃外，两侧面也有切削刃，从而改善了切削条件。

其他还有角度铣刀、成形铣刀、T 形槽铣刀、燕尾槽铣刀、仿形铣刀、指状铣刀等。

9.1.4　铣削加工工艺范围

铣削加工的工艺范围相当广泛，是平面加工的主要方法之一。铣削的工艺特点是：铣刀是典型的多刃刀具，加工过程有几个刀齿同时参加切削，切削宽度较大；铣削时的主运动是铣刀的旋转,有利于进行高速切削,故铣削的生产率较高。铣削过程中,对于每个刀齿而言是逐个参加切削,刀齿在离开工件的后,可以得到冷却。因此,刀齿散热条件好,有利于减少铣刀的磨损,延长了使用寿命。但是由于是断续切削,刀齿在切入和切出工件时会产生冲击,而且每个刀齿的切削厚度也时刻在变化,这就引起切削面积和切削力的变化。所以,铣削过程不平稳,容易产生振动。铣床、铣刀结构复杂,铣刀的制造与刃磨比刨刀困难,所以铣削成本较高。图9-8描述了铣削加工的工艺范围。

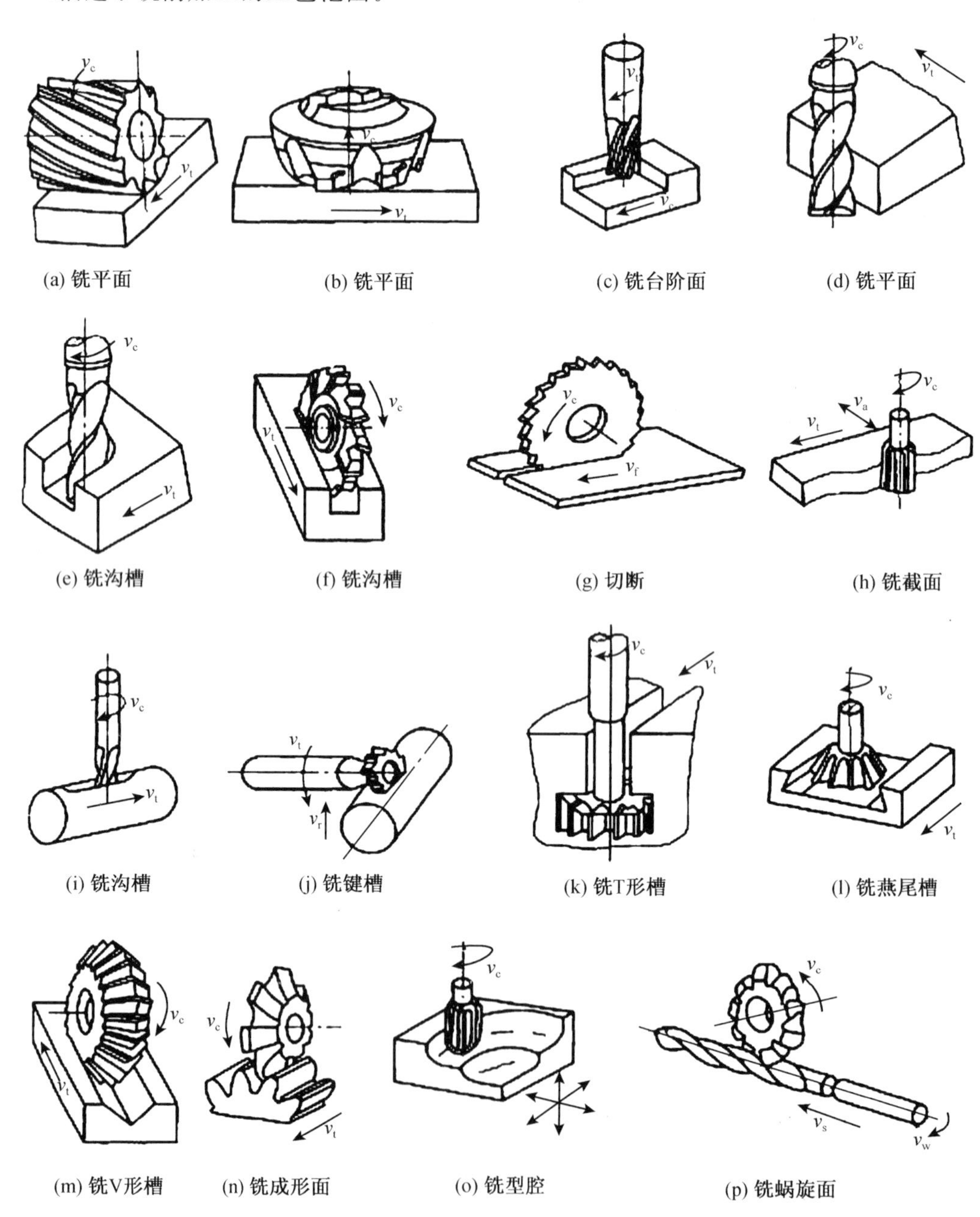

图9-8 铣削加工工艺范围

9.1.5　铣刀的安装、工件的装夹

1. 铣刀的安装

在卧式铣床中，铣刀被安装在刀杆上。刀杆的一端为锥体，装入主轴前端的锥孔中，并用拉杆螺钉与主轴连接。铣刀的装夹步骤如图 9－9 所示。装刀前应将刀杆、铣刀及垫圈擦干净，以免装夹不正。

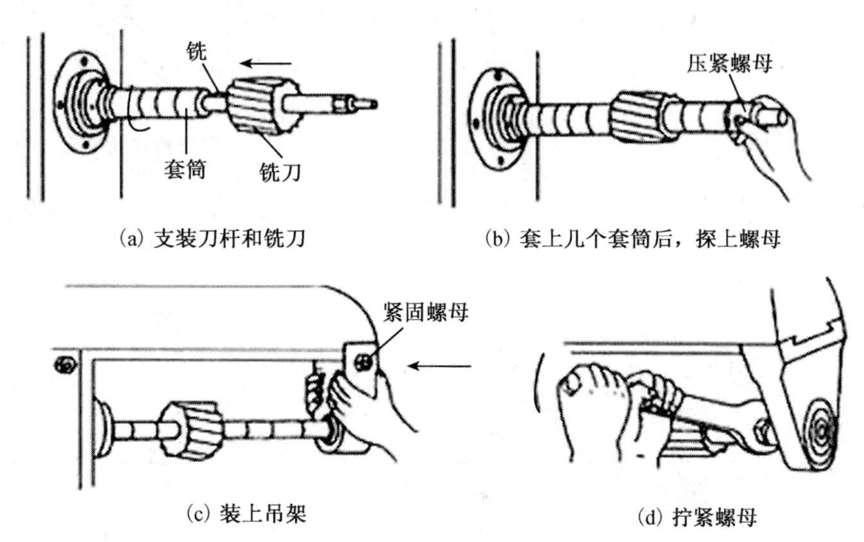

(a) 支装刀杆和铣刀　(b) 套上几个套筒后，探上螺母

(c) 装上吊架　(d) 拧紧螺母

图 9－9　卧式铣床铣刀的装夹

图 9－10 为立式铣床铣刀的装夹，图 9－10(a)为使用弹簧夹头安装直柄铣刀，铣刀柱柄插入弹簧套 2 中，用螺母 1 压住弹簧套的端面，弹簧套 2 的外锥挤紧在夹头体 3 的锥孔中面将铣刀夹住；图 9－10(b)为使用过渡锥套安装锥柄铣刀。锥柄铣刀亦可直接安装在铣床主轴的锥孔中。

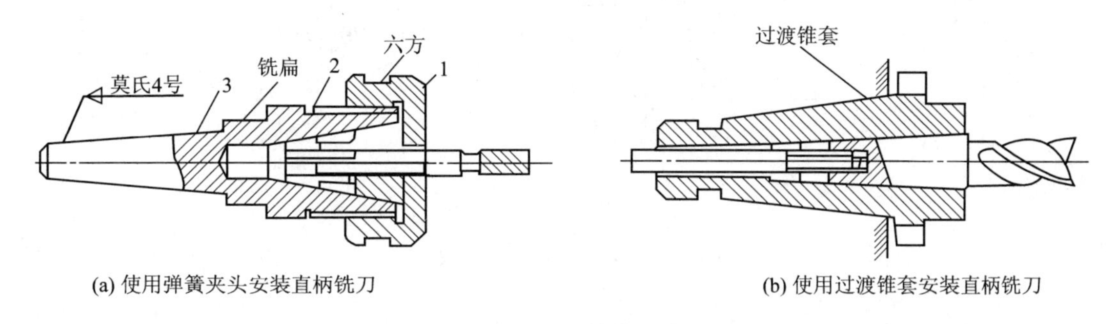

(a) 使用弹簧夹头安装直柄铣刀　(b) 使用过渡锥套安装直柄铣刀

图 9－10　立式铣床铣刀的装夹

2．工件的装夹

加工时，工件可用专用夹具或机床附件如平口钳装夹。用平口钳装夹时应先将平口钳钳口找正，并固定在工作台上。工件装夹后，一般要找正。工件高度不够时用垫铁垫高工件，并应使工件与垫铁贴实。装夹方法如图 9－11 所示。

较大或平口钳不易夹紧的工件可直接装夹在机床工作台上，如图 9－12 所示。

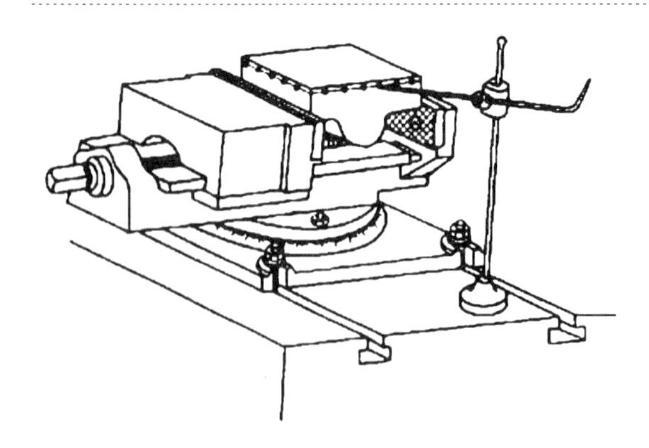

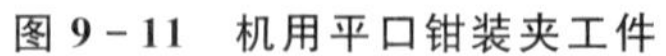

图 9-11　机用平口钳装夹工件

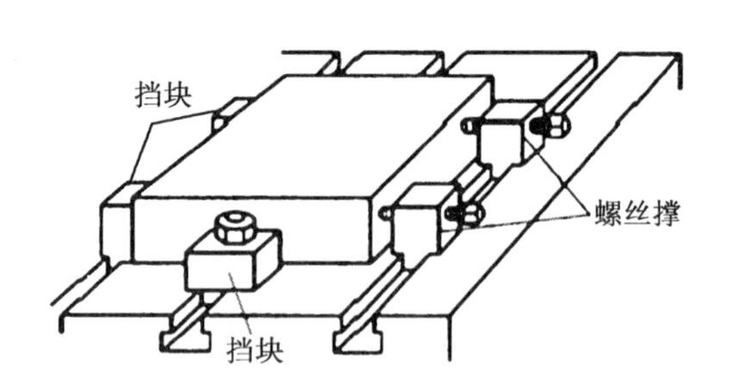

图 9-12　用螺丝挡块直接装夹在工作台

用压板装夹工件时,各个压紧螺母应分几次交错拧紧。压板不应歪斜或悬伸太长,如图 9-13 所示。

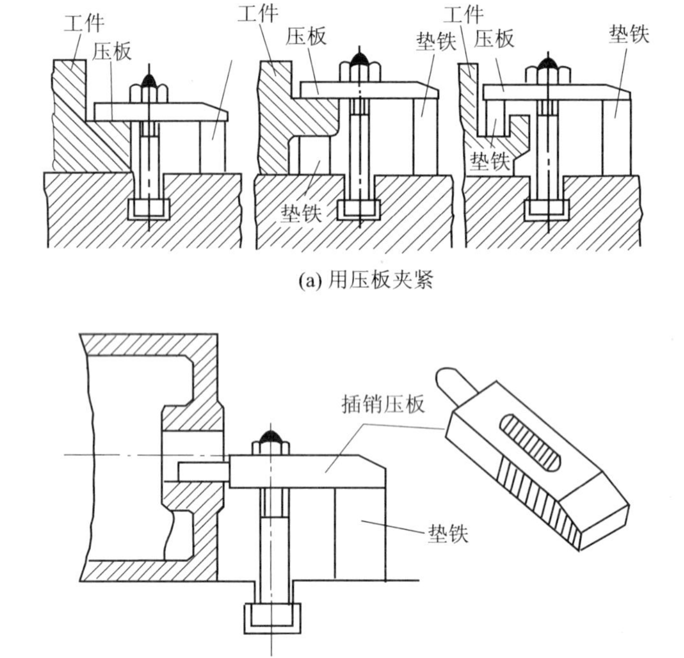

(a) 用压板夹紧

(b) 用插销压板夹紧

图 9-13　用压板或插销装夹工件

9.1.6　顺铣与逆铣

铣削可分为顺铣与逆铣两种,如图 9-14 所示。

1. 逆　铣

逆铣时,在切削处铣刀刀齿的线速度方向与工件的进给方向相反,刀齿切入工件的切削厚度由零逐渐变到最大,由于刀齿切削刃有一定的钝圆,所以刀齿要滑行一段距离才能切入工件,刀刃与工件摩擦严重,工件已加工表面粗糙度增大,且刀具易磨损。但其切削力始终使工作台丝杆与螺母保持紧密接触，工作台不会窜动，也不会打刀。因铣床纵向工作台丝杆与螺母间隙不易消除，所以在一般生产中多用逆铣进行铣削。

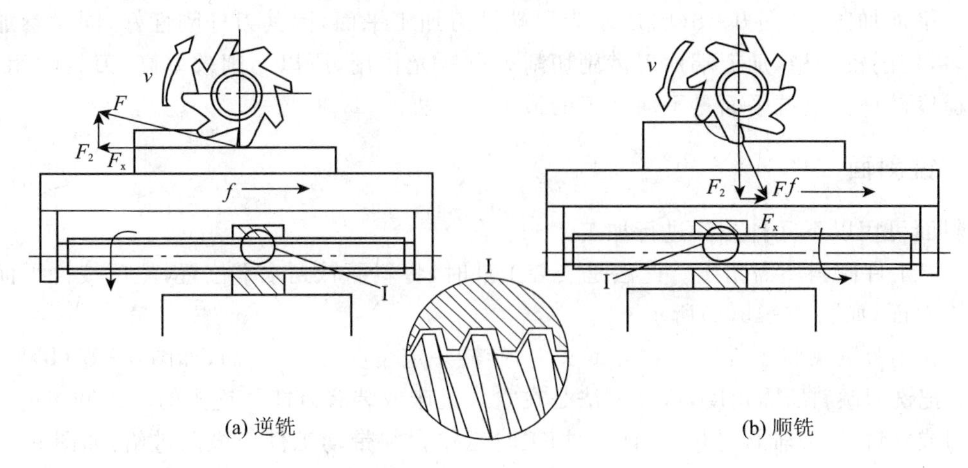

(a) 逆铣　(b) 顺铣

图 9-14　逆铣与顺铣

2. 顺　铣

顺铣时，在切削处铣刀刀齿的线速度方向与工件的进给方向一致，刀齿切入工件的切削厚度由大变小，易切入工件，工件受铣刀向下压的分力，不易振动，切削平稳，加工表面质量好，刀具耐用度高，有利于高速切削。但这时的水平分力方向与进给方向相同，当工作台丝杆与螺母有间隙时，此力会引起工作台不断窜动，使切削不平稳，甚至打刀。所以只有消除了丝杆与螺母间隙才能采用顺铣，另外还要求工件表面无硬皮，方可采用这种方法。

9.1.7　铣工安全技术

铣削操作除参照车削加工的安全操作规程外，还需注意如下几点：

(1) 切削时不准用手触摸刀具，也不准开机测量工件。

(2) 多人共同使用一台铣床时，每次只能一人操作，并应注意他人安全。

(3) 切削时先开车，如中途停车应先停止进给，后退刀再停车。

(4) 工作台上不准堆积过多的铁屑，工作台及轨道面上禁止摆放工具或其他物件，工具应放在指定位置 。

(5) 切削中，禁止用毛刷在与刀具转向相同的方向清理铁屑或加冷却液。严禁两个方向同时自动进给。

(6) 铣刀距离工件 10 mm 内，禁止快速进刀，不得连续点动快速进刀。

9.2　铣削加工典型表面

在铣床上使用不同的铣刀及附件，可以铣削平面、沟槽、成形面、螺旋槽、钻孔和镗孔等。

9.2.1　铣平面

在铣床上用圆柱铣刀、立铣刀和端铣刀都可进行水平面加工。用端铣刀和立铣刀可进行垂直平面的加工。

图9-8(a)所示为用圆柱铣刀加工平面,因其在卧式铣床上使用方便,广泛使用在单件小批量的小平面加工中;图9-8(b)所示为用端铣刀加工平面,因其刀杆刚性好,同时参加切削刀齿较多,切削较平稳,加上端面刀齿副切削刃有修光作用,所以切削效率高,刀具耐用,工件表面粗糙度较低。端铣平面是平面加工的最主要方法。

9.2.2 铣斜面

铣斜面可用以下几种方法进行加工:

(1) 把工件倾斜所需角度。此法是安装工件时,将斜面转到水平位置,然后按铣平面的方法来加工斜面,如图9-15(a)所示。

(2) 利用分度头将工件安装在分度头上,旋转一定角度,加工斜面,如图9-15(b)所示。

(3) 把铣刀倾斜所需角度,这种方法是在立式铣床或装有万能立铣头的卧式铣床进行。使用端铣刀或立铣刀,刀轴转过相应角度。加工时工作台须带动工件作横向进给,如图9-15(c)所示。

(4) 使用角度铣刀铣斜面。可在卧式铣床上用与工件角度相符的角度铣刀直接铣斜面,如图9-15(d)所示。

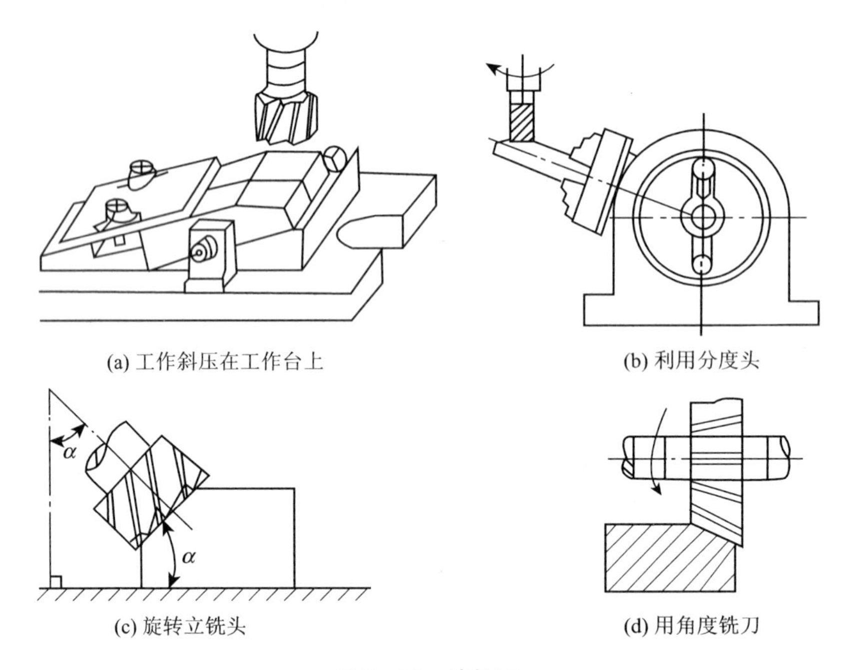

(a) 工作斜压在工作台上 (b) 利用分度头

(c) 旋转立铣头 (d) 用角度铣刀

图9-15 铣斜面

9.2.3 铣沟槽

在铣床上可铣各种沟槽。

1. 铣键槽

(1) 铣敞开式键槽:这种键槽多在卧式铣床上用三面刃铣刀进行加工,如图9-8(i)所示。注意:在铣削键槽前,要对好刀,以保证键槽的对称度。

(2) 铣封闭式键槽:在轴上铣封闭式键槽,一般用立式铣刀加工。切削时要注意逐层切下,并且键槽铣刀一次轴向进给不能太大,如图9-8(j)所示。

2. 铣T形槽及燕尾槽

铣T形槽应分两步进行,先用立铣刀或三面刃铣刀铣出直槽,然后在立式铣床上用T形槽或燕尾槽铣刀最终加工成形,如图9-8(k)及图9-8(l)所示。

9.2.4 铣成形面

铣成形面常在卧式铣床上用与工件成形面形状相吻合的成形铣刀来加工,如图9-16所示。铣削圆弧面是把工件装在回转工作台上进行的。一些曲面的加工,也可用靠模在铣床上加工。

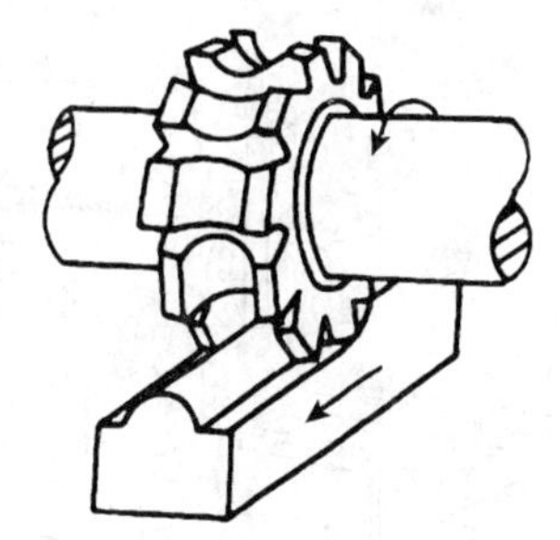

图9-16 铣成形面

9.2.5 铣等分零件

在铣削加工过程中,经常会遇到对零件的等分面进行铣削的情况,如铣四方、六方、刻线、齿轮、花键及多齿刀具等。这时,工件每铣过一个面或一个槽后,需要将工件转过一定的角度再依次铣削。对零件的旋转,一般可采用分度头对零件进行分度,既快捷精度又高。

分度头的结构原理以及如何分度在前面的9.1.2节中已经做了简单介绍。分度头在安装的时候,需要注意分度头的主轴要与工作台面平行,分度头主轴要与铣刀杆轴线垂直,分度头的轴线要与后顶尖垂直。

9.3 刨削加工

刨削加工是在刨床上使用刨刀对工件进行加工。主运动是刨刀(牛头刨床)或工件(龙门刨床)的直线往复运动,刀具向前进是工作行程,返回为空行程。刨刀每次返回后,工件作横向水平移动是进给运动,然后刨刀继续进行一次直线往复运动。按照切削时进给运动方向的不同,刨削可分为水平刨削和垂直刨削(插削)。

刨削类机床主要有牛头刨床、龙门刨床和插床等,主要用于粗加工和半精加工各种平面及沟槽。

9.3.1 牛头刨床

如图9-17所示为典型的牛头刨床,在单件小批量生产、修配及加工狭长平面时,应用较为广泛。

1. 床　身

床身的作用是支撑刨床各部件,顶面的燕尾槽型水平导轨供滑枕作往复运动用,前立面的垂直导轨供工作台升降用。床身内部装有传动机构。

2. 滑　枕

滑枕的作用是带动刨刀作往复直线运动,是刨削运动的主运动,前端装有刀架。滑枕往复运动的快慢、行程的长度和位置,均可根据加工需要调整。

3. 刀　架

刀架的作用是夹持刨刀,其结构如图9-18所示。刀架由转盘、溜板、刀座、抬刀板和刀夹等组成。溜板带着刨刀可沿着转盘上的导轨上下移动,以调整背吃刀量或加工垂直面时作进给运动。转盘转过一定角度后,刀架即可作斜向移动,以加工斜面。溜板上还装有可偏转的刀座。抬刀板可绕刀座上的轴向上抬起,使刨刀在返回行程时离开工件已加工面,以减少与工件的摩擦。

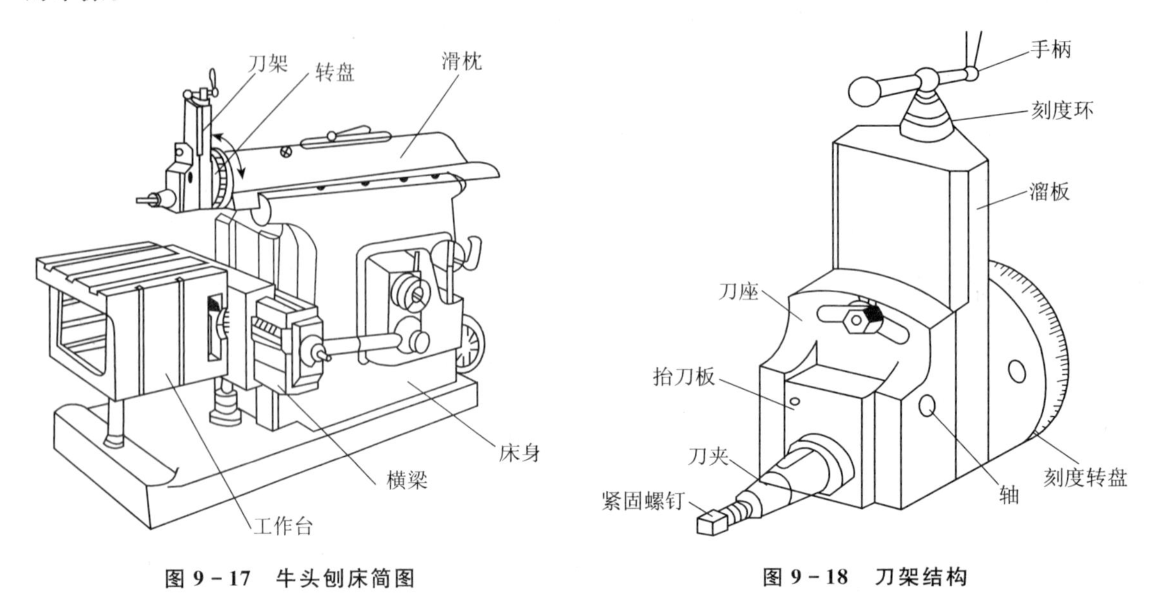

图9-17 牛头刨床简图　　图9-18 刀架结构

4. 工作台

工作台是用于装夹工件,它可以沿横梁作横向水平移动或横向间歇进给运动,并能随横梁作上下调整运动。

9.3.2 刨　刀

刨刀的特点之一是刀柄较粗,主要是用来增加刀杆刚性和防止折断。刨刀的结构与车刀形状相似,刀具几何角度的选取原则也与车刀基本相似。但因刨削过程中有冲击,所以刨刀的前角比车刀略小;为使刨刀切入工件时产生的冲击力作用在离刀尖稍远的切削刃上,刨刀的刃倾角也应取较大的负值。刨刀分为直头刨刀和弯头刨刀。如图9-19(a)所示的直头刨刀,刀柄受力变形后,刀尖将绕O点转动,扎入工件,既损坏了已加工表面,又可能损坏刀具;如图9-19(b)所示为弯头刨刀,当切削力突然增大时,刀柄的变形使刀尖绕O点向后上方转动,刀尖不会啃入工件,从而保护了刀尖和加工表面。因此弯头刨刀比直头刨刀应用广泛。

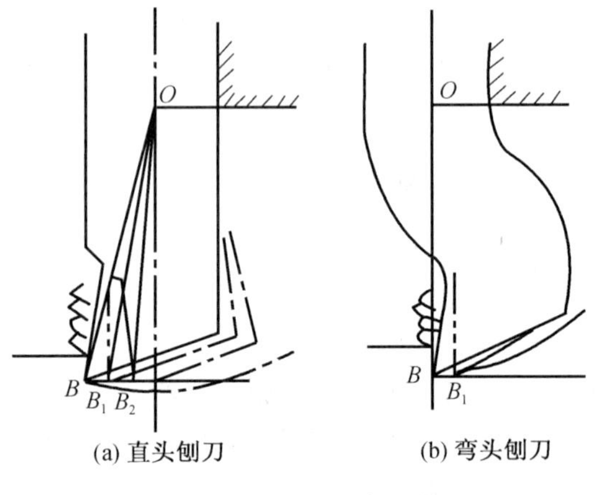

图9-19 刨刀刀杆形状

安装刨刀的时候要注意刀架上的刻度转盘要对准零线,刀头伸出刀架部分要短。

9.3.3　刨削加工工艺方法

1. 调整机床

(1) 改变偏心滑块的偏心距，调整滑枕的行程长度，滑枕的行程长度应略长于工件加工平面的长度。

(2) 松开滑枕上的锁紧手柄，摇转丝杠，移动滑枕，以调节刨刀的起始位置，适应工件加工。

(3) 根据选定的滑枕每分钟往复次数，扳动变速箱手柄的位置。

(4) 拨动挡环的位置，调节进给量。

2. 刨削加工

(1) 刨垂直面

刨垂直面是指刀架垂直进给加工平面的方法，常用于加工台阶面和长工件的端面。刨垂直面的要点，一是要保证待加工面与工作台垂直，二是待加工面与切削方向平行。必要时应进行找正，常用如图 9-20(a)所示的按划线方法找正。如图 9-20(b)所示，刨垂直面应采用偏刨刀，转盘对准零线，以便刨刀能沿垂直方向移动。刀座上端偏离工件，一般使刀座偏转 10°～15°，在回程时使刨刀能自由离开加工表面，减少刨刀与工件的摩擦。

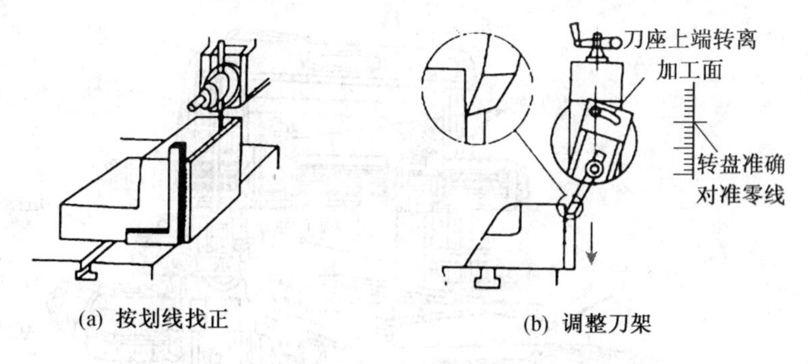

(a) 按划线找正　　(b) 调整刀架

图 9-20　刨垂直面

(2) 旋转刨削加工斜面

如图 9-21 所示，刨削加工斜面的方法与刨削垂直面的方法相似，但转盘需要一定角度，使刨刀可以沿着工件斜面的方向移动，从而加工出斜面。

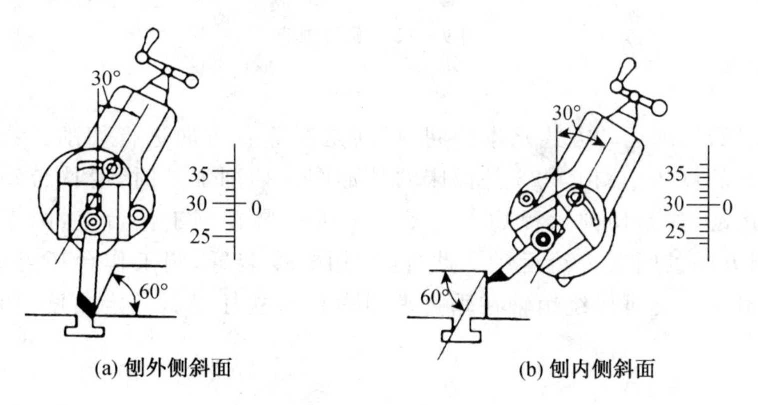

(a) 刨外侧斜面　　(b) 刨内侧斜面

图 9-21　刨斜面

加工时先手动进给,试切出0.5～1 mm的宽度。然后停车测量,依据测量的尺寸利用刀架刻度盘调整背吃刀量。当工件表面粗糙度要求较低时($Ra6.3\sim3.2\ \mu m$)时,应该分为粗刨和精刨两个步骤。精刨时的背吃刀量和进给量应比粗刨小,切削速度可略高些。

为了避免刨刀返回时把工件的已加工表面拉毛,在刨刀返回行程时,可用手掀起刀座上的抬刀板,使刀尖不与工件接触。

9.3.4 其他刨削加工机床

1. 龙门刨床

如图9-22所示,龙门刨床工作台的往复运动为主运动,刀架移动为进给运动。横梁上的刀架可在横梁导轨上作横向进给运动,以刨削工件的水平面;立柱上的侧刀架,可沿立柱导轨作垂直进给运动,以刨削垂直面。刀架亦可偏转一定角度以刨削斜面。横梁可沿立柱导轨上下升降,以调整刀具和工件的相对位置。

龙门刨床主要用于加工大型或重型零件上的各种平面、沟槽和导轨面,也可在工作台上一次装夹数个相同的中小型零件进行多件加工。大型龙门刨床往往还附有铣头和磨头等部件,以便使工件在一次安装中完成刨、铣及磨平面等工作,这种机床又称为龙门刨铣床或龙门刨铣磨床。

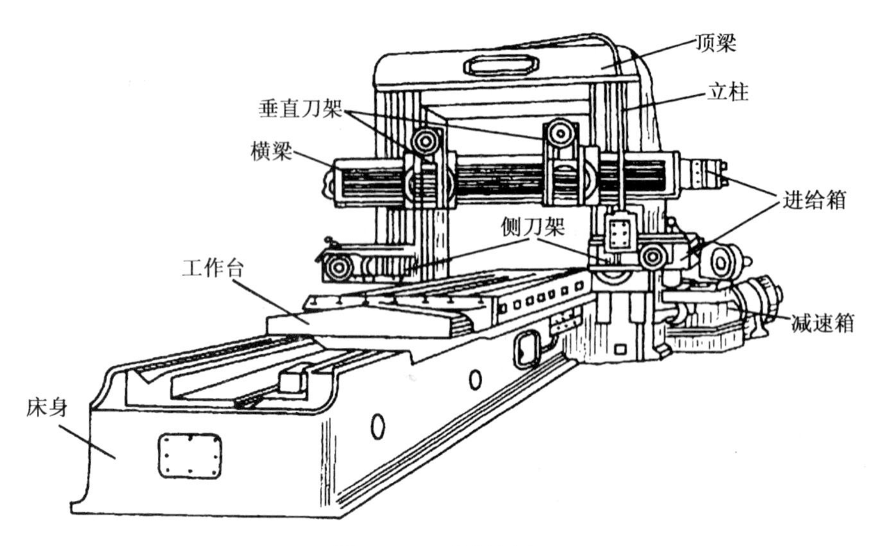

图9-22 龙门刨床

2. 插 床

插削和刨削的切削运动方式基本相同,插削是在竖直方向进行切削。我们也可以认为插床是一种立式的刨床。图9-23是插床的外形图。插削加工时,滑枕带动插刀沿垂直方向导轨作直线运动,这是切削过程的主运动。工件安装在圆工作台上,圆工作台可实现纵向、横向和圆周方向的间歇进给运动。此外,利用分度装置,圆工作台还可进行圆周分度。滑枕导轨座和滑枕一起可以绕销轴在垂直平面内相对立柱倾斜一定角度,用来插削斜槽和斜面。

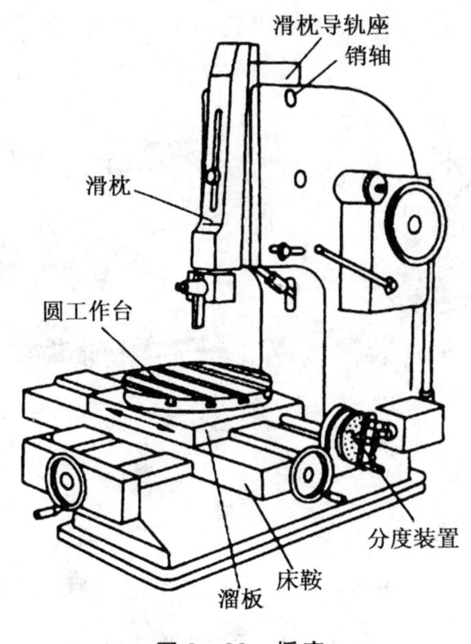

图 9-23　插床

9.4　磨削加工

用磨具以较高的线速度对工件表面进行加工的方法称为磨削。磨削加工是一种多刀多刃的高速切削方法，它适用于零件的精加工和硬表面的加工。磨削的工艺范围很广，可以划分为粗磨、精磨、细磨及镜面磨。我国生产的磨床分为三类：普通磨床、光整加工磨床和专用磨床。其中普通磨床可以用来加工零件的外圆、零件的内孔以及零件的平面。

9.4.1　磨床的种类及用途

1. 外圆磨床

磨削外圆包括磨削外圆柱面、外圆锥面、台阶面等。外圆磨削通常在普通外圆磨床或万能外圆磨床上进行。这两种外圆磨床的结构相近。下面我们简单介绍万能外圆磨床，该磨床主要用于磨削圆柱形或圆锥形的内外圆表面，还可以磨削阶梯轴的轴肩和端面。该机床工艺范围较宽，但磨削效率不够高，一般适用于单件小批生产，常用于工具车间和机修车间。

万能外圆磨床由床身、头架、工件台、内磨装置、砂轮架、尾架、控制箱(由工作台手摇机构、横向进给机构和工作台纵向往复运动液压控制板等组成)等主要部件组成，如图 9-24 所示。床身顶端前部的纵向导轨上装有工作台，台面上装有头架和尾架。被加工工件可以支撑在头架、尾架顶尖上，或用头架上的卡盘夹持，由头架上的传动装置带动工件旋转，实现圆周进给运动。尾架在工作台上可左右移动调整位置，以适应装夹不同长度工件的需要。工作台由液压传动系统控制，沿床身导轨往复移动，使工件实现纵向进给运动，也可用手轮操纵，作手动进给或调整纵向位置。工作台由上下两层组成，上工作台可相对于下工作台在水平面内转一定的角度，以便磨削锥度不大的圆锥面。砂轮架由主轴部件和传动装置组成，安装在床身顶面的横向导轨上，利用横向进给机构可实现横向进给运动或调整位移。

装在砂轮架上的内磨装置可用于磨削内孔，其上的内圆磨具由单独的电动机驱动。磨削内孔时,将内磨装置翻下。砂轮架和头架都可绕垂直轴线转动一定角度,以便磨削锥度较大的圆锥面。此外,在床身内还有液压传动装置,在床身左侧有冷却液循环装置。

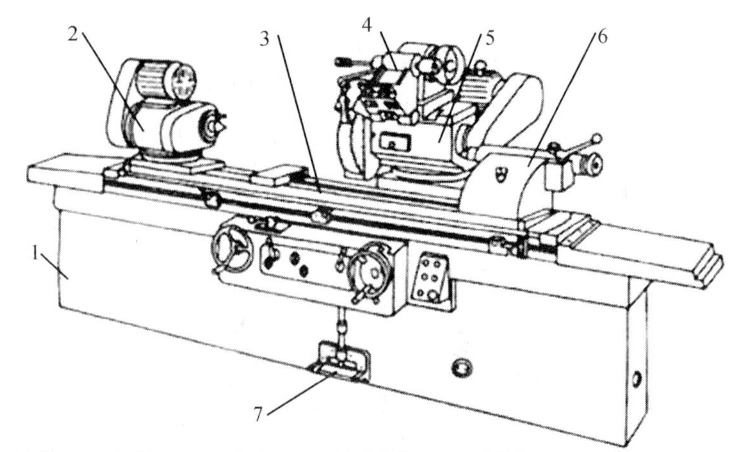

1—床身;2—头架;3—工作台;4—内圆磨具;5—砂轮架;6—尾架;7—踏操纵板

图9-24 万能外圆磨床

2. 内圆磨床

内圆磨床主要由床身、头架、工件台、砂轮架、滑座等部分组成,如图9-25所示。头架通过底板固定在工作台左端,头架主轴的前端装有卡盘或其他夹具,夹持工件旋转。头架可绕底板旋转一定角度(+8°),用来磨削小圆锥孔。底板可沿工作台上面的纵向导轨调整位置,以适应不同加工的需要。在加工过程中,工作台沿床身导轨往复移动,工件实现纵向进给运动。安装在工作台前侧的挡块,可自动控制油路转换,实现工作台快速退回左端极限位置的功能,缩短了辅助时间。重新加工时,工作台先快速向右移动,然后自动转换为进给速度。转动手轮还可以实现手动进给。

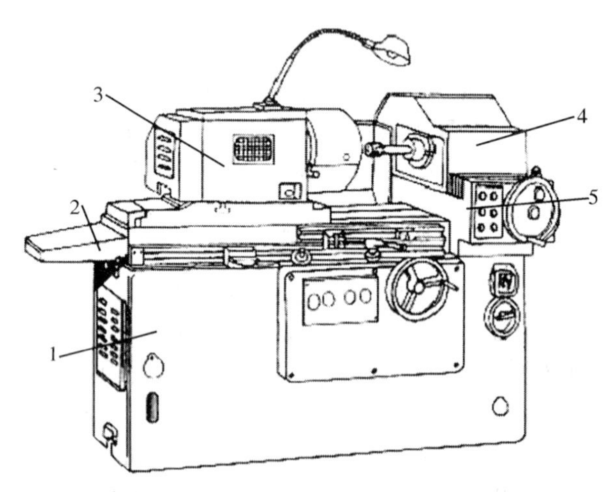

1—床身;2—工作台;3—头架;4—砂轮架;5—滑座

图9-25 内圆磨床

内圆磨具安装在砂轮架上,由主轴电机通过带传动驱动旋转,实现主切削运动。砂轮架固定在滑座上，滑座可沿固定于床身上的导轨移动，实现横向进给。转动手轮也可以实现手动进给。

砂轮主轴的转速高，磨内圆和磨外圆相比，生产效率低，加工精度难控制，多加工淬硬或高精度的内圆。

3. 无心外圆磨床

无心外圆磨床也是一种常用的外圆磨床，其组成如图9－26所示。砂轮架被固定安装在床身的左侧。砂轮修整器在砂轮架的左上部，可倾斜一个较小的角度(不大于3°)。

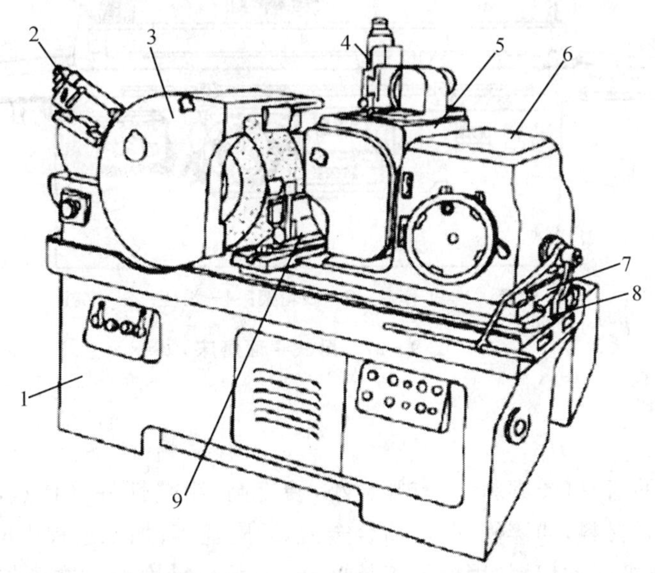

1—床身；2—砂轮修整器；3—砂轮架；4—导轮修整器；5—导轮架；
6—导轮架座；7—滑板；8—回转底座；9—工件支架

图9－26　无心外圆磨床

转动体和导轮座架组成的导轮架，位于床身的右边。在滑板上安装有导轮座架，并可沿着滑板上的燕尾导轨带动导轮作横向移动。回转底座可以在水平面内回转一定的角度，但不可以移动。导轮架转动体可以在垂直平面内作较小(不大于3°)的转动，可以使导轮轴线在垂直平面内倾斜一个角度。导轮修整器可在水平面内作较小角度(不大于5°)的回转，以便把导轨修整成双曲线旋转体；也可在垂直面内作较小角度(不大于30°)的转动，以便把导轮修整成圆锥形。当需要将导轮修整成较大的锥度(圆锥度大于60°)或成形面时，可采用靠模。导轮可以作慢速或快速的横向运动。当导轮需要作慢速移动时，可转动手轮；当导轮需要作快速移动时，可以扳转快速进给手柄。工件支座固定在滑板上，用来支撑工件。导轮架沿滑板横向移动时，改变工件支座与磨削轮之间的距离，可以改变磨削用量。

无心磨削轴类零件外圆柱面时，工件置于砂轮和导轮之间的托板上，以待加工表面为定位基准，不需要定位中心孔。靠导轮与工件间的摩擦使工件旋转。

4. 平面磨床

图9－27是卧式平面磨床的外形图。工作台由液压传动沿床身的纵向导轨的往复直线进给运动，也可手动进行调整。工件用电磁吸盘式夹具装夹在工作台上。砂轮架可沿滑座的燕尾导轨作横向间歇进给(手动或液动)。滑座和砂轮架一起可沿立柱的导轨作间歇的垂直切入

运动(手动)。砂轮主轴由内装式异步电动机直接驱动。

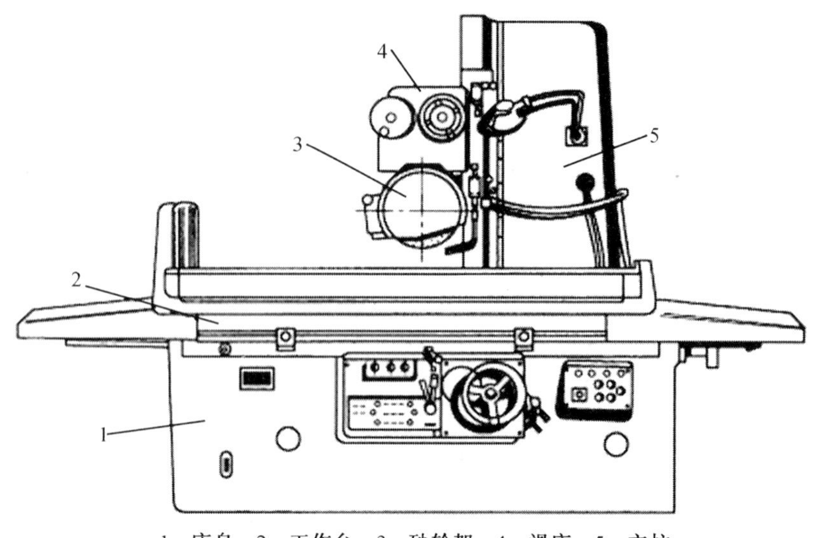

1—床身；2—工作台；3—砂轮架；4—滑座；5—立柱

图9-27 卧式平面磨床

9.4.2 砂 轮

磨削加工采用的磨具(或磨料)具有颗粒小，硬度高，耐热性好等特点，因此可以加工较硬的金属材料和非金属材料，如淬硬钢、硬质合金刀具、陶瓷等；加工过程中同时参与切削运动的颗粒多，能切除极薄极细的切屑，因而加工精度高，表面粗糙度小。磨削加工作为一种精加工方法，在生产中得到广泛应用。目前，由于强力磨削的发展，也可以直接将毛坯磨削到所需要的尺寸和精度，从而获得了较高的生产率。

砂轮是磨削加工中最主要的磨具。砂轮是在磨料中加入结合剂，经压坯、干燥和焙烧而制成的多孔体。由于磨料、结合剂及制造工艺等不同，砂轮的特性差别很大，因此对磨削的加工质量、生产率和经济性有着重要影响。砂轮的特性主要是由磨料、粒度、结合剂、硬度、组织、形状和尺寸等因素决定的。

砂轮的形状和尺寸是根据磨床类型、加工方法及工件的加工要求来确定的。常用砂轮的名称、断面简图、代号和主要用途见表9-1。

表9-1 砂轮的形状和尺寸

代 号	砂轮名称	断面简图	主要用途
1	平形砂轮		外圆磨、内圆磨、平面磨、无心磨、工具
2	筒形砂轮		端磨平面
41	薄片砂轮		切断及切槽

续表 9－1

代　号	砂轮名称	断面简图	主要用途
11	碗形砂轮		刃磨刀具、磨导轨
12a	蝶形 1 号砂轮		磨铣刀、铰刀、拉刀、磨齿轮
6	杯形砂轮		磨平面、内圆、刃磨刀具
4	双斜边砂轮		磨齿轮及螺纹

9.4.3　磨削加工工艺范围

磨削加工的工艺范围非常广泛，而且精度较高，是常用的机械加工方法。如图 9－28 所示，磨床能磨削平面、内外圆柱面及锥面、螺纹、花键、齿轮齿型、成形面等，其中以磨削平面、内外圆柱面及齿轮齿型最为常见。

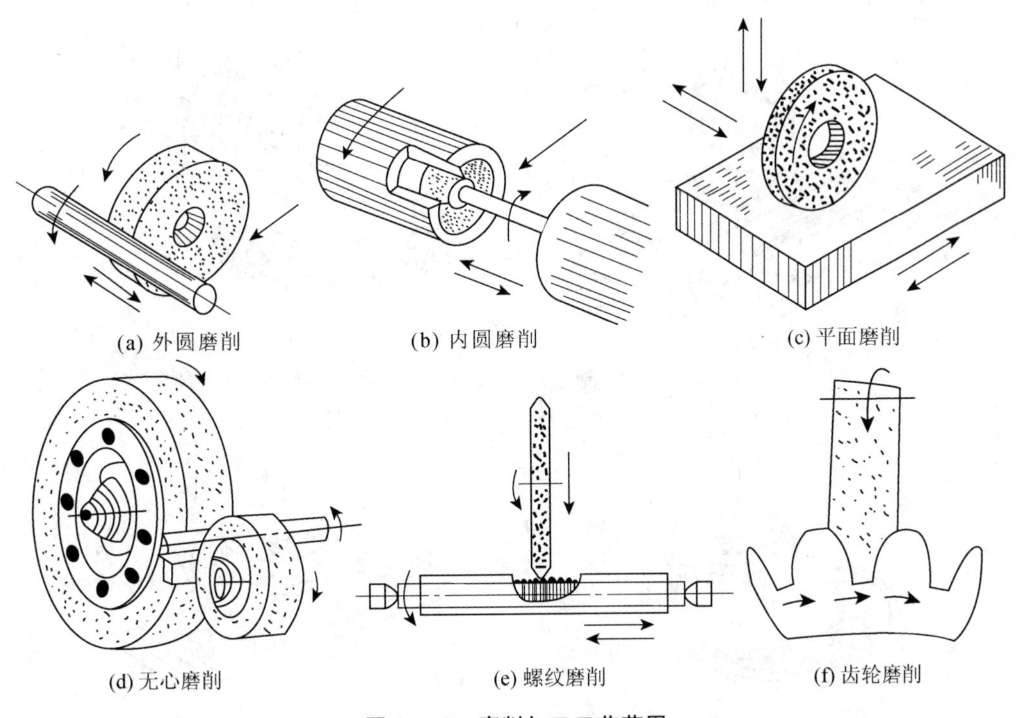

图 9－28　磨削加工工艺范围

9.4.4　砂轮的安装

1. 砂轮的安装

在磨床上安装砂轮应特别注意。因为砂轮在高速旋转条件下工作，使用前应仔细检查，不允许有裂纹。安装必须牢靠，并应经过静平衡调整，以免造成人身和质量事故。

砂轮内孔与砂轮轴或法兰盘外圆之间不能过紧,否则磨削时受热膨胀,易将砂轮胀裂;也不能过松,否则砂轮容易发生偏心,失去平衡,以致引起振动。

2. 砂轮的平衡

一般直径大于125 mm的砂轮都要进行平衡,使砂轮的重心与其旋转轴线重合。

3. 砂轮的修整

切去表面上一层磨料,使砂轮表面重新露出光整锋利的磨粒,以恢复砂轮的切削能力与外形精度。砂轮常用金刚石进行修整,金刚石具有很高的硬度和耐磨性,是修整砂轮的主要工具。

9.4.5 磨削加工方法

磨削加工精度较高,加工范围广泛,我们在这里介绍几种简单常用的加工方式。

1. 平面磨削

由于砂轮工作面的不同,平面磨削分为周磨和端磨两类,如图9-29所示。周磨是用砂轮的圆周面对工件平面进行磨削。这种磨削方式,砂轮与工件的接触面积小,磨削力小,磨削热小,冷却和排屑条件较好,而且砂轮磨损均匀。端磨用砂轮端面对工件平面进行磨削。这种磨削方式,砂轮与工件的接触面积大,磨削力大,磨削热多,冷却和排屑条件差,工件受热变形大;此外,由于砂轮端面径向各点的圆周速度不相等,砂轮磨损也不均匀。

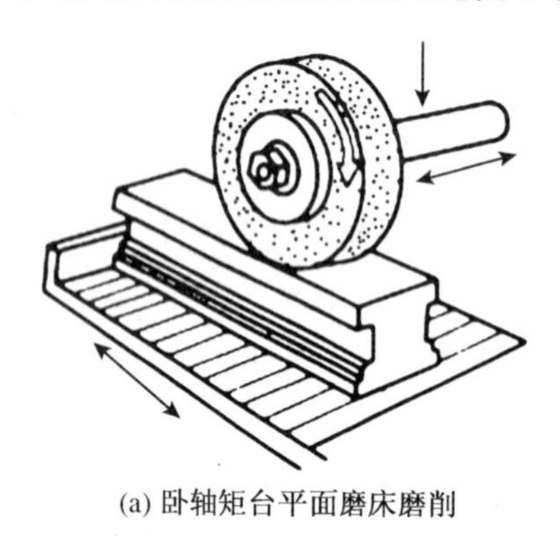

(a) 卧轴矩台平面磨床磨削

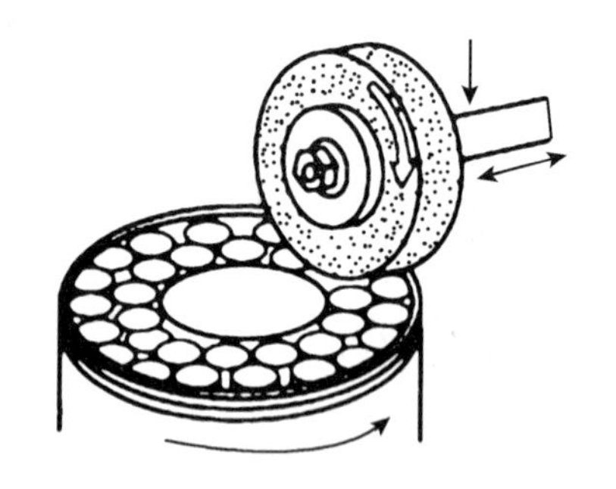

(b) 卧轴圆台平面磨床磨削

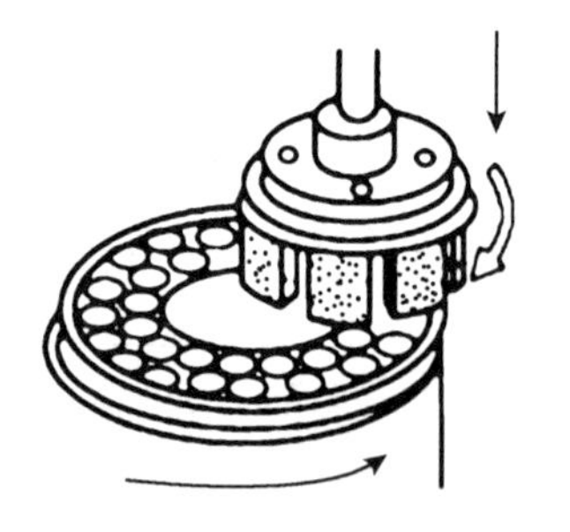

(c) 立轴圆台平面磨床磨削

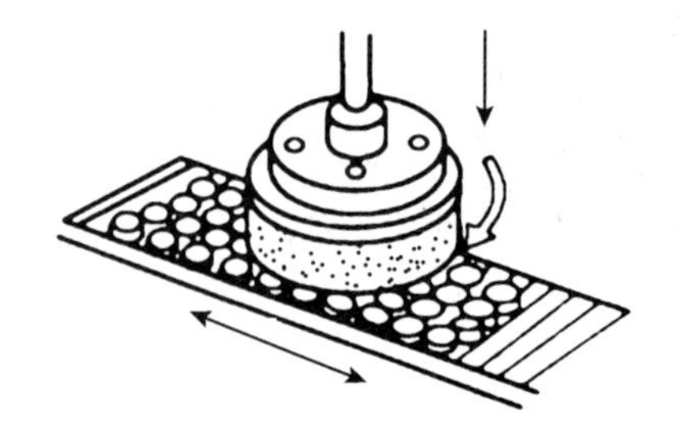

(d) 立轴矩台平面磨床磨削

图9-29 平面磨削

2. 外圆磨削

外圆磨削一般在外圆磨床或无心外圆磨床上进行,也可采用砂带磨床磨削,如图9-30所示。

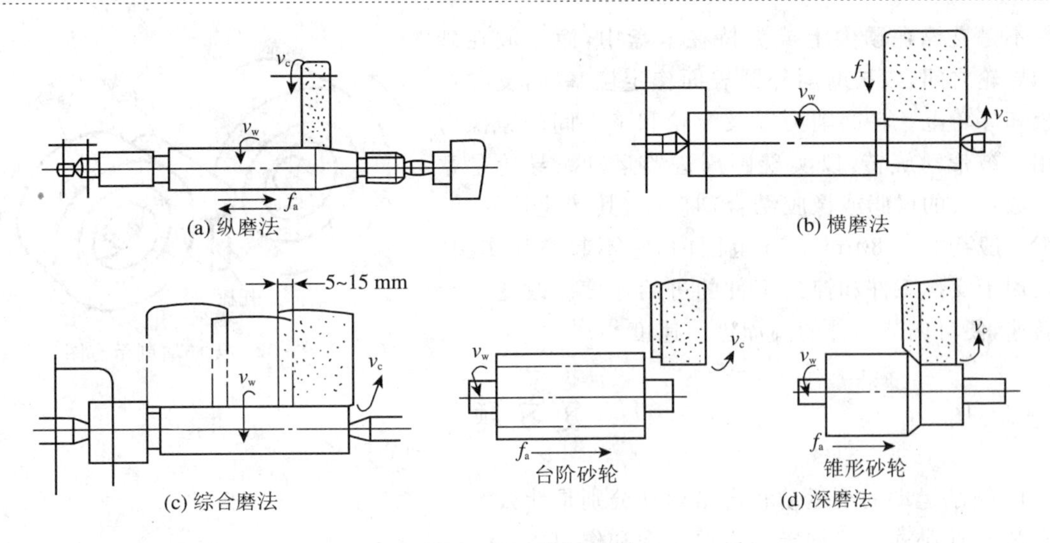

(a) 纵磨法
(b) 横磨法
(c) 综合磨法
(d) 深磨法

图 9-30 外圆磨削

(1) 纵磨法：砂轮高速旋转起切削作用，工件旋转作圆周进给运动，并和工作台一起作纵向往复直线进给运动。

(2) 横磨法(切入法)：磨削时，工件不作纵向往复运动，砂轮以缓慢的速度连续或间断地向工件作横向进给运动，直到磨去全部余量。

(3) 综合磨法：先用横磨法将工件分段进行粗磨，相邻之间有 5～15 mm 的搭接，每段上留有 0.01～0.03 mm 的精磨余量，精磨时采用纵磨法。

(4) 深磨法：磨削时，采用纵向进给量(1～2 mm/r)和较大的吃刀深度(0.2～0.6 mm)在一次走刀中磨去全部余量。

3. 内圆磨削

普通内圆磨床的磨削方法。如图 9-31 所示，磨削时，根据工件形状和尺寸的不同，可采用纵磨法(见图 9-31(a))、横磨法(见图 9-31(b))，有些普通内圆磨床上备有专门的端磨装置，可在一次装夹中磨削内孔和端面(见图 9-31(c))，这样不仅容易保证内孔和端面的垂直度，而且生产效率也较高。

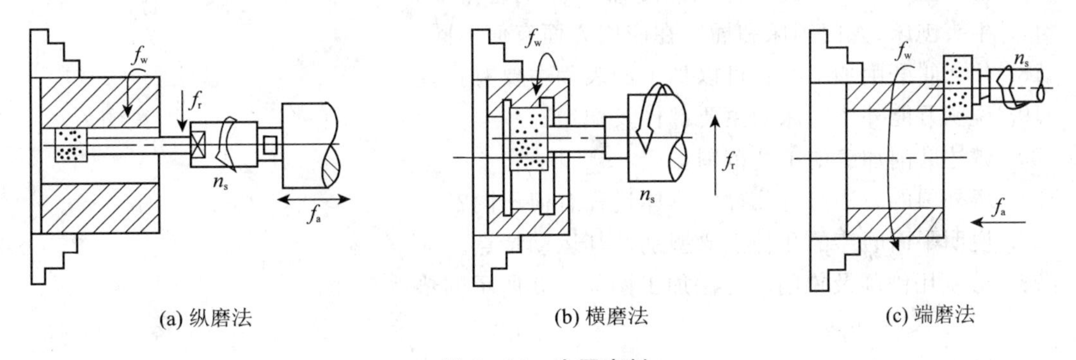

(a) 纵磨法
(b) 横磨法
(c) 端磨法

图 9-31 内圆磨削

4. 无心外圆磨床的磨削

图 9-32 为无心磨削的示意图。无心外圆磨床的工作方法与普通外圆磨床不同，加工时

工件不是支撑在顶尖上或夹持在卡盘中，而是放在砂轮和导轮之间，以被磨削外圆表面作定位基准，支撑在托板和导轮上。在磨削力以及导轮和工件间的摩擦力作用下被带动旋转，以实现圆周进给运动。导轮是摩擦系数较大的树脂或橡胶结合剂砂轮，其转速较低，线速度一般在 20～80 m/min 范围内，它不起磨削作用，而是用于支撑工件和控制工件的进给速度。改变导轮的转速，便可调节工件的圆周进给速度。

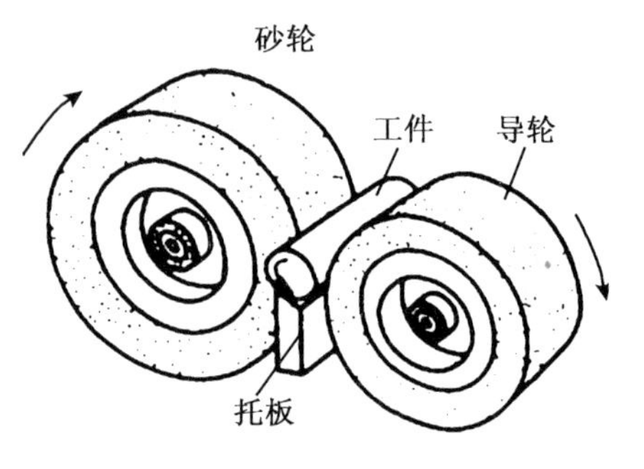

图 9-32　无心磨削示意图

复习题

1. 铣削运动的主运动和进给运动分别是什么？
2. 试述卧式万能铣床的主要结构和作用。
3. 带柄铣刀和带孔铣刀各如何安装？直柄铣刀与锥柄铣刀的安装有何不同？
4. 工件在铣床上通常有几种安装方法？
5. 试述铣削加工的工艺范围。
6. 什么叫顺铣和逆铣？如何选择？
7. 试述端铣平面时，对称铣和不对称铣的特点及应用。
8. 现要铣齿数 $Z=31$ 的齿轮，问在加工时用分度头分度的方法。
9. 现要铣两条夹角是 128°的槽，问铣好一条以后，分度手柄应如何旋转？
10. 刨床的主运动和进给运动是什么？刨削运动有何特点？
11. 牛头刨床主要由哪几部分组成？各部分有何作用？
12. 刨刀与车刀相比有何异同点？
13. 为什么刨刀往往做成弯头？
14. 刨垂直面时，为什么刀架要偏转一定的角度？如何偏转？
15. 刨削前，牛头刨床需进行哪几方面的调整？如何调整？
16. 刨削垂直面和斜面时，应如何调整刀架的各个部分？
17. 牛头刨床、龙门刨床和插床在应用方面有何不同？
18. 什么叫磨削加工？它可以加工的表面主要有哪些？
19. 说明万能外圆磨床的主要部件及作用。
20. 试述磨削加工的工艺范围。
21. 磨外圆的方法有哪几种？具体过程有何不同？
22. 说明平面磨床的几种主要型别及其运动特点。
23. 分别用刨削及铣削的方法加工图 9-33 所示的垫铁零件。

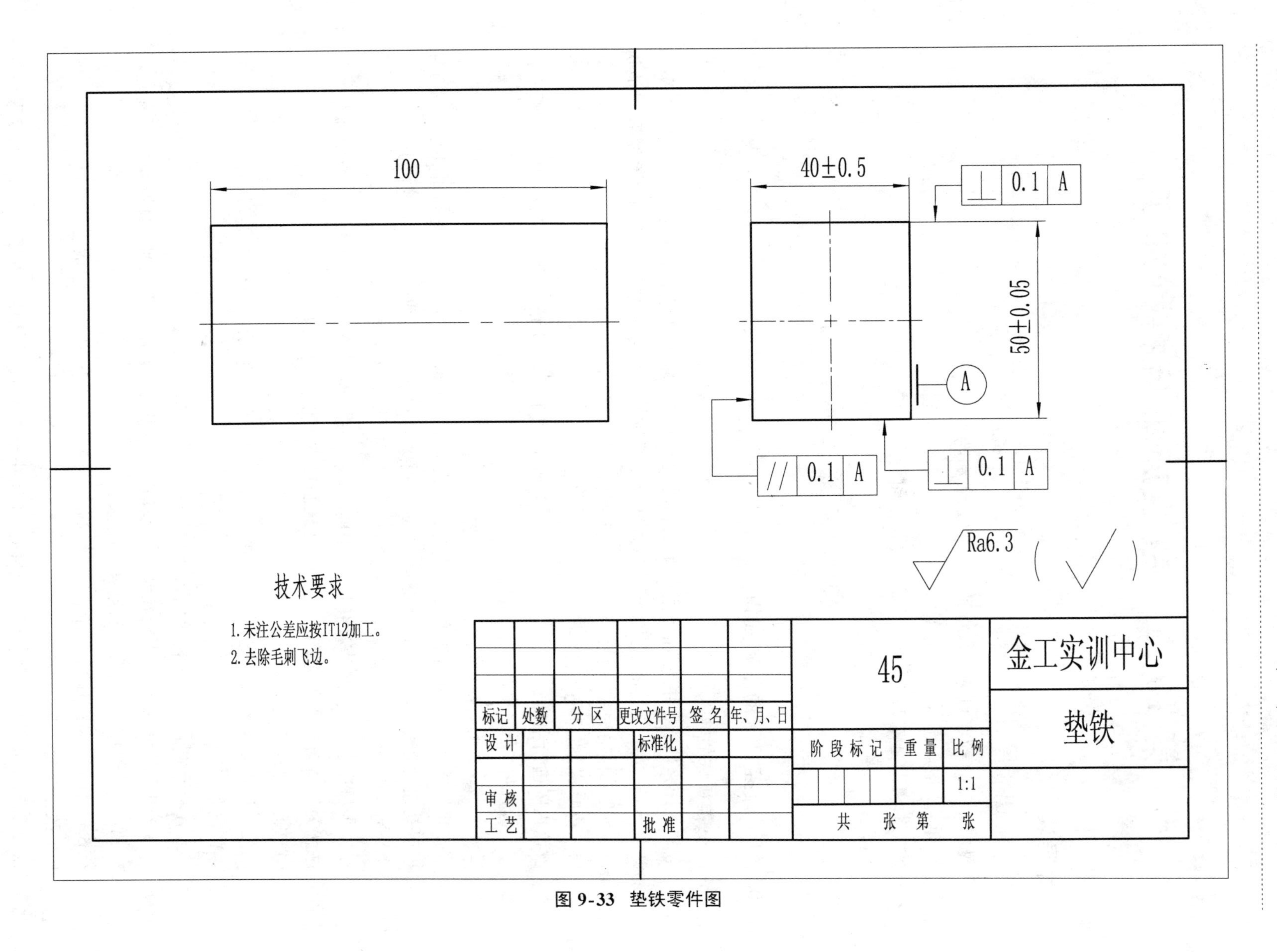

100
40±0.5
50±0.05
⊥ 0.1 A
// 0.1 A
⊥ 0.1 A
A
Ra6.3
技术要求
1.未注公差应按IT12加工。
2.去除毛刺飞边。
45
金工实训中心
垫铁
标记
处数
分区
更改文件号
签名
年、月、日
设计
标准化
审核
工艺
批准
阶段标记
重量
比例
1:1
共　张　第　张

图 9-33　垫铁零件图

第 10 章　数控加工与特种加工

本章导读

1. 主要内容

数控加工的特点和应用。特种加工的方法和特点。

2. 重点、难点提示

数控加工的基本知识。特种加工的方法和特点。

10.1　数控加工

10.1.1　数控机床的基础知识

1. 数控机床的特点

数控机床是将普通机床加工过程中的各种动作(如主轴的变速、刀具的更换与进给、切削液的开关等)以数字代码的形式表示,并通过数控系统发出指令控制机床的伺服系统和其他执行元件,使机床自动完成零件的加工。与普通机床加工相比有以下的特点:

(1) 精度高,质量稳定

数控机床进给精度达到了 0.01～0.000 1 mm,加工的尺寸精度容易保证,因此加工零件时尺寸一致性好,合格率高,质量稳定。

(2) 生产效率高,经济效益好

数控机床的转速和进给量变化范围大。因此,可利用最佳切削用量,提高了切削效率,且空行程运动速度较快,刀具可自动更换,减少了辅助时间。

(3) 适应性强,柔性化高

在数控机床上改变加工零件时,只须重新编制程序,而不须改变机械部分和控制部分的硬件。这就为复杂结构零件生产以及新产品试制提供了极大的方便。

(4) 能实现复杂的运动

数控机床可以实现几乎是任意轨迹的运动和加工任何形状的空间曲面,从而适应于复杂异形零件的加工。

(5) 有利于生产管理的现代化

在数控机床上可使用计算机控制,为计算机辅助设计、制造以及管理一体化奠定了基础。

2. 数控机床组成及加工工艺过程

数控机床一般由数控系统、伺服系统、机床本体和各类辅助装置组成。

(1) 数控系统

数控系统是机床实现自动加工的核心,主要由输入装置、监视器、主控制系统、可编程控制器、各类输入/输出接口等组成。

(2) 伺服系统

伺服系统是数控系统和机床本体之间的电传动联系环节。主要由伺服电动机、驱动控制系统和位置检测与反馈装置等组成。伺服电动机是系统的执行元件，驱动控制系统则是伺服电动机的动力源。数控系统发出的指令信号与位置反馈信号比较后作为位移指令，通过机械传动装置带动工作台或刀架运动。

(3) 机床本体

数控机床的本体指其机械结构实体。它与传统的普通机床相比较，同样由主传动系统、进给传动机构、工作台、床身以及立柱等部分组成。

(4) 辅助装置

辅助装置主要由自动换刀装置、自动交换工作台、工件夹紧放松机构、回转工作台、液压控制系统、润滑装置、切削液装置、排屑装置等构成。

数控机床的种类很多，常见的数控车床如图 10－1 所示。

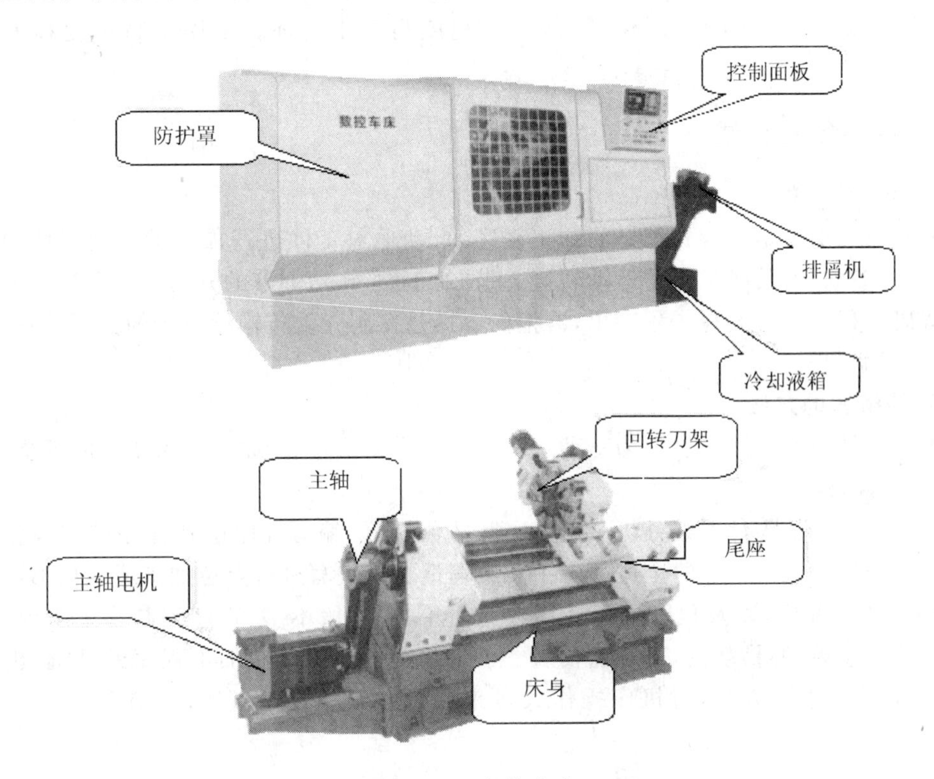

图 10－1　数控车床

3. 数控机床分类

(1) 按运动轨迹

数控机床按运动轨迹分为点位控制、直线控制和轮廓控制三种类型。

点位控制是指控制刀具或工作台从一点至另一点的准确定位，而点到点之间的路径不需控制。采用这类控制的有数控钻床、数控镗床等。

直线控制是除控制直线轨迹的起点和终点的准确定位外，还要控制在这两点之间以指定的进给速度进行直线切削。采用这类控制的有简易数控铣车床和镗铣床。

轮廓控制能够连续控制两个或两个以上坐标方向的联合运动。数控装置具有插补运算的功能,并协调各坐标的运动速度。采用这类控制的有能加工曲面用的数控铣床、数控车床、数控磨床和加工中心等。

(2) 按伺服系统控制方式

数控机床按伺服系统控制方式分为开环、半闭环和闭环三种类型。

开环伺服机构是由步进电动机驱动线路和步进电动机组成。每一脉冲信号使步进电动机转动一定的角度,通过滚珠丝杠推动工作台移动一定的距离。这种伺服机构比较简单,工作稳定;但精度和速度的提高受到限制。

半闭环伺服机构是由比较电路、伺服放大电路、伺服电动机、速度检测器和位置检测器组成。位置检测器装在丝杠或伺服电动机的端部,利用丝杠的回转角度间接测出工作台的位置。运动精度、速度和动态特性优于开环伺服机构。

闭环伺服机构的工作原理和组成与半闭环伺服机构相同,只是位置检测器安装在工作台上,可直接测出工作台的实际位置,故反馈精度高于半闭环。常用于高精度和大型数控机床。

10.1.2 数控编程概述

1. 数控编程的概念

数控机床的加工是按事先编好的加工程序,自动地对工件进行加工的。把工件加工的工艺路线、工艺参数、刀具或工件的运动轨迹、主轴的正反转、切削液的开关等按照数控机床规定的指令代码及程序格式编写成程序单,再把内容通过控制介质传输给机床的数控装置,其整个过程称为数控编程。

2. 数控编程的方法

数控编程常用的方法一般分为三种:手工编程、自动编程和CAD/CAM集成系统编程。

(1) 手工编程

手工编程是指从零件图纸分析、工艺处理、数值计算、编写程序单到程序校核等各步骤的数控编程工作均由人工完成的全过程。手工编程适合于编写进行点位加工或几何形状不太复杂的零件的加工程序,以及程序坐标计算较为简单、程序段不多、程序编制易于实现的场合。这种方法比较简单,容易掌握,适应性较强。手工编程方法是编制加工程序的基础,也是机床现场加工调试的主要方法,对机床操作人员来讲是必须掌握的基本功,其重要性是不容忽视的。

(2) 自动编程

自动编程是指在计算机及相应的软件系统的支持下,自动生成数控加工程序的过程。其特点是采用简单、习惯的语言对加工对象的几何形状、加工工艺、切削参数及辅助信息等内容按规则进行描述,再由计算机自动地进行数值计算,刀具中心运动轨迹计算,后置处理,产生出零件加工程序单。对于形状复杂,具有非圆曲线轮廓、三维曲面等零件编写加工程序,采用自动编程方法效率高,可靠性好。由于使用计算机代替编程人员完成了繁琐的数值计算工作,并省去了书写程序单等工作量,因而可提高编程效率,解决了手工编程无法解决的许多复杂零件的编程难题。

(3) CAD/CAM集成系统编程

CAD/CAM集成系统编程是以待加工零件CAD模型为基础的一种集加工工艺规划及数控编程为一体的自动编程方法。其零件的CAD模型的描述方法有表面模型和实体模型，其中表面模型方法应用最为广泛。

CAD/CAM集成系统数控编程的主要特点是零件的几何形状可在零件设计阶段采用CAD/CAM集成系统的几何设计模块在图形方式下进行定义、显示和修改，最终得到零件的几何模型。数控编程的一般过程包括刀具的定义或选择，刀具相对于零件表面的运动方式的定义，切削加工参数的确定，走刀轨迹的生成，加工过程的动态图形仿真显示，程序验证直到后置处理等，一般都是在屏幕菜单及命令驱动等图形交互方式下完成的，具有形象、直观和高效等优点。

10.2 特种加工

随着科学生产的发展和技术的进步，各种新材料、新结构、形状复杂的精密机械零件大量涌现。例如各种难切削材料的加工，各种形状复杂、尺寸微小、精密零件的加工，薄壁、弹性元件的加工等。对此，采用传统加工方法十分困难，甚至无法加工。于是，人们冲破传统加工方法的束缚，一种本质上区别于传统加工的特种加工便应运而生，并不断发展，这就是特种加工。

特种加工同传统加工方法的区别在于不仅用机械能，而且应用电、化学、光、声、热等能量来进行加工。与加工对象的机械性能无关，故可加工各种硬、软、脆、热敏、耐腐蚀、高熔点、高强度、特殊性能的金属和非金属材料。常用的特种加工见表10-1。

表10-1 常用的特种加工

<table>
<tr><th>加工方法</th><th>能量形式</th><th>能加工的材料</th><th>应 用</th></tr>
<tr><td>电火花加工</td><td>电能、热能</td><td rowspan="2">各种导电的金属材料，无论材料的硬度、强度、韧性、脆性如何。特别对淬火后的模具材料、硬质合金等更为适合</td><td>主要用于加工各种模具的复杂型腔、穿孔、切割、成形等</td></tr>
<tr><td>电解加工</td><td>电化学能</td><td>适用于腔体、异形、孔的抛光、刻印等</td></tr>
<tr><td>激光加工</td><td>光能、热能</td><td rowspan="4">可加工任何导电的金属</td><td>适用于在金属、非金属上加工微孔、热处理、切割和焊接等</td></tr>
<tr><td>化学加工</td><td>化学能</td><td>适用于在金属表面腐蚀花纹、图案等</td></tr>
<tr><td>离子束加工</td><td>电能、机械能</td><td>适用于抛光、腐蚀、雕刻</td></tr>
<tr><td>电子束加工</td><td>电能、热能</td><td>适用于在金属、非金属上加工微孔，切割和焊接</td></tr>
<tr><td>超声波加工</td><td>声能、机械能</td><td>任何金属和非金属的脆性材料</td><td>适用于加工型腔、穿孔、抛光等，也用在探伤、测量、清洗等方面</td></tr>
<tr><td>液体喷射加工</td><td>液能、机械能</td><td>任何非金属材料和薄的金属材料</td><td>主要用于切割各种非金属材料如塑料、橡胶等，或切割薄金属材料</td></tr>
</table>

10.2.1 电火花加工

电火花加工又称放电脉冲加工或电蚀加工（简称EDM），特种加工中，电火花加工应用最为广泛。目前已广泛应用于机械（特别是模具制造业）、航空、电子、电器、汽车等行业。

1. 电火花加工的原理及特点

(1) 电火花加工的原理

它是利用工具电极与工件电极间的脉冲放电，产生局部的瞬时高温来腐蚀金属对工件进行加工的。电火花加工是电场、热力、流体动力、电化学和胶体化学等综合作用的过程。

(2) 电火花加工的特点

① 能加工任何导电的难以切削加工的材料,与材料的强度、硬度等机械性能无关。可用软的电极材料(如紫铜、石墨)加工高硬度的工件,甚至加工金刚石、立方氮化硼等。

② 由于工具电极与工件不直接接触,不产生切削力。因此,对低强度的、形状复杂以及细微结构零件加工特别方便。

③ 由于电火花加工采用的是数字自动控制加工过程,可用形状简单的工具电极加工出复杂结构的工件,特别是对模具的模腔加工。

④ 电火花加工的局限是加工速度慢,电极存在损耗,从而影响了加工精度和生产效率。

2. 电火花加工的应用

(1) 电火花穿孔

电火花穿孔可加工圆孔、方孔、异形孔和一些微小直径的孔等(如图10-2所示)。

所加工孔的形状由工具电极来决定,尺寸精度主要靠工具电极的尺寸和火花放电的间隙来加以保证。但是由于电极易损耗,影响穿孔的尺寸精度,因此常常将电极制成阶梯形,前面用来粗加工,后面用来最后精加工成形。

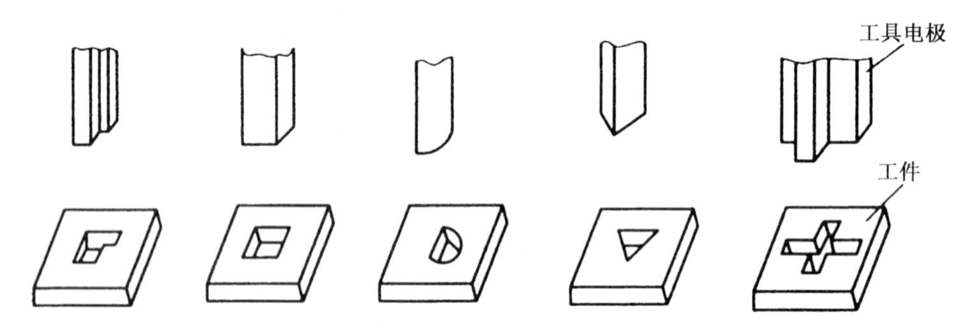

图10-2 电火花穿孔加工的孔型图

(2) 电火花成形加工

电火花成形加工主要用在加工模具的型腔,一般是盲孔腔体。模具在淬火前一般先进行型腔的粗加工留有适当的余量,淬火后用工具电极加以成形加工。

由于电火花加工的型腔一般是盲孔,加工的面积较大,蚀去的材料量大,腐蚀物排除条件差,工具电极损耗大等因素,因此加工精度难以保证,生产效率较低。

电火花加工时合理选择工具电极的材料非常重要。合理的电极材料能够明显地减少电极的损耗。钨、钼等高熔点的材料做电极损耗小,但机械性能差,难以加工且价格昂贵,除了用来加工一些微孔、细槽外很少使用。紫铜虽然熔点低些,但导电、导热性好,因此损耗比较小,经常用来制成工具电极。石墨由于熔点较高,化学性能比较稳定,而且在大脉冲加工时具有吸附工作液中游离态碳的功能,能在一定程度上补偿电极的损耗,因此,常常在粗加工时使用。

(3) 电火花线切割加工

电火花线切割加工是利用金属导线(钼丝或铜丝)作为工具电极,对工件进行脉冲火花放电,使局部产生瞬时高温来蚀除工件材料的方法。线切割加工的工作原理如图10-3所示。

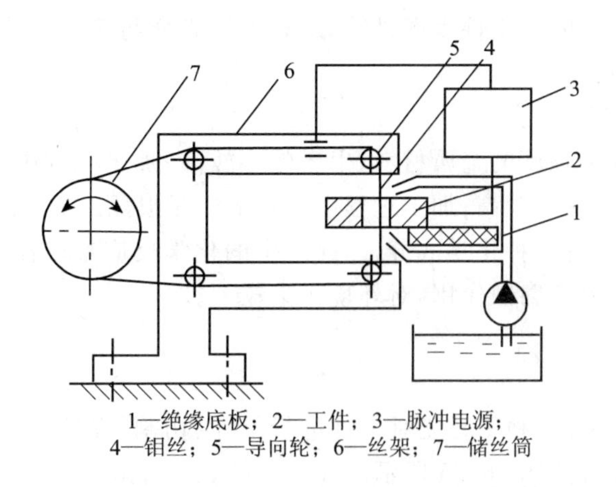

1—绝缘底板；2—工件；3—脉冲电源；
4—钼丝；5—导向轮；6—丝架；7—储丝筒

图 10-3　电火花线切割加工原理

电火花线切割加工原理：工作时工具电极钼丝在储丝筒上做正反交替运动。脉冲电源正极接工件，负极接工具电极钼丝。工作时喷注工作液加以冷却并排屑。工作台是在步进电机或伺服电机的驱动下按预先编制的数控程序两轴联动，完成各种形状的穿通型腔加工。

电火花线切割加工的特点：加工性能取决于工件的导电性和热学性能，与材料的其他机械性能无关；由于采用的是数字控制工作台运动，从而可加工出各种复杂形状的工件；由于采用的是长电极钼丝加工，单位长度内电极损耗较小，从而容易保证加工精度；由于是靠放电加工，电极钼丝很细（<0.2），可加工出微小的细孔或异形孔；可实现自动化控制，进行无人看守加工；线切割的局限在于不能加工盲孔和阶梯成形面。

10.2.2　电解加工

电解加工（简称 ECM）是利用金属阳极在溶解液中产生溶解的电化学原理来进行加工的一种方法。电解加工的工作原理如图 10-4 所示。

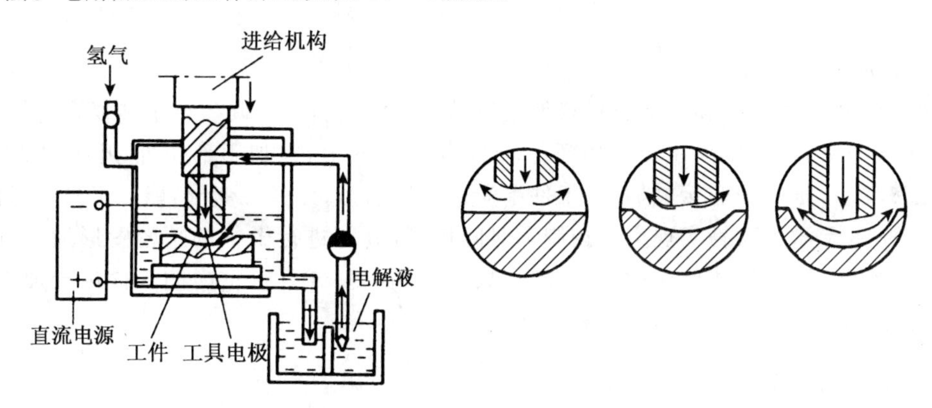

图 10-4　电解加工原理与过程

1. 电解加工的工作原理

加工时工具电极（阴极）缓缓地接近工件（阳极），电解液从两极间隙中以一定的压力和较高的速度流过。工具阴极和工件阳极在低电压、大电流的作用下发生溶解，电解物随电解液冲走。刚开始加工时，两极间间隙小的地方通过电流的密度大，因此溶解的速度较快。随着工件不断地溶解和工具阴极不断向工件表面进给,这时工件表面与工具电极之间的间隙渐渐形成均匀的间隙,随后开始均匀溶解。

2. 电解加工的特点

能够加工各种硬度和强度的金属材料,生产效率较高;加工过程中无切削力作用,工件表面无残余应力产生,表面质量较高;加工过程中工具电极无损耗。不足之处是加工过程中稳定性不高,由于电解液中含有多种化学成分,因此产生的化学反应难以控制;电解液以及电解反应产生的电解物对设备具有腐蚀作用,对环境污染较大。

10.2.3 激光加工

激光加工(简称 LBM)是利用光能对工件进行打孔、切割、焊接等多种操作的一种加工方法。激光加工的工作原理如图 10-5 所示。

1. 激光加工工作原理

激光加工是将激光束照射到工件的表面,以激光的高能量来切除、熔化材料以及改变物体表面的性能。当工作物质受到激励能源的激发,吸收大量的光能,通过全反射镜和部分反射镜的谐振腔的反馈,产生谐振而输出激光,再通过透镜最后聚焦在工件表面上,使光能转化为热能,熔化或气化工件。

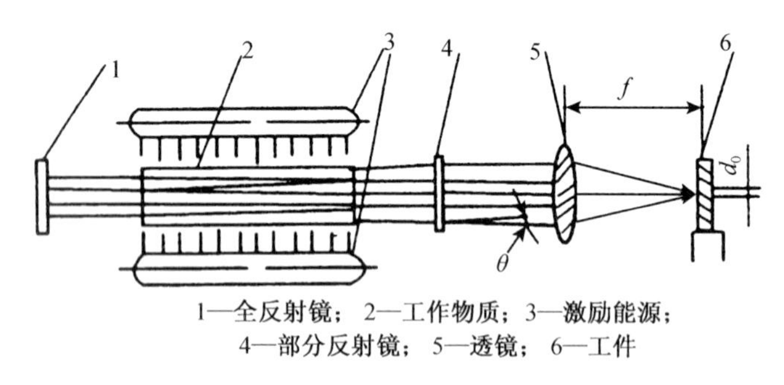

1—全反射镜; 2—工作物质; 3—激励能源;
4—部分反射镜; 5—透镜; 6—工件

图 10-5 激光加工原理图

2. 激光加工的特点

几乎对所有金属材料和非金属材料如钢材、陶瓷、宝石、玻璃、硬质合金和复合材料等都可加工;加工效率高,可实现高速切割和打孔;加工作用时间短,除加工部位外,几乎没有热影响和不产生热变形;是一种非接触加工,工件不受机械切削力,无弹性变形,能加工易变形薄板和橡胶等材料;由于激光束易实现空间控制和时间控制,故能进行微细的精密图形加工;由于激光可以通过空气、惰性气体或光学透明介质,故可对隔离室或真空室内的工件进行加工;激光加工时不产生振动和机械噪声。

10.2.4 超声波加工

超声波是频率超过 16 000 Hz 人耳感受不到的一种纵波。超声波加工(简称 USM),是利用工具体端面做超声振动,通过悬浮液中的磨料粒子以较高的速度撞击工件表面而进行加工的。超声波加工的工作原理如图 10-6 所示。

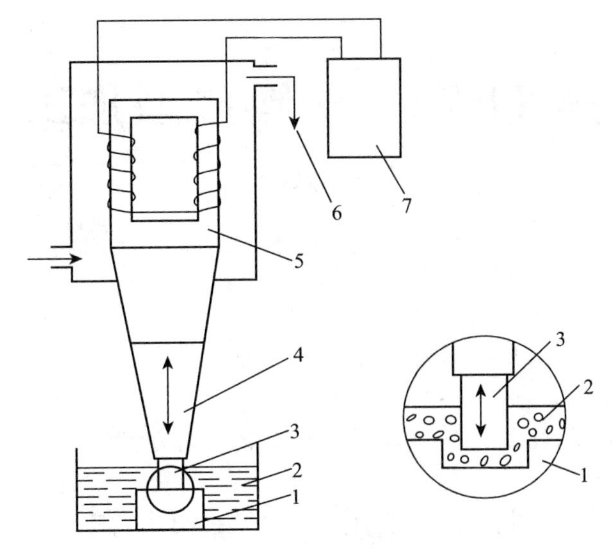

1—工件；2—磨料悬浮液；3—工具体；4—振幅扩大杆；
5—换能器；6—冷却水；7—超声波发生器

图 10-6　超声波加工原理图

1. 超声波加工工作原理

超声波加工时在工具体与工件之间加上带有磨粒的悬浮液(水和磨料的混和物)。超声波发生器生产超声频率振荡，通过换能器将超声电振荡转化成纵向机械振动，这时再通过变幅杆将振动放大后传递给工具体；当工具体做超声振动时，迫使悬浮液中的磨粒以很高的速度撞击、抛磨被加工工件表面，使工件表面的材料被击碎成微粒而脱落下来。同时，工作液受工具体端面的超声振动作用而产生高频、交变的液压冲击波和“空化作用”使工作液极易钻入工件表面的微裂缝处，也加剧了机械破坏作用。虽然磨料每次撞击时脱落的工件材料很少，但每秒钟的撞击次数高达 16 000 次以上，所以仍有一定的加工速度。

2. 超声波加工的特点

超声波加工适合各种脆硬材料，特别是不导电的材料，如玻璃、陶瓷以及各种半导体；超声波加工的表面质量较高，表面粗糙度 Ra 达 0.4 μm 以上，尺寸精度较高可达 0.01～0.05 mm；能够加工出复杂的型腔和成形表面，还可以用来切割、雕刻、研磨加工；由于加工时工具体与工件作用力较小可用来对一些脆性、薄壁零件进行加工。但超声波加工的工作效率低，远不如电火花、电解加工。

复习题

1. 数控机床加工与普通机床加工相比有何特点？
2. 常用的数控编程有哪些方法及其特点是什么？
3. 什么是特种加工？它主要有哪几种类型？
4. 简述电火花加工的工作原理及其特点。
5. 简述电解加工的工作原理及其特点。
6. 简述超声波的加工原理及其特点。

第11章 塑料成型加工

本章知识导读

1. 主要内容

塑料的基础知识、塑料成型的工艺方法。

2. 重点、难点提示

常用塑料的基础知识、注塑成型、塑料成型的其他工艺方法。

11.1 常用塑料基础知识

塑料是一种高分子材料，主要成分为树脂(高分子化合物)，又称为聚合物或高聚物。单纯的聚合物性能往往不能满足加工成型和实际应用的要求，根据需要，在聚合物里适当加入一些其他材料，如增塑剂及其他辅助剂(如着色剂、固化剂、增强剂等)。由合成树脂和辅助剂组成的塑料具有优良的性能，在一定温度和压力下可以塑造成各种形状的塑料制品。

塑料总的特点是质量轻，强度高，化学稳定性好，电气绝缘性能优良，减摩性能好，耐磨性能好，透光及防护性能好，减震，消音性能优良，易成型加工。但塑料的强度、刚度及耐热性不如金属，一般塑料仅能在100 ℃以下温度使用；塑料的热膨胀系数大，容易受温度变化而影响尺寸的稳定性；在载荷作用下，塑料会缓慢地产生黏性流动或变形；此外，塑料在大气、阳光、长期的压力或某些物质作用下会发生老化等。塑料的这些缺点或多或少地影响或限制了它的应用。但是，随着塑料工业的发展和塑料材料研究工作的深入，这些缺点正被逐渐克服，性能优异的新颖塑料和各种塑料复合材料正不断涌现。目前塑料工业的快速发展已使其跃居四大材料(钢铁、水泥、木材、塑料)之首，在国民经济中有广泛的应用。

11.1.1 塑料的分类

塑料的种类繁多，目前尚无统一的分类方法，通常按下面的方法分类。

1. 按塑料的物理化学性能分类

(1) 热固性塑料

热固性塑料是指在加热过程中，当达到一定温度时，其分子结构从线型结构或支链型结构变为网状的交联体型结构而固化，再加热也不再变化的塑料。整个成型过程中既有物理变化也有化学变化，其过程是不可逆的。特点是质地坚硬，耐热性能好，尺寸比较稳定，不溶于溶剂，常见的有PF(酚醛塑料或电木)、EP(环氧树脂)、PUR(聚氨酯)等。

(2) 热塑性塑料

热塑性塑料是指可以多次加热加压，反复成型，具有一定的可塑性的塑料。在反复加热加压的多次成型过程中，只有物理变化而无化学变化；其变化过程是可逆的；其分子结构是线型或支链型的二维结构；其耐热性较差，常见如聚乙烯(PE)、聚氯乙烯(PVC)等。

2. 按用途分类

(1) 通用塑料

通用塑料一般指产量大，用途广，成型性好，性能要求不高，成本低的塑料。常见的有聚乙烯(PE)、聚氯乙烯(PVC)、聚丙烯(PP)、聚苯乙烯(PS)等。

① 聚乙烯。聚乙烯是塑料工业中产量最高的品种，是不透明或半透明、质轻的结晶性塑料，具有优良的耐低温性能，电绝缘性、化学稳定性好，能耐大多数酸碱的侵蚀，但不耐热。聚乙烯主要用来制成可包装食物的塑料瓶、塑料袋及软管等。

② 聚氯乙烯。聚氯乙烯是由氯乙烯聚合而得的塑料，通过加入增塑剂，其硬度可大幅度改变。它制成的硬制品以至软制品都有广泛的用途。聚氯乙烯主要用来制成塑料管、板、棒、容器、薄膜与日用品等。

③ 聚丙烯。聚丙烯是由丙烯聚合而得的热塑性塑料，通常为无色、半透明固体，无臭无毒，是最轻的通用塑料，其突出优点是具有在水中耐蒸煮的特性，抗蚀性，强度、刚性和透明性都比聚乙烯好；缺点是耐低温冲击性差，易老化。主要用来制造电视机外壳、电风扇与管道等。

④ 聚苯乙烯。通用的聚苯乙烯是苯乙烯的聚合物，外观透明，但有发脆的缺点，因此，通过加入丁二烯可制成耐冲击性聚苯乙烯(HTPS)。主要用来制造透明窗、眼镜、灯罩与光学零件等。

(2) 工程塑料

工程塑料一般指能承受一定的外力作用，并有良好的机械性能和尺寸稳定性，在高、低温下仍能保持其优良性能，可以作为工程结构件的塑料。目前常见的、发展最快的工程塑料有聚酰胺或尼龙(PA)、聚甲醛(POM)、聚碳酸酯(PC)及 ABS 塑料等。

① 聚酰胺。聚酰胺俗称尼龙(nylon)，尼龙具有很高的机械强度，摩擦系数低，耐磨损，自润滑性，吸震性和消音性、电绝缘性好，耐热，耐油，耐弱酸，耐碱和一般溶剂；缺点是吸水性大，影响尺寸稳定性和电性能。尼龙的熔体流动性好，易成型。主要用来制造齿轮、凸轮、轴及绳子等。

② 聚甲醛。聚甲醛又名聚氧化次甲基，其物理机械性能十分优异，有金属塑料之称。化学稳定性及尺寸稳定性好，电绝缘性优，质轻；缺点是阻燃性较差。常用来代替铜、锌、锡、铅等金属，被广泛用于制造各种机械零件，如齿轮、滑轮、轴承，阀门、汽车内外部把手、电风扇零件、按钮等。

③ 聚碳酸酯。聚碳酸酯简称 PC，是一种高度透明的无色或微黄色热塑性工程塑料，具有优良的物理机械性能，尤其是耐冲击性优异，拉伸强度、弯曲强度、压缩强度高，蠕变性小，在较宽的温度范围内具有稳定的力学性能，尺寸稳定性好；缺点是容易产生应力开裂，抗溶剂性差，耐磨性欠佳。适宜用来制造计算机、打印机等办公设备的配件及光盘、安全挡板和防弹玻璃、汽车灯罩、反光镜框、阻流板、头盔、安全帽、医疗器械、各类电子和电器元件及各种齿轮、手柄、蜗轮、轴套机械零件。

④ ABS 塑料。ABS 塑料是丙烯腈、丁二烯、苯乙烯三种单体共同聚合的产物，简称 ABS 三元共聚物。ABS 的综合性能十分良好，又称“塑料合金”。ABS 塑料无毒，微黄色，在比较宽广的温度范围内具有较高的冲击强度，热变形温度比较高，尺寸稳定性好，收缩率小，具有良好的成型加工性，制品表面光洁度高，且具有良好的涂装性和染色性，可镀成多种色泽。ABS 塑料的使用量远远超过其他任何一种工程塑料。如在某种牌号的小轿车中，每辆车使用 ABS 塑料达11 kg之

多,主要用其制成仪表板等零件。在计算机、复印机、电话机、玩具及各种家用电器中也大量使用了 ABS 塑料制作的零件。某些机械中的零件如齿轮、轴承等也是采用 ABS 塑料制成的。

11.1.2 塑料的常用成型方法

塑料成型是将各种初始形态(包括粉料、粒料、溶液、糊料或碎料)的塑料制成具有一定形状和尺寸制品的过程。塑料制品的生产主要由成型、机械加工和装配等过程组成。其中成型是塑料制品生产最主要的工序。常见的塑料成型方法有:注塑成型、挤出成型、吹塑成型、浇铸成型、中空成型、压制成型及压延成型等。

11.2 注塑成型

注塑成型是塑料的重要成型方法,可以制成各种形状的塑料制件,能一次成型外型复杂、尺寸精密、带有嵌件的制件。绝大部分的热塑性塑料都可以采用注塑成型工艺进行成型。该工艺的主要优点是成型周期短,效率高,加工适应性强,易实现自动化生产。近年来,部分热固性塑料也能用注塑成型工艺加工,扩大了注塑成型工艺的应用范围。

11.2.1 注塑成型原理

注塑成型原理如图 11-1 所示,将颗粒状或粉状的塑料原料加入到注塑机的料斗筒,由料斗下面的压板控制的进料量,在柱塞或螺杆的作用下,颗粒料不断地被推到料筒的前方。料筒外部由电加热器加热,使颗粒状或粉状的塑料原料在料筒内边向前移动边熔化,同时由于螺杆与颗粒料的摩擦产生一部分的热量,促进了塑料原料的进一步熔化呈粘流状态,通过料筒前端的喷嘴注入温度较低的闭合模具型腔中。保压一定时间,经冷却固化后即可保持模具型腔所赋予的形状,然后开模分型,在顶出机构的作用下,将注射成型的塑料制件推出型腔,即得所需要的塑料制品。

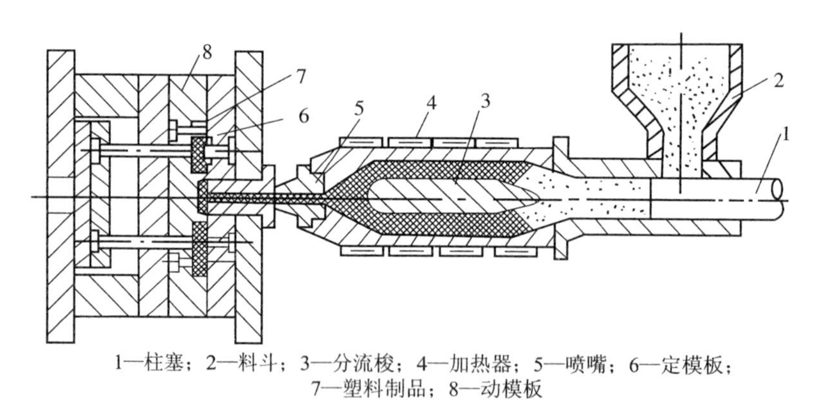

1—柱塞; 2—料斗; 3—分流梭; 4—加热器; 5—喷嘴; 6—定模板;
7—塑料制品; 8—动模板

图 11-1 注塑成型原理图

11.2.2 注塑成型机

注塑成型机分为柱塞式注塑机和螺杆式注塑机两大类。如图 11-2 所示的卧式注塑机主要由给料料斗、料筒及加热器、注射系统、锁模系统、液压传动系统和控制系统等组成。

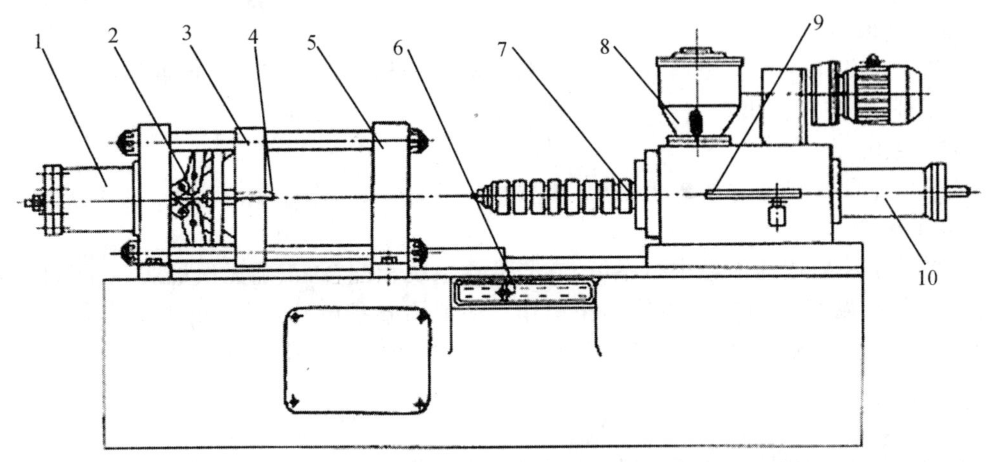

1—锁模液压缸；2—锁模机构；3—移动模板；4—顶杆；5—固定模板；
6—控制台；7—料筒及加热器；8—给料料斗；9—定量供料装置；10—注射液压缸

图 11－2　卧式注塑机

1. 注射系统

注射系统的主要功能是：均匀加热并塑化塑料颗粒；按一定的压力和速度把定量的熔化塑料注射并使之充满注塑模具的型腔；完成注射过程后，对型腔里的熔化塑料进行保压并对型腔补充一部分熔化塑料以填充因冷却而收缩的熔料，使塑料制件的内部密实和表面平整，保证塑料制品的质量。

2. 合模装置

合模装置又称锁模装置，在注射成型过程中起着重要的作用。主要功能是：实现模具的可靠开、闭动作，在注射、保压过程中保持足够的合模锁紧力，防止塑料溢出。

合模机构主要有液压式、液压肘杆式、电动机式等结构。图 11－3 是机械—液压式合模装置示意图。

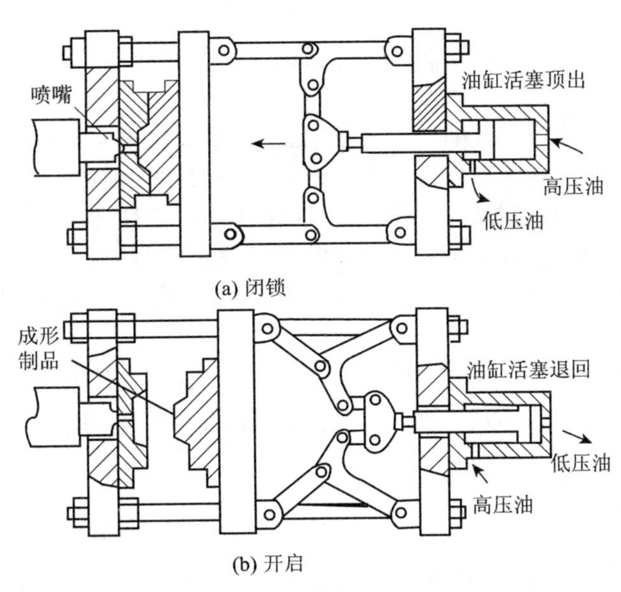

(a) 闭锁

(b) 开启

图 11－3　机械—液压式合模装置示意图

3. 顶出机构

顶出机构的作用是在保压结束后,将塑料制品从注塑模具中顶出。根据动力来源,顶出机构分为机械顶出、液压顶出和气动顶出三种结构。

4. 液压系统

液压系统是注塑机的主要动力来源,主要机构的运动、工作都是由液压系统完成的。

5. 控制系统

控制系统是注射机的神经中枢系统,它与液压系统相配合,正确无误地实现注射机的工艺过程要求(压力、温度、时间)和各种程序动作。主要由各种电器元件、仪表动作程序回路、加热、测量、控制回路等组成。注射机的整个操作由数字控制或电器系统控制。

11.2.3 注射模具

用于塑料注射成型的模具叫注射成型模具,简称为注塑模。注射模的基本结构包括定模和动模两大部分。定模部分安装在注射机的固定模板上,动模部分安装在注射机可移动的动模固定板上。在注塑过程中,动模部分所在的合模系统在液压驱动下,在导柱的导向作用下与定模紧密配合,塑料熔体经注塑机的喷嘴从模具的浇注系统进入合模后构成封闭的型腔,形成与模具型腔一致的形状、成型冷却后开模,即定模和动模分开,塑料制件留在动模上,顶出机构将塑件推出掉下。

11.2.4 注射成型的一般程序

1. 合模与锁紧过程

合模是注射成型工作过程的起始点,合模由注塑机的合模系统完成。合模过程中,动模固定板有规律地移动,作用是:一方面,合模时以较低速度合模,减少冲击,避免模具内嵌件的松动脱落甚至损坏模具;另一方面,低速锁模可以保证模具有足够的合模力,防止在注射、保压阶段产生溢边,影响制品的质量。

2. 注射装置前移过程

当合模系统闭合,锁紧模具后,注塑机的移动,液压缸的启动,使注射装置前移,保证注塑机的喷嘴与模具的主浇道紧密配合,为下一阶段的注射作好准备。

3. 注射与保压过程

在这一过程中,首先注射装置的注射液压缸工作,推动注射机的螺杆前移,使料筒前部的高温熔化塑料以高压、高速状态进入模腔内。熔化的塑料注入模腔后,由于热传导作用,塑料产生体积收缩,为了保证塑料制品的致密性,尺寸精度和力学性能,注塑系统再一次对模具注射补料,直到浇注系统的塑料冷却凝固为止。完成上述过程后,注射系统继续进行冷却、预塑化,然后进行注塑装置后退、开模、顶出制品等动作,完成一次成型过程。接着进行第二次注塑成型过程,如此周而复始地工作。

11.3 塑料成型的其他方法

11.3.1 挤出成型

挤出成型在热塑性塑料成型中,是一种用途广泛,所占比例很大的加工方法。挤出成型主要用于管材、棒材、片材、板材、线材、薄膜等连续型材的生产,也可以用于中空塑件型坯、粒料等的加工，但能用挤出成型的热固性塑料的品种和挤出塑件的种类有限。

挤出成型机由塑化系统、传动系统和加热系统等部分组成。挤出成型的工艺过程类似于注塑成型，主要包括两个方面：一是塑料原料在主机中的传递、加热、塑化；二是从挤出主机出来的熔融塑料进入机头，在定型模的作用下产生指定截面形状的各种型材。

塑料管的挤出成型原理如图 11－4 所示，将塑料从料斗加入挤出机后，在原地旋转的螺杆作用下将其向前输送，塑料在向前移动的过程中，受到料筒的外部加热、螺杆的剪切和压缩以及塑料之间的相互摩擦作用，使之处于塑化过程，在向前输送过程中实现玻璃态、高弹态及粘流态的三态变化，在压力的作用下，使处于粘流态的塑料通过具有一定形状的挤出机头（挤出模）及冷却定径装置而成为截面与挤出机头出口处模腔形状（环形）相仿的型材，经过牵引装置的牵引，最后被切割装置切断，从而获得所需要的塑料管材。

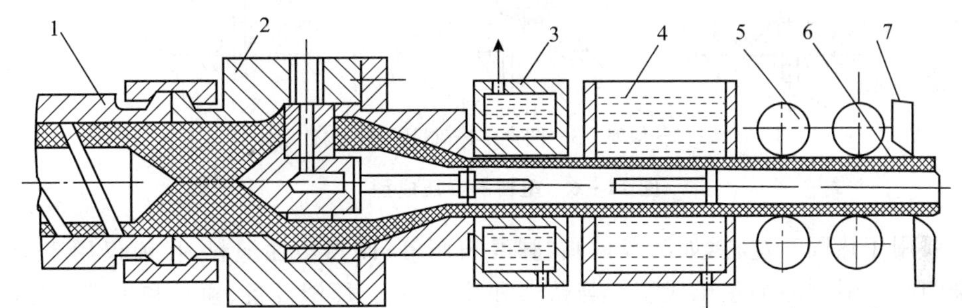

1—挤出机料筒；2—挤出机头；3—定径装置；4—冷却装置；5—牵引装置；6—塑料管；7—切割装置

图 11－4 塑料管的挤出成型原理

挤出成型的特点是生产过程连续，可以挤出任意长度的塑料制件，连续的生产过程得到连续的型材，生产效率高，产品质量稳定，适用于生产板、带、丝、薄膜、管及异形材等。挤出成型的另一特点是投资少，收效快。挤出成型制件已被广泛地应用于人民生活及工农业生产的各个部门。

11.3.2 中空吹塑成型

中空吹塑成型属于塑料的二次加工，是制造空心塑料制品的方法。将挤出或注射方法所得到的半熔状态的管状或片状的型坯置于模具内，用压缩空气充入型坯之中，将其吹胀成与模型形状相同的制品的方法，称为中空吹塑成型。根据塑料型胚来源的不同，中空吹塑成型分为挤出吹塑成型、注射吹塑成型、片材吹塑成型、多层吹塑成型等，工艺过程相似。

用中空吹塑法制作中空制品的生产过程，如图 11－5 所示。

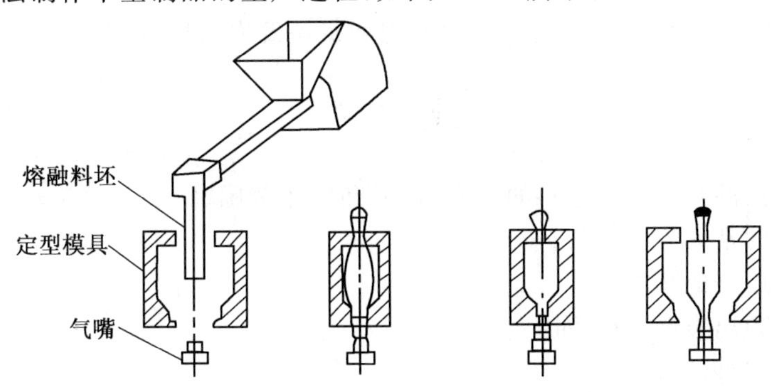

图 11－5 中空吹塑成型过程

11.3.3 模压成型

模压成型如图11-6所示。模压成型也称为压塑,是将称量好的原料置于已加热的模具型腔中,通过模压机压紧模具加压,塑料在模腔内受热塑化流化并有在压力下充满模腔,同时发生化学反应而固化得到塑料制品的过程。

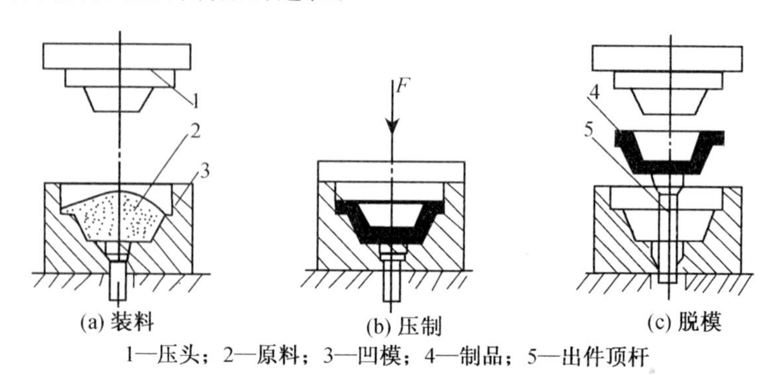

图11-6 塑料的模压成型

模压主要用于热固性塑料,如酚醛树脂、脲醛树脂等;而热塑性塑料,目前仅用于PVC唱片生产和聚四氟乙烯制品的预压成型。与挤塑和注塑相比,压塑设备、模具和生产过程控制较为简单,并易于生产大型制品;但其生产周期长、效率低,较难实现自动化,工人劳动强度大,且厚壁制品及形状复杂,制品的模压成型较为困难。

11.3.4 浇铸成型

浇铸成型又称为铸塑,它类似于金属的铸造工艺,是将处于流动状态的高分子材料或能生成高分子成型材料的液态单体注入特定的模具中,在一定的条件下使之固化,从而得到与其型腔形状一致的制品的工艺方法。

11.3.5 泡沫成型

以树脂为基础而内部具有无数微孔型气体的塑料制品称为泡沫。使塑料制品充满微孔,从而呈泡沫状的成型方法称为塑料的泡沫成型。

泡沫塑料,按制品的软硬程度不同可分为软质、硬质、半硬质等泡沫塑料;按其发泡倍率或密度不同分为低发泡、中发泡和高发泡等泡沫塑料。

泡沫塑料的发泡方法有物理发泡、化学发泡和机械发泡三种。

复习题

1. 简述最常见的几种工程塑料的名称、代号和应用范围。
2. 简述塑料的常见分类方法。
3. 简述注塑成型的基本原理。
4. 注塑机的顶出装置有何作用?
5. 简述挤压成型的基本原理。
6. 吹塑成型的工艺过程是怎样完成的?

参考文献

[1] 李家枢,石伯平.金属工艺学实习教材[M]. 2版.北京:高等教育出版社,1994.
[2] 龚国尚,石伯平.金属工艺学实习教材[M].北京:中央广播电视大学出版社,1986.
[3] 王雅然.金属工艺学[M]. 2版.北京:机械工业出版社,1999.
[4] 骆志斌.金属工艺学[M].南京:东南大学出版社,1994.
[5] 邓文英.金属工艺学[M].北京:高等教育出版社,1990.
[6] 滕向阳,金属工艺学[M].北京:机械工业出版社,1997.
[7] 李永增.金工实习[M].北京:高等教育出版社,1995.
[8] 金禧德.金工实习[M]. 2版.北京:高等教育出版社,1998.
[9] 杨慧智.机械制造基础实习[M].北京:高等教育出版社,2002.
[10] 黄如林,樊曙天.金工实习[M].南京:东南大学出版社,2004.
[11] 赵玲.金属工艺学实习教材[M].北京:国防工业出版社,2002.
[12] 张云新.金工实训[M].北京:化学工业出版社,2005.
[13] 李建明.金工实习[M].北京:高等教育出版社,2010.
[14] 于文强,张丽萍.金工实习教程[M].2版.北京:清华大学出版社,2010.
[15] 陈家芳.实用金属切削加工工艺手册[M].上海:上海科学技术出版社,1996.
[16] 刘晋春,赵家齐.特种加工[M].北京:机械工业出版社,1994.
[17] 屈华昌.塑料成型工艺与模具设计[M].北京:高等教育出版社,2005.
[18] 王先逵.现代制造技术手册[M].北京:国防工业出版社,2001.